U0944368

21世纪交通版高等学校教材

Social Infrastructure Planning

土木规划学

石 京
SHI Jing 编著

人民交通出版社

内　容　提　要

本书为21世纪交通版高等学校教材，共分八讲，内容包括：土木工程与土木规划学、基础设施建设与经济发展的关系、土木规划的步骤与建立规划目标、信息收集与现状分析调查数据处理的方法、未来预测的方法、方案制定评价与调整、规划政策与规划环境。

本书可以作为土木工程相关专业本科、研究生的教材，也可以作为相关专业人员的参考读物。

图书在版编目（CIP）数据

土木规划学 / 石京编著 .—北京：人民交通出版社，2009.4

ISBN 978-7-114-07712-8

Ⅰ. 土…　Ⅱ. 石…　Ⅲ. 土木工程 — 规划 — 高等学校 — 教材　Ⅳ.TU981

中国版本图书馆 CIP 数据核字（2009）第 058499 号

21 世纪交通版高等学校教材

书　　名：土木规划学
著 作 者： 石　京
责任编辑： 刘永超　王文华
出版发行： 人民交通出版社
地　　址：（100011）北京市朝阳区安定门外外馆斜街3号
网　　址： http：//www.ccpress.com.cn
销售电话：（010）59757969，59757973
总 经 销： 北京中交盛世书刊有限公司
经　　销： 各地新华书店
印　　刷： 北京交通印务实业公司
开　　本： 787 × 1092　1/16
印　　张： 15.5
字　　数： 370千
版　　次： 2009年4月　第1版
印　　次： 2009年4月　第1次印刷
印　　数： 0001 ~ 2000册
书　　号： ISBN 978-7-114-07712-8
定　　价： 38.00元
（如有印刷、装订质量问题的图书由本社负责调换）

总　序

当今世界，科学技术突飞猛进，全球经济一体化趋势进一步加强，科技对于经济增长的作用日益显著，教育在国家经济与社会发展中所处的地位日益重要。进入新世纪，面对国际国内经济与社会发展所出现的新特点，我国的高等教育迎来了良好的发展机遇，同时也面临着巨大的挑战，高等教育的发展处在一个前所未有的重要时期。其一，加入 WTO，中国经济已融入到世界经济发展的进程之中，国家间的竞争更趋激烈，竞争的焦点已更多地体现在高素质人才的竞争上，因此，高等教育所面临的是全球化条件下的综合竞争。其二，我国正处在由计划经济向社会主义市场经济过渡的重要历史时期，这一时期，我国经济结构调整将进一步深化，对外开放将进一步扩大，改革与实践必将提出许多过去不曾遇到的新问题，高等教育面临加速改革以适应国民经济进一步发展的需要。面对这样的形势与要求，党中央国务院提出扩大高等教育规模，着力提高高等教育的水平与质量。这是为中华民族自立于世界民族之林而采取的极其重大的战略步骤，同时，也是为国家未来的发展提供基础性的保证。

为适应高等教育改革与发展的需要，早在 1998 年 7 月，教育部就对高等学校本科专业目录进行了第四次全面修订。在新的专业目录中，土木工程专业扩大了涵盖面，原先的公路与城市道路工程，桥梁工程，隧道与地下工程等专业均纳入土木工程专业。本科专业目录的调整是为满足培养“宽口径”复合型人才的要求，对原有相关专业本科教学产生了积极的影响。这一调整是着眼于培养 21 世纪社会主义现代化建设人才的需要而进行的，面对新的变化，要求我们对人才的培养规格、培养模式、课程体系和内容都应作出适时调整，以适应要求。

根据形势的变化与高等教育所提出的新的要求，同时，也考虑到近些年来公路交通大发展所引发的需求，人民交通出版社通过对“八五”、“九五”期间的路桥及交通工程专业高校教材体系的分析，提出了组织编写一套 21 世纪的具有鲜明交通特色的高等学校教材的设想。这一设想，得到了原路桥教学指导委员会几乎所有成员学校的广泛响应与支持。2000 年 6 月，由人民交通出版社发起组织全国面向交通办学的 12 所高校的专家学者组成 21 世纪交通版高等学校教材(公路类)编审委员会，并召开第一次会议，会议决定着手组织编写土木工程专业具有交通特色的**道路专业方向、桥梁专业方向以及交通工程专业**教材。会议经过充分研讨，确定了包括**基本知识技能培养层次、知识技能拓宽与提高层次**以及**教学辅助层次**在内的约 130 种教材，范围涵盖**本科**与**研究生用**教材。会后，人民交通出版社开始了细致的教材编写组织工作，经过自由申报及专家推荐的方式，近 20 所高校的百余名教授承担约 130 种教材的主编工作。2001 年 6 月，教材编委会召开第二次会议，全面审定了各门教材主编院校提交的教学大纲，之后，编写工作全面展开。

21 世纪交通版高等学校教材编写工作是在本科专业目录调整及交通大发展的背景下展开的。教材编写的基本思路是：(1)顺应高等教育改革的形势，专业基础课教学内容实现与土木工程专业打通，同时保留原专业的主干课程，既顺应向土木工程专业过渡的需要，又保持服务公路交通的特色，适应宽口径复合型人才培养的需要。(2)注重学生基本素质、基本能力的培养，为学生知识、能力、素质的综合协调发展创造条件。基于这样的考虑，将教材区分为二个主层次与一个辅助层次，即基本知识技能培养层次与知识技能拓宽与提高层次，辅助层次为教学参考用书。工作的着力点放在基本知识技能培养层次教材的编写上。(3)目前，中国的经济发展存在地区间的不平衡，各高校之间的发展也不平衡，因此，教材的编写要充分考虑各校人才培养规格及教学需求多样性的要求，尽可能为各校教学的开展提供一个多层次、系统而全面的教材供给平台。(4)教材的编写在总结"八五"、"九五"工作经验的基础上，注意体现原创性内容，把握好技术发展与教学需要的关系，努力体现教育面向现代化、面向世界、面向未来的要求，着力提高学生的创新思维能力，使所编教材达到先进性与实用性兼备。(5)配合现代化教学手段的发展，积极配套相应的教学辅件，便利教学。

教材建设是教学改革的重要环节之一，全面做好教材建设工作，是提高教学质量的重要保证。本套教材是由人民交通出版社组织，由原全国高等学校路桥与交通工程教学指导委员会成员学校相互协作编写的一套具有交通出版社品牌的教材，教材力求反映交通科技发展的先进水平，力求符合高等教育的基本规律。各门教材的主编均通过自由申报与专家推荐相结合的方式确定，他们都是各校相关学科的骨干，在长期的教学与科研实践中积累了丰富的经验。由他们担纲主编，能够充分体现教材的先进性与实用性。本套教材预计在二年内完全出齐，随后，将根据情况的变化而适时更新。相信这批教材的出版，对于土木工程框架下道路工程、桥梁工程专业方向与交通工程专业教材的建设将起到有力的促进作用，同时，也使各校在教材选用方面具有更大的空间。需要指出的是，该批教材中研究生教材占有较大比例，研究生教材多具有较高的理论水平，因此，该套教材不仅对在校学生，同时对于在职学习人员及工程技术人员也具有很好的参考价值。

21 世纪初叶，是我国社会经济发展的重要时期，同时也是我国公路交通从紧张和制约状况实现全面改善的关键时期，公路基础设施的建设仍是今后一项重要而艰巨的任务，希望通过各相关院校及所有参编人员的共同努力，尽快使全套 21 世纪交通版高等学校教材(公路类)尽早面世，为我国交通事业的发展做出贡献。

21 世纪交通版
高等学校教材(公路类)编审委员会
人民交通出版社
2001 年 12 月

前　言

《土木规划学》，这本教材的名称一定会让很多读者感到陌生。我在留学期间所学专业虽然是交通规划，但是所在的研究室名称却是“土木规划学”研究室。五年前我回国后准备开设“土木规划学”课程时，找遍北京所有的书店，也没有发现任何一本有关“土木规划”的专业书籍。那时起，我就着手准备在开课的同时，编写一本相关的教材，系统地介绍土木规划学的基础知识。

土木规划是以社会公共基础设施为对象，本着统筹、系统的思想，利用土木工程的技术与系统科学的方法进行的规划。社会基础设施是一国经济发展的基础，我国目前正处于经济起飞的阶段，也是基础设施大规模发展的时期。但就我国目前土木规划领域的现状来看，无论是在规划环境、规划政策方面，还是规划的理念与技术等方面都存在着一定的问题。在这种背景下，土木规划学的知识体系显得十分重要。

土木规划在英文中为 Social Infrastructure Planning，直译为“社会基础设施规划”，但土木规划的内涵远远广于单纯的“基础设施规划”。土木规划具体指规划主体(决策者)把社会公共基础设施作为对象，根据国家或地区经济的发展需要，发现和整理建设项目中产生的问题及其内容，进行规划目的的分析，在充分考虑和权衡效率、公平和环保的基础上，建立具体目标，对基础设施的发展进行数量、结构和项目选择的设计和计划，并根据目的的要求而在提出的众多手段(比选方案)中系统地选择、提取合理的方案，并将规划实现的过程。

过去土木工程学科的各类知识都是分别讲授的，其结果是各类知识之间缺乏关联性和完整性。国外，特别是日本的一些学者改变了原有的分别传授土木技术的体系，建立了一种具有普遍性的，相互联系的教学体系。于是，以土木工程学的内容为基础科目，讲授调查、规划、设计、施工、管理的技术和理论的教育方式出现了，这就是土木规划学科的源起。可以说，这种土木工程学的转变是为了应对社会对土木技术需求多样化而进行的技术革新。

土木规划学是在土木工程学的发展中形成的一个新的学科。它总结了土木设施规划制定的各种方法，并使这种可以适用于任何对象的具有普遍性的理论体系化。为了推进土木规划领域的研究和社会普及化，1966 年，日本土木学会设立了土木规划学研究委员会，致力于学科的体系化研究。这个委员会在最初的五六年里，针对能否使土木规划学这一学科体系化进行了多次讨论。十年过去后，尽管还没有完成土木规划学的体系化，但大多数学者相信体系化是可行的。

在发展的初期，土木规划学主要应用规划论中的数学方法来进行操作。原因是日本经济高速增长，需要建设、整合大规模的土木设施，所以有必要处理规划问题，第二次世界大战以后，英国在作战研究中产生的运筹学方法受到关注。因此，一些日本学者开始把这种方法应用到土木工程上，产生了一系列的土木规划理论。之后又出现了比运筹学应用更广泛的系统分析和包含系统设计的系统工程学，并分别建立了各自的理论体系。于是，土木工程又把这些领域里的一些分析方法引入到自己的学科里。另外，也引入了以计量经济学、公共经济学为主的经济学和数理统计学、计量心理学等，这样一来，土木规划理论逐渐完善起来。再之后，随着可以称作土木规划哲学的规划理念的建立以及对规划论研究的逐步深入，土木规划学的学科体系建立起来了。

土木规划的概念对我国传统的"基础设施规划"提出了挑战。在我国，一般认为基础设施规划是针对某一种具体的基础设施，如铁路、公路、管道等，利用现有的土木工程技术进行的网络规划。这种类型的规划以最终方案(plan)为目的，往往停留在单一基础设施的技术层面，缺乏统筹的、系统的考虑，更谈不上对整个社会经济、人民生活的考虑。土木规划则综合了系统科学和社会科学的部分成果，把"社会公共基础设施"作为一个完整的整体来进行运筹，在规划的同时考虑其建设与运行对整个社会产生的影响，是以规划的实现造福社会各个层面为目的的。另一方面，土木规划对"规划"的流程(planning)也作了饶有意义的拓展，传统的基础设施规划往往从规划目的开始，终结于从各个方案中优选出最终的方案。例如，过去对资金的考虑仅仅停留于工程造价的粗估，但显而易见的是，资金来源对规划能否实现的影响是巨大的，传统的基础设施规划并不把资金来源作为约束条件，而是在规划方案出台以后再来具体考虑资金问题，往往使规划的整个过程失去控制(如可能与当地经济发展水平极不适应)。

土木规划的重要性在于：一是把社会基础设施作为一个系统来统筹考虑，既避免了重复建设等所造成的资源浪费，又能够为整个社会提供最优化的基础设施解决方案；二是为基础设施的发展(筹资、建设和运营)提供科学的指导和约束，减少以至于消除基础设施发展中的盲目性，使基础设施的发展既不会因为供给不足而导致需求受限，又没有因发展过多而造成资源浪费，既保证了效率，又保证了公平，且没有对环境造成较大损害；三是由于基础设施建设一般而言投资巨大，如果对没有建立在科学论证基础上的规划来做指导，一旦决策失误，将造成巨大的资源浪费。正因如此，基础设施的发展能否成功首先取决于是否有统筹兼顾、切实可行的科学规划。

土木规划学是研究土木设施(社会基础设施)的功能特性、社会对土木设施的需求、两者间最理想的关系方式的基本理念，以及调查、分析、规划制定、预测、评价理论与方法、规划实现方法的学科。本书全面系统地介绍土木规划学的知识，此外，本书还聚焦于我国的交通基础设施，一方面，系统地整理了我国土木规划的历史与现状（包括政府与市场的角色定位、规划体制、法律法规的情况），同时介绍了国外的经验，揭示了一些问题；另一方面，提出我国要走科学的“土木规划”道路，在规划环境上应改革规划体制，完善立法，建立多层次的基础设施体系，在规划政策上应努力拓宽资金渠道，加强综合规划等。

本书作为教材编写。编写过程中参考了大量文献。其中，樗木武先生的《土木計画学》（日本森北出版株式会社出版，2001），川北米良、榛沢芳雄先生的《土木計画学》（日本コロナ社出版，1994），以及我的恩师河上省吾先生编著的《土木計画学》（日本鹿島出版社出版，1991）给了我很大启示，在此基础上形成了本书的结构。

考虑到本书的对象主要是在校学生，对国家的政策、规划等了解不多，在第二讲中专门针对我国的土木工程发展现状作了大量介绍，主要参考或引用了国家以及各部委的文件。第四讲针对数据的获取方法，介绍了国家统计部门发行的统计资料的内容。还有，针对土木规划在我国的实际状况，在第八讲对我国土木规划的“规划环境”与“规划政策”作了专题讨论。另外，本书中也加入了我们最新的研究成果，例如在第七讲评价方法中，用大量篇幅讨论了公平性问题。第八讲也是以我的学生的研究成果为基础编写的。总之，本书受到日本土木规划学研究的启发开始写作，同时也结合了我国的实际情况作了拓展。

本教材可以作为土木工程相关专业专科、本科、研究生的教材，也可以作为专业人员的参考读物。本教材共设置了八讲的内容，授课课时可以视需要，设为 16 学时，或 32 学时。本书中没有加入规划案例。想要学习案例的读者可以参考相关书籍，例如，参考我与陆化普教授、李瑞敏博士合编的《城市交通规划案例集》（清华大学出版社，2007）。

在本书编写过程中得到了我的学生白云、卞伟、吴照章、陈天琦、徐晓飞等人的帮助，特别是白云帮助我查找资料，并对书稿提出修改意见。书中还引用了我的学生于润泽、杨朗等人在我指导下做过的研究内容。在此表示谢意。

清华大学土木工程系
清华大学交通研究所 **石　京**
2008 年 12 月于清华园

目　　录

第一讲　土木工程与土木规划学

第一节　土木工程的历史

一、“土木”的由来

人类社会在共同的活动中，需要共同地利用很多必要的设施，比如道路、铁路、水库等。同时，这些设施作为人类的生存基础设施，支撑着社会的发展，为人类社会发展作出了巨大贡献。这些支撑人类生产、生活的设施称为社会基础设施，或称为土木设施。造就这些土木设施的创意、方法等叫做土木技术。驱使土木技术进行建造，从广义上讲叫做土木事业。把土木技术体系化、普遍化了的就是土木工程学。

土木工程学是建造各类基础设施的科学技术的总称。土木工程领域既包含工程建设的对象，即建在地上、地下、水中的各种工程设施，也包含所应用的材料、设备和所进行的规划、勘测设计、施工、保养、维修等技术。土木工程的外延非常广泛，包括房屋建筑工程，公路与城市道路工程，铁路工程，桥梁工程，隧道工程，地下工程，给水排水工程，港口、码头工程等。

公元前 2 世纪，中国前汉时的《淮南子》一书中，有圣人筑土构木，建造房屋的说法。实际上这是指建造城市，从此有了“上木”一词。土、木表示自然，因而有加工自然之意。西方的研究者认为，到 16 世纪为止，所有的科学技术都是以军用工程(military engineering)为中心发展的。18 世纪以后，把为人民生活服务的科学技术逐渐分离，称为土木工程(civil engineering)，实质上，military engineering 与 civil engineering 是一致的。

二、古代土木工程

土木工程是一门历史悠久的学科。人们生活的衣食住行几乎不可能脱离土木技术而独立存在。无论是古埃及金字塔，还是中国的万里长城，这些都是凝聚着古代先人的智慧与土木技术的宏伟结晶。纵观历史可以发现，土木的发展历史跨度很长，它大致开始于旧石器时代(约公元前 5 000 年起)[1]。

(一)古代城市

古代城市的形成，是古代土木工程的重要成果。公元前 2500 年，Moenjo Daro(巴基斯坦，音译为摩亨约达路) 中已有了 9m 宽的南北主路，且有完整的上下水道。摩亨约达路位于巴基斯坦信德省境内，拉尔卡纳县城南 20km 处，距卡拉奇约 500km，是世界上已发现的最古老的城市遗址之一。这座遗址的发现，使得印度河河谷文明被公认为古代世界主要文明之一，并与埃及和美索不达米亚文明相提并论。1980 年，联合国教科文组织将其作为人类文化遗产，列入《世界遗产名录》。

在我国历史上，曾出现过不少宏伟壮丽的伟大城市，充分体现了古代经济、文化、科学、技术等多方面的成就，在城市选址、城市规划、城市给排水、城市道路、防火、城市绿化和景观等方面，都有过卓越的成果和经验。中国古代的城市，特别是都城和地方行政中心，往往是按照一定的制度进行规划和建设的。《考工记》中对周代(公元前11世纪～公元前476年)的城市建设制度有明确的记载。城的大小因受封者的等级而异，城内道路的宽度、城墙的高度和建筑物的颜色都有等级区分。

据考古发现，最早的中国城市有城而无市。中国最早筑的城，实际上是有围墙的村落。1994年，在湖南澧县城头山发现屈家岭文化中期古城遗址，距今已有4800年之久。之后，又在河南省郑州市北面发现了距今5300年前的古城，把中国古城的历史推向了距今近6000年左右。尽管中国古城出现的很早，但仍然是防御工程，不具备城市的基本形态。这也印证了古代土木技术是以军事目的为核心的。人口众多和有市场是城市的基本标志，所以最早的城市被认为是出现于西周，其都城丰镐设有市场。

“城市”这个词的产生相对要晚得多。古时的说法多称“城”、“邑”。直到战国后期，才有了城市的概念。日本学者认为“‘城市’一词的语源，出自中国。当时有‘商贾集中之地’、‘市’、‘都’的意思”。

我国首都北京是一个有着悠久历史，八百多年建都历史的古代名城。北京城，是中国历史上最后两代封建王朝“明”和“清”的都城，其规划设计体现了中国古代城市规划的最高成就，被称为“地球表面上，人类最伟大的个体工程”(E. N. Bacon)[2]。明清北京城的前身为1264年营建的元大都城。大都城设计时曾参照《周礼·考工记》中“九经九轨”、“前朝后市”、“左祖右社”的记载，规模宏伟，规划严整，设施完善。自公元888年以来，北京先后成为辽陪都、金上都、元大都、明清国都。北京有世界上最大的皇城——紫禁城，世界上最大的四合院——恭王府。北京还有八达岭、慕田峪等多处长城，长城在古代是作为一种防御工事建立起来的，由此也可见北京作为城市在古代的重要性。

(二)古代道路

古代道路是土木工程最为成功的具体的表现。人类建造道路的历史至少有几十个世纪了，恐怕没有人能够确切地说出世界上第一条道路是在何时、何地建成的。公元前4000年前后，古埃及据说已经有了道路，因为金字塔建设中石材的运输需要道路。公元前2000～300年时，在中欧、东欧建设了被称为“琥珀之路”的四条商业道路。公元前300年时，罗马帝国建成了主要用于军事的总延长8万km的道路网[3]。古罗马时代，道路得到惊人的发展，建成了以罗马为中心，四通八达的道路网。为尽量缩短村镇之间的距离，道路直穿山冈或森林，以形成用道路将首都罗马和意大利、英国、法国、西班牙、德国、小亚细亚部分地区、阿拉伯以及非洲北部联成整体。这些区域分成13个省、322条联络干道，总长度达78 000km。在中国，公元前3世纪，秦朝统一中国后，也以咸阳为中心修建了通往全国各郡县的通道，主要干道宽50步(古代长度单位，一步等于5尺)，形成了包括驿站在内的道路交通网络。

图1-1所示为广州市妥善保存的千年古道遗址的照片，显示了不同朝代的道路铺装情况。

近代，道路工程在欧洲发展迅速，在英国，1555年设立了道路法规。1747年在巴黎创立了道路桥梁学校，培养了大量土木工程师，提高了土木技术的水平。美国在19世纪到20世纪中叶，州际公路的建设取得了长足发展。德国20世纪初建成了被称为Auto Bahn的高水平道路网。

图 1-1　广州千年古道遗址

(三)古代桥梁[4]

古代桥梁在土木工程的历史中也占有重要的地位。我国古代对于桥梁早就有记载。汉许慎在《说文解字》中的解释是:“桥,水梁也。从木,乔声,高而曲也。桥之为言趫也(善缘木走),矫然也。”而梁的解释是:“用木跨水,即今之桥也。”

早在远古时代,自然界便有不少天生的桥梁形式,如天然形成的石梁,天然侵蚀成的石拱;树木横架便成为木梁桥;藤萝跨悬则为悬索桥。从自然倒下的树木而形成的桥梁,到有意识地推倒,砍伐树木架作桥梁,人类从自然界天生的桥梁得到启发,在生存的过程中,不断仿效自然,以解决出行的问题。

我国古代的桥梁,历史悠久,成就卓越。据考证,中国真正意义上的桥梁诞生于氏族公社时代,距今4000～6000年前。经过数千年的发展,在东汉时期,基本形成了梁桥、拱桥、吊桥、浮桥四种桥梁基本体系。进入隋、唐、宋时期,古代桥梁建筑技术达到了巅峰,随后的元、明、清三代,将前代的造桥技术进行了全面总结,初步形成了各种桥型的设计、施工规范。19世纪后期,随着工业革命成果的传播,以砖、木为主要材料的古代桥梁渐渐淡出历史舞台。

数千年来,劳动人民因地制宜,就地取材,用土、木、石、砖、藤、铁等建筑材料,建造了数以百万计的、类型众多、构造新颖的桥梁。我国地域广阔,地理千差万别,物产也各具特色,因此,我国不同地区的桥梁有着不同的形式。黄河两岸古都首府众多,物资运输多依靠骡马大车、手推板车,因此以平坦宏伟的石拱桥和石梁桥居多;东南水乡,河流纵横,湖沼棋布,运输以舟船为主,所以遍布驼峰隆起的石拱桥;西北、西南,峰峦层叠,谷深崖陡,难以砌筑桥墩,因而多用藤、竹、木等材料建造索吊桥和伸臂木梁桥;闽中南、粤东等地,质地坚硬的花岗岩漫山遍野,历代所建石梁桥比比皆是;云南傣族等地区,竹材丰富,独具一格的竹笆桥、竹梁桥、竹吊桥随处可见,至今尚存。

我国古桥不仅艺术上有很高的成就,表现出鲜明的民族风格,而且在建桥理论、构造处理、平面布局以及施工方法上都有不少独特创造,已经形成了具有自己特色的体系,到宋元时期更是达到一个高峰,在很多方面曾居于世界领先地位。

中国古代有四大名桥,为赵州桥、卢沟桥、洛阳桥、广济桥,这四座桥均属于全国重点保护文物,是中国桥梁建筑中的一份宝贵遗产。

赵州桥又名安济桥,位于河北省赵县城洨河上,是世界现存最古老最雄伟的石拱桥,被誉为“华北四宝之一”。它是世界上现存最早、保存最好的大型石拱桥,总重约2 800t,距今已有1 400多年历史,建于隋大业(公元605～618)年间,是著名匠师李春负责建造。桥长64.40m,跨径37.02m,券高(我国古代把弧形的桥洞、门洞之类的建筑叫做“券”)7.23m,是当今世界上跨径最大、建造最早的单孔敞肩型石拱桥。因桥两端肩部各有两个小孔,不是实的,故称敞肩型，这是世界造桥史的一个创举。

赵州桥已经经历了10余次水灾、8次战乱和多次地震，仍然没有损坏。新中国成立后，赵州桥也经历了多次修缮，但仍然保持原貌没有改变。1991年赵州桥被美国土木工程师学会选定取为第十二个“国际土木工程里程碑”，并在桥北端东侧建造了“国际土木工程历史古迹”铜像纪念碑。现在赵州桥已经不再通车，而作为一处景观，作为一种象征。

卢沟桥位于北京西南郊的永定河上，为连拱石桥。此桥始建于金大定二十九年（公元1189年），成于明昌三年（公元1192年）。元、明两代曾经修缮，清康熙三十七年（1698年）重修建。现桥全长266.5m，有11孔。卢沟桥以其精美的石刻艺术享誉于世。卢沟桥久已闻名中外，意大利人马可·波罗的《马可·波罗行纪》一书，对这座桥有详细的记载。1937年七七事变在此发生，是日本帝国主义侵略中国本土的开始，卢沟桥因此成为有历史意义的纪念性建筑物。

洛阳桥原名万安桥，位于福建省泉州东郊的洛阳江上，是我国现存最早的跨海梁式大石桥。宋代泉州太守蔡襄主持建桥工程，从北宋皇佑四年（公元1053年）至嘉佑四年（公元1059年），前后历七年之久，建成了这座跨江接海的大石桥。桥全系花岗岩石砌筑，初建时桥长360丈，宽1.5丈。建桥九百余年以来，先后修复17次。现桥全长731.29m、宽4.5m、高7.3m，有44座船形桥墩、1座石亭、7座石塔。洛阳桥是世界桥梁筏形基础的开端，为全国重点文物保护单位。

广济桥又称湘子桥，位于广东省潮安县潮州镇东，横跨韩江。此桥始建于南宋乾道七年（1171年），全长515m，分东西两段18墩，中间一段宽约百米，因水流湍急，未能架桥，只用小船摆渡，当时称济州桥。明宣德十年（1435年）重修，并增建5墩，称广济桥。正德年间，又增建一墩，总共24墩。桥墩用花岗石块砌成，中段用18艘梭船连成浮桥，能开能合，当大船、木排通过时，可以将浮桥中的浮船解开，让船只、木排通过，然后再将浮船归回原处。此桥是中国也是世界上最早的一座开关活动式大石桥。广济桥上有望楼，为我国桥梁史上所仅见。

（四）古代建筑

古代建筑更是成果丰硕，无论是在东方还是在西方，都留下了许多宝贵遗产。

从世界范围来看，古代建筑文化大约可以分为七个主要的独立体系[5]。但诸如古代埃及、两河流域、古代印度、古代美洲等建筑体系，有的早已中断，有的流传不广，影响有限。只有中国建筑、欧洲建筑、伊斯兰建筑被认为是世界三大建筑体系。而其中流传最广、延续时间最长、成就最为辉煌的要数中国古代建筑和欧洲古代建筑。建筑是文化、艺术与科学技术结合的产物，因此典型建筑形象可以作为一个国家或民族文化的代表。

中国是一个文明古国，有着悠久的建筑历史。秦砖汉瓦、私家园林、牌坊陵墓、城池庙宇展示了丰富的建筑形式，尤其是古建筑中数量最多、分布最广的民居建筑形式，更是展示了中国民众旧时的生活方式、喜好信仰、民俗文化和聪明才智。可以说，古代建筑是中国文化的重要组成部分。

中华民族的建筑除了内容丰富以外，外观形式也极富特点。天坛、故宫等建筑形象，都早已成为中国文化的象征符号。

我国的故宫，又名紫禁城，是明朝和清朝两代的皇宫，有六百多年的历史。故宫是世界上现存规模最大最完整的古代木结构建筑群，也是我国现存最大最完整的古建筑群。它始建于明永乐四年（公元1406年），历时14年才完工，共有24位皇帝先后在此登基。故宫可以说是无与伦比的古代建筑杰作。紫禁城整个宫城呈长方形，占地72万多平方米，有大小宫殿70多座、现存房屋 8 700 多间，都是木结构、黄琉璃瓦顶、青白石底座，饰以金碧辉煌的彩画。这些宫殿沿着一条南北向中轴线排列，并向两旁展开，南北取直，左右对称。这条中轴线不仅贯穿在紫禁城内，而且南达永定门，北到鼓楼、钟楼，贯穿了整个城市，气魄宏伟，规划严整，极为壮观。故宫周围环绕着十多米高的城墙，墙外是五十多米宽的护城河，城墙南北长 961m，东西长 753m。建筑学家们认为故宫的设计与建筑，实在是一个无与伦比的杰作，它的平面布局，立体效果，以及形式上的雄伟、堂皇、庄严、和谐，都可以说是人类文明史上罕见的。故宫标志着我们祖国悠久的文化传统，显示着五百多年前匠师们在建筑上的卓越成就，它是我国古代劳动人民血汗和智慧的结晶。

西方的古建筑中，古罗马的建筑无疑是最为经典的建筑系列之一。首先，古罗马建筑当时的功能要求很多，有罗马万神殿、维纳斯和罗马庙以及巴尔贝克太阳神庙寺宗教建筑，也有皇宫、剧场角斗场、浴场以及广场和长方形会堂等公共建筑。居住建筑有内庭式住宅、内庭式与围柱式院相结合的住宅，还有四五层公寓式住宅。而水平很高的拱券技术使建筑物内部有很大的宽阔的空间，这样，就可以使得很多的建筑功能要求得以满足。拱券结构得到推广，是因为使用了强度高、施工方便、价格便宜的火山灰混凝土。约在公元前 2 世纪，这种混凝土成为独立的建筑材料，到公元前 1 世纪，几乎完全代替石材，用于建筑拱券，也用于筑墙。古罗马建筑艺术成就很高。大型建筑物风格雄浑凝重，构图和谐统一，形式多样。

罗马万神殿是古代罗马城中心供奉众神的神殿，建于公元 120～124 年。罗马万神殿最大的特色是它的圆形穹顶，这是古代世界最大的穹顶，穹顶直径达 43.3m，正中有一个直径 8.92m的圆洞，这是除大门外的唯一采光洞。万神殿的基础、墙和穹顶都是用火山灰制成的混凝土浇筑而成，非常牢固。穹顶顶部的矢高和直径一样，也是 43.3m，使得内部空间非常完整、紧凑。这样，万神殿的剖面恰好可以容得下一个整圆，而它的内部墙面两层分割也接近于黄金分割，因此它常被作为通过几何形式达到构图和谐的古代实例。

古罗马斗兽场现在仅存遗址。斗兽场的真实名称叫做“佛拉维欧圆形剧场”，由韦斯马列西亚诺皇帝始建于公元 72 年，完成于公元 80 年。斗兽场的整体结构有点像今天的体育场，或许现代体育场的设计思想就是源于古罗马的斗兽场。斗兽场呈椭圆形，长直径 187m，短直径 155m。在斗兽场的内部复原图上，可以看出这个工程的浩大和壮观。但今天人们所能见到的已无完整看台的形象，只是原来支撑看台的隔墙，尽管破败不堪，但其高、大、巧，仍让人为往日的辉煌叹为观止。

(五)古代构筑物

古代还有很多称为奇迹的构筑物，中国的万里长城、埃及的金字塔就是很好的例子。

万里长城，东起山海关，穿过高山，越过深谷，蜿蜒于沙漠和草原，一直到达终点嘉峪关。全长 1.2 万余华里，故称万里长城。长城的修筑是在漫长的岁月中逐步完成的。从修筑伊始到最后完成，历时 2 000 多年，若把历代修筑的长城连接起来，总长超过 50 000km。长城以其气势磅礴而成为世界上最伟大的工程之一。

在公元前 5～7 世纪的春秋战国时期，中原大地诸侯争霸，战争频繁。为了防御北方草原强悍的游牧部落袭扰中原，位于北部的燕、赵、秦等国于要冲之地高筑城墙。秦始皇统一中国，将列国长城连成一线，从而形成西起甘肃临洮、东至辽东，延绵万里的军事屏障，创造了举世闻名的古代工程奇迹。

自秦以后直至明朝等各代都规模不等地新筑和增筑过长城。汉代继续对长城进行修建。从文帝到宣帝，修成了一条西起大宛贰师城，东至黑龙江北岸，全长近一万公里，古丝绸之路有一半的路程就沿着这条长城，是历史上最长的长城。到了明代，为了防御鞑靼、瓦剌族的侵扰，从没间断过长城的修建，从洪武至万历，其间经过20次大规模的修建，筑起了一条西起甘肃的嘉峪关，东到辽东虎山，全长6 350km的边墙。我们今天所指的万里长城多指明代修建的长城。

埃及金字塔是法老(古埃及的国王)的陵墓。大型的金字塔一般建于古王国时期的三至六王朝(约公元前2664～前2180年)，在古埃及之都孟菲斯之北不远的吉萨、塞加拉、拉苏尔，梅杜姆以及阿布西尔等地都有大量的遗址。由于金字塔是一种方锥形的建筑物，古埃及文称它为“庇里穆斯”，意思是“高”；而其底座呈四方形，愈上愈窄，直至塔顶，从四面看都像汉字的“金”字，所以中国历来译称“金字塔”。在众多金字塔中，最为著名的是吉萨金字塔，它位于开罗西南约13km的吉萨地区。这组金字塔共有3座，分别为古埃及第四王朝的胡夫(第二代法老)、卡夫勒(第四代法老)和孟考勒(第六代法老)所建。其中胡夫金字塔，又称齐阿普斯金字塔，兴建于公元前2760年，是历史上最大的一座金字塔，也是世界上的人造奇迹之一，被列为世界7大奇观的首位。该塔原高146.5m，由于几千年的风雨侵蚀，现高138m。原四周底边各长230m，现长220m。锥形建筑的四个斜面正对东、南、西、北四方，倾角为51°52′。整个金字塔建在一块巨大的凸形岩石上，占地约5.29万m^2，体积约260万m^3，是由约230万块石块砌成。外层石块约11.5万块，平均每块重2.5t，最大的一块重约16t，全部石块总质量为684.8万t。令人吃惊的是，这些石块之间没有任何黏着物，而是一块石头直接叠在另一块石头上，完全靠石头自身的重量堆砌在一起的，表面接缝处严密精确，连一个薄刀片都插不进去。而塔的东南角与西北角的高度误差也仅1.27cm。这是当时征召了10万劳力、前后历时30年才建成的。

(六)古代水利工程

水利工程是关系到国计民生的大事，我国自古就有兴修水利工程的传统，传说中的大禹治水就是一个最好的例子。四川灌县的都江堰水利工程，为秦昭王(公元前306年～前251年)时由蜀太守李冰父子主持修建，它建在四川都江堰市城西，是全世界至今为止，年代最久、唯一留存、以无坝引水为特征的宏大水利工程。2 200多年来，至今仍在连续使用，仍发挥着巨大效益，不愧为世界文明的伟大杰作，造福人民的伟大水利工程。建成后使成都平原成为“沃野千里”的天府之乡。在今天看来，这一水利设施的设计也非常合理，十分巧妙，许多国际水利工程专家参观后均十分叹服。

举世闻名的京杭大运河，是世界上开凿最早、最长的一条人工河道，它的长度是苏伊士运河的16倍，巴拿马运河的33倍。大运河北起北京，南达杭州，流经北京、河北、天津、山东、江苏、浙江6个省市，沟通了海河、黄河、淮河、长江、钱塘江五大水系，全长1 794km。大约2500年前，吴王夫差挖邗沟，开通了连接长江和淮河的运河，并修筑了邗城，运河及运河文化由此衍生。我们今天所说的大运河开掘于春秋时期。春秋末年夫差(前495～前476)开凿“邗沟”(前486)；战国魏惠王(前369～前318)开凿“鸿沟”，贯通黄河与淮河。“邗沟”与“鸿沟”是今日南北大运河的最早河段。隋代“发民工百万”大修运河，历时数十年，才有了今天大运河的雏形。大运河完成于隋代，繁荣于唐宋，取直于元代，疏通于明清(从公元前486年始凿，至公元1293年全线通航)，前后共持续了1 779年。在漫长的岁月里，主要经历三次较大的兴修过程。京杭大运河是由人工河道和部分河流、湖泊共同组成的，全程可分为七段：①通惠河；②北运河；③南运河；④鲁运河；⑤中运河；⑥里运河；⑦江南运河。京杭大运河作为南北的交通大动脉，历史上曾起过巨大作用。运河的通航，促进了沿岸城市的迅速发展。

大运河正是以人工沟渠连通天然水系，结合自然环境与人工修凿的一条南北向的巨大输运航道，有灌溉、航运两大作用。至今该运河的江苏、浙江段仍是重要的水运通道。隋代运河大多利用秦汉故渠、自然河川或干枯河道贯通而成，大运河不仅促成了隋代的霸业，更开启了中国唐代的盛世，对中国古代的发展有积极的贡献。

大运河在隋代就有了很大的规模，唐、宋又加以修整，至元代时变成了今天的面貌。元代大运河的兴建，主要为"南粮北运"、"贡赋通漕"。这不仅解决了中国北方人民的生活问题，也巩固了北方的边防，"粮储充裕，所向克捷"，所以大运河除航运、灌溉功能外，还具有国防上的重大意义。

三、现代土木工程[1,6-7]

土木工程是建造各类工程设施的科学技术的统称。它既指所应用的材料、设备和所进行的勘测、规划、设计、施工、保养维修等技术活动，也指工程建设的对象，即建造在地上或地下、陆上或水中，直接或间接为人类生活、生产、军事、科研服务的各种工程设施，例如房屋、道路、铁路、运输管道、隧道、桥梁、运河、堤坝、港口、电站、飞机场、海洋平台、给水和排水以及防护工程等。

建造土木设施的物质基础是土地、建筑材料、建筑设备和施工机具。借助于这些物质条件，经济而便捷地建成既能满足人们使用要求和审美要求，又能安全承受各种荷载的工程设施，是现代土木工程学科的出发点和归宿。

(一)土木工程的发展历史

作为工程物质基础的土木建筑材料，以及随之发展起来的设计理论和施工技术对土木工程的发展起着关键作用。每当出现新的优良的建筑材料时，土木工程就会有飞跃式的发展。

人们在古代只能依靠泥土、木料及其他天然材料从事营造活动，后来出现了砖和瓦这种人工建筑材料，使人类第一次冲破了天然建筑材料的束缚。砖和瓦具有比土更优越的力学性能，可以就地取材，而又易于加工制作。

砖和瓦的出现使人们开始广泛地、大量地修建房屋和城防工程等。由此土木工程技术得到了飞速的发展。直至18～19世纪，在长达两千多年时间里，砖和瓦一直是土木工程的重要建筑材料，为人类文明做出了伟大的贡献，甚至在目前还被广泛采用。

钢材的大量使用是土木工程的第二次飞跃。17世纪70年代开始使用生铁、19世纪初开始使用熟铁建造桥梁和房屋，这是钢结构出现的前奏。从19世纪中叶开始，冶金业冶炼并轧制出抗拉和抗压强度都很高、延性好、质量均匀的建筑钢材，随后又生产出高强度钢丝、钢索。于是适于大跨度、轻型结构的钢结构得到蓬勃发展。除应用原有的梁、拱结构外，新兴的桁架、框架、网架结构、悬索结构逐渐推广，出现了结构形式百花争艳的局面。建筑物跨径从砖结构、石结构、木结构的几米、几十米发展到钢结构的百米、几百米，直到现代的千米以上。

为适应钢结构工程发展的需要，在牛顿力学的基础上，材料力学、结构力学、工程结构设计理论等应运而生。施工机械、施工技术和施工组织设计的理论也随之发展，土木工程从经验上升成为科学，在工程实践和基础理论方面都面貌一新，从而促成了土木工程更迅速的发展。

19世纪20年代，波特兰水泥制成后，混凝土问世了。混凝土骨料可以就地取材，混凝土构件易于成型，但混凝土的抗拉强度很小，用途受到限制。19世纪中叶以后，钢铁产量激增，随之出现了钢筋混凝土这种新型的复合建筑材料，其中钢筋承担拉力，混凝土承担压力，发挥了各自的优点。20世纪初以来，钢筋混凝土广泛应用于土木工程的各个领域。

从20世纪30年代开始，出现了预应力混凝土。预应力混凝土结构的抗裂性能、刚度和承载能力大大高于钢筋混凝土结构，因而用途更为广阔。土木工程进入了钢筋混凝土和预应力混凝土占统治地位的历史时期。混凝土的出现给建筑物带来了新的经济、美观的工程结构形式，使土木工程产生了新的施工技术和工程结构设计理论。这是土木工程的又一次飞跃发展。

21世纪以来，随着钢材产量增加，成本下降，以及对于大跨径结构、异型结构的需求大量增加，钢结构的使用越来越普及。新的设计理论、结构分析手段、设计方法都得到了快速的发展。北京奥运会的主场馆，号称“鸟巢”的国家体育场，就是一个钢结构的代表作品。

(二)土木工程的基本特性

现代土木工程具有综合性、社会性、实践性和统一性等基本特性。

1.综合性

建造一项工程设施一般要经过勘察、规划、设计和施工四个阶段，需要运用工程地质勘察、水文地质勘察、工程测量、土力学、工程力学、工程设计、建筑材料、建筑设备、工程机械、建筑经济等学科和施工技术、施工组织等领域的知识以及电子计算机和力学测试等技术，因而土木工程是一门范围广阔的综合性学科。

随着科学技术的进步和工程实践的发展，土木工程这个学科也已发展成为内涵广泛、门类众多、结构复杂的综合体系。土木工程所建造的工程设施所具有的使用功能多种多样，这就要求土木工程综合运用各种物质条件，以满足多种多样的需求。土木工程已发展出许多分支，如房屋工程、铁路工程、道路工程、飞机场工程、桥梁工程、隧道及地下工程、特种工程结构、给水和排水工程、城市供热供燃气工程、港口工程、水利工程等学科。其中有些分支，例如水利工程，由于自身工程对象的不断增多以及专门科学技术的发展，业已从土木工程中分化出来成为独立的学科体系，但是它们在很大程度上仍具有土木工程的共性。

2.社会性

土木工程是伴随着人类社会的发展而发展起来的。它所建造的工程设施反映出各个历史时期社会经济、文化、科学、技术发展的面貌，因而土木工程也就成为社会历史发展的见证之一。远古时代，人们就开始修筑简陋的房舍、道路、桥梁和沟洫，以满足简单的生活和生产需要。后来，人们为了适应战争、生产和生活以及宗教传播的需要，兴建了城池、运河、宫殿、寺庙以及其他各种建筑物。许多著名的工程设施显示出人类在这个历史时期的创造力。

产业革命以后，特别是到了20世纪，一方面是社会向土木工程提出了新的需求，另一方面是社会各个领域为土木工程的前进创造了良好的条件。例如建筑材料(钢材、水泥)工业化生产的实现，机械和能源技术以及设计理论的进展，都为土木工程提供了材料和技术上的保证。因而这个时期的土木工程得到突飞猛进的发展。在世界各地出现了现代化规模宏大的工业厂房、摩天大厦、核电站、高速公路和铁路、大跨桥梁、大直径运输管道、长隧道、大运河、大堤坝、大飞机场、大海港以及海洋工程等。现代土木工程不断地为人类社会创造崭新的物质环境，成为人类社会现代文明的重要组成部分。

3.实践性

土木工程是具有很强的实践性的学科。在早期，土木工程是通过工程实践，总结成功的经验，尤其是吸取失败的教训发展起来的。从17世纪开始，以伽利略和牛顿为先导的近代力学同土木工程实践结合起来，逐渐形成材料力学、结构力学、流体力学、岩体力学，作为土木工程基础理论的学科。这样土木工程才逐渐从经验发展成为科学。在土木工程的发展过程中，工程实践经验常先行于理论，工程事故常显示出未能预见的新因素，触发新理论的研究和发展。

至今不少工程问题的处理，在很大程度上仍然依靠实践经验。

土木工程技术的发展之所以主要凭借工程实践而不是凭借科学试验和理论研究，有两个原因：一是有些客观情况过于复杂，难以如实地进行室内试验或现场测试和理论分析，例如，地基基础、隧道及地下工程的受力和变形的状态及其随时间的变化，至今还需要参考工程经验进行分析判断；二是只有进行新的工程实践，才能揭示新的问题，例如，建造了高层建筑、大跨桥梁等，工程的抗风和抗震问题突出了，才能发展出这方面的新理论和技术。

4. 统一性

统一性是指技术上、经济上、景观、生态、环境以及建筑艺术上的统一。人们力求最经济地建造一项工程设施，用以满足使用者的预定需要，其中包括审美要求。而一项工程的经济性又是和各项技术活动密切相关的。工程的经济性首先表现在工程选址、总体规划上，其次表现在设计和施工技术上。工程建设的总投资，工程建成后的经济效益和使用期间的维修费用等，都是衡量工程经济性的重要方面。这些技术问题联系密切，需要综合考虑。

符合功能要求的土木工程设施作为一种空间艺术，首先是通过总体布局，本身的体形，各部分的尺寸比例、线条、色彩、明暗阴影与周围环境，包括它同自然景物的协调和谐表现出来的，其次是通过附加于工程设施的局部装饰反映出来的。工程设施的造型和装饰还能够表现出地方风格、民族风格以及时代风格。一个成功的、优美的工程设施，能够为周围的景物、城镇的容貌增美，给人以美的享受；反之，会使环境受到破坏。

在土木工程的长期实践中，人们不仅对房屋建筑艺术给予很大注意，取得了卓越的成就；而且对其他工程设施，也通过选用不同的建筑材料，例如采用石料、钢材和钢筋混凝土，配合自然环境建造了许多在艺术上十分优美、功能上又良好的工程。古代中国的万里长城，现代世界上的许多电视塔和斜张桥，都是这方面的例子。

（三）土木工程的发展趋势

随着科学技术的进步和经济的不断发展，现代土木工程取得了更多的成绩。内容涉及道路、铁路、水利、城市、建筑、空港等多个方面。现代土木工程的特点是：为适应各类工程建设高速发展的要求，人们需要建造大规模、大跨度、超高、轻型、大型、精密、设备现代化的建筑物，既要求高质量和快速施工，又要求高经济效益。这就向土木工程提出新的课题，并推动土木工程这门学科前进。

高强轻质的新材料不断出现，比钢轻的铝合金、镁合金和玻璃纤维增强塑料（玻璃钢）已开始应用。在提高钢材和混凝土的强度和耐久性方面，已取得显著成果，而且还仍继续进展。

建设地区的工程地质和地基的构造，及其在天然状态下的应力情况和力学性能，不仅直接决定基础的设计和施工，还常常关系到工程设施的选址、结构体系和建筑材料的选择，对于地下工程影响就更大了。工程地质和地基的勘察技术，目前主要仍然是现场钻探取样，室内分析试验，这是有一定局限性的，为适应现代化大型建筑的需要，急待利用现代科学技术来创造新的勘察方法。

随着土木工程规模的扩大和由此产生的施工工具、设备、机械向多品种、自动化、大型化发展，施工日益走向机械化和自动化。同时组织管理开始应用系统工程的理论和方法，日益走向科学化；有些工程设施的建设继续趋向结构和构件标准化和生产工业化。这样，不仅可以降低造价、缩短工期、提高劳动生产率，而且可以解决特殊条件下的施工作业问题，以建造过去难以施工的工程。土木工程专业是一门运用数学、物理、化学、计算机信息科学等基础科学知识，力学、材料等技术科学知识，以及相应的工程技术知识来研究、设计和建造工业与民用建筑、隧道与地下建筑、公路与城市道路以及桥梁等工程设施的学科。

土木工程需要规划。以往的总体规划常是凭借工程经验提出若干方案，从中选优。由于土木工程设施的规模日益扩大，现在已有必要也有可能运用系统工程的理论和方法以提高规划水平。特大的土木工程，例如高大水坝会引起自然环境的改变，影响生态平衡和农业生产等，这类工程的社会效果有利也有弊。在规划中，对于趋利避害要作全面的考虑。这一点更加说明开展"土木规划学"研究具有十分重要的意义。

四、土木工程的研究领域[1,8]

土木工程需要在房屋建筑、隧道与地下建筑、公路与城市道路、桥梁等领域的设计、施工、管理、咨询、监理、研究、教育、投资和开发部门从事技术或管理工作的各类工程技术人才，研究领域十分广泛。土木工程教育涉及工程数学、土木工程测量、土木工程材料、画法几何及工程制图、材料力学、结构力学、弹性力学、流体力学、土力学、混凝土结构设计原理、钢结构设计原理、桥梁工程、道路勘测设计、路基路面工程、土木工程施工与组织、土木工程专业英语等。

（一）土木工程的范围(scope of civil engineering)

按照现行的划分，土木工程涉及的主要专业(the major specializations of civil engineering)包括：结构工程，岩土工程，流体力学、水力学和水利机械工程，交通工程，环境工程与给排水，灌溉工程，测量学、水准测量与遥感。

1. 结构工程(structure engineering)

结构工程是研究土木工程中具有共性的结构选型、力学分析、设计理论、建造技术和管理的学科，结构工程包含下列的内容：

(1)以确切形式定位安装结构各部分，使其得到充分利用；

(2)确定各种作用于结构的力的大小、方向和性质；

(3)分析在上述力的作用下结构各个单元的行为；

(4)进行结构设计，使结构在任意荷载下保证其稳定性；

(5)选择建筑材料和有经验的工人进行施工。

2. 岩土工程(geotechnical engineering)

岩土工程是土木工程的分支，是运用工程地质学、土力学、岩石力学解决各类工程中关于岩石、土壤的工程技术问题的学科。内容包括：

(1)"土力学"中以土壤为研究对象研究其特性和行为；

(2)各种结构基础、机械底座等及其适配性；

(3)分析、设计与施工。

3. 流体力学、水力学和水利机械工程(fluid mechanics, hydraulics and hydraulic machines)

流体力学是力学的一个分支，它主要研究流体本身的静止状态和运动状态，以及流体和固体界壁间有相对运动时的相互作用和流动的规律。

水力学是研究以水为代表的液体的宏观机械运动规律，及其在工程技术中的应用。水力学包括水静力学和水动力学。

水利机械工程，从广义上讲可理解为：凡属水利工程建设中应用的各种机械都应称为水利机械。从狭义上讲，可暂定义为：在水利工程建设所应用的各类机械中，凡属以水利工程施工的使用、维护、管理为主要功用的各类通用机械和专用机械，均应称为水利机械。水利机械工程主要是对水利机械进行的研发工作。

内容包括：

(1)静态、动态下流体的不同特性和行为特征；

(2)水利结构设计，如水坝、调节闸等；

(3)水利工程中应用的机械。

4. 交通工程(transportation engineering)

交通工程最初是研究道路交通发生、构成和运动规律的理论及其应用的学科。内容包括交通线路设计、施工和管理执行。随着综合交通系统概念的不断形成，现在的交通工程已经不单纯是研究道路交通，而是涉及多种交通方式。

交通工程的不同分支包括：

(1)道路(公路与城市道路)工程；

(2)铁路工程；

(3)港口工程；

(4)空港工程。

5. 环境工程与给排水(environmental engineering water supply, and sanitary)

环境工程是一门研究人类活动与环境的关系，及研究改善环境质量的途径及技术的学科。环境工程主要研究：对应于人类活动产生的负面环境影响的环境保护措施，为人类的健康发展提供更好的环境质量。

给排水工程是关于水供给、废水排放和水质改善的工程，分为给水工程和排水工程。给水工程主要研究：水源的地理位置和水资源的收集、水处理方法、标准限度测试以及高效供水。排水工程主要研究：排水收集、排水处理措施方法、高效处理污水(世界用水安全保障)。

6. 灌溉工程(irrigation engineering)

灌溉工程是借助工程设施，从水源(河流、水库或井泉)取水通过渠道(管道)送水到田间。灌溉工程主要研究：通过建设水坝、储水池、水渠、压头结构以及支渠来控制各种水源灌溉耕地。

7. 测量学(surveying)

测量学是研究地球的形状和大小以及确定地面点位的学科。测量的内容包括水准测量(leveling)与遥感(remote sensing)。水准测量又名“几何水准测量”，是用水准仪和水准尺测定地面上两点间高差的方法；遥感是利用遥感器从空中来探测地面物体性质的，它根据不同物体对波谱产生不同响应的原理，识别地面上各类地物，具有遥远感知事物的意思。也就是利用地面上空的飞机、飞船、卫星等飞行物上的遥感器收集地面数据资料，并从中获取信息，经记录、传送、分析和判读来识别地物。

测绘的主要工作是形成测绘目标物的平面图。水准测量主要用来绘制地球表面垂直面上物体的相对高度。遥感是应用航拍图片得到区域相关数据技术来实现的。

(二)土木工程师的职责(functions of civil engineer)

土木工程师的工作可以归纳为下列几项。

1. 调查(investigation)

通过调查收集计划工程的相关必要数据。

2. 测绘(surveying)

测绘的目的是形成地图或平面图来确定工程各种结构在地球表面的方位。

3. 规划(planning)

在勘探和测绘成果的基础上，土木工程师要为工程的容量、规模、各组成部分定位绘制图纸，在此基础上进行初步估算。

4. 设计(design)

勾勒出轮廓图以后，部件的安全维数就可以获得。在此基础上绘制整个结构和部件图纸，并进行详尽的估算。

5. 实施(execution)

在这一步中，要制定建设时序表，撰写标书，确定合同，监督施工，制备账目，设施维护等。

6. 研究开发(research and development)

除了上述工作，作为土木工程师还需要投身于研究和开发工作，以期达到更高的经济性和效率来适应现在以及未来的发展需要。

土木工程技术人员需要具有较扎实的数学、物理、化学和计算机技术等自然科学基础知识，掌握工程力学、流体力学、岩土力学的基本理论和基本知识，掌握工程规划与选型、工程材料、工程测量、画法几何及工程制图、结构分析与设计、基础工程与地基处理、土木工程现代施工技术、工程检测与试验等方面的基本知识和基本方法，了解工程防灾与减灾的基本原理与方法以及建筑设备、土木工程机械等基本知识，具有综合应用各种手段查询资料、获取信息的能力，具有经济合理、安全可靠地进行土木工程勘测与设计的能力，具有解决施工技术问题、编制施工组织设计和进行工程项目管理、工程经济分析的初步能力，具有进行工程检测、工程质量可靠性评价的初步能力，具有应用计算机进行辅助设计与辅助管理的初步能力，具有在土木工程领域从事科学研究、技术革新与科技开发的初步能力。

第二节　土木事业与社会基础设施①,[9]

一、土木事业与社会资本

资本是生产的要素，由于投资获得再生产和积累。社会资本是通过土木事业而得到生产和积累的土木设施。这样的土木设施绝大多数属于社会共同利用，因此称为社会资本(social overhead capital)。社会资本几乎所有都是由政府，或是公共团体投资(公共投资)兴建、运营。成为国土或是城市、农村等的基础的交通设施，给排水处理设施，能源供给储备设施，信息通信设施，废弃物处理设施，保护和维持国土完整性的设施等，公共空间设施，教育、文化设施，公共设施，住宅设施都称为社会资本。

社会资本具有如下特征。

(1)外部经济性：对于个人与企业的生产活动，间接地产生影响。

(2)公共性、共同利用性、非选择性：服务提供的对象为不特定多数，非排他的，原则上公平地提供给所有的利用主体。

(3)输入不可能性：限定于该地区，其服务不可输入。

(4)大规模、不可分性：一般为大规模，需要巨额的投资，达不到一定的水平则无法发挥出其功能。

(5)建设周期长、服务年限长：从规划到建设的酝酿期间长，使用年限长，因此，其服务容易陈旧落后。

---

① 根据参考文献[9]于润泽的清华大学综合论文训练内容编写。

(6)主体的多样性:利用者、地区居民、地方政府、建设业者等多样的主体,产生多样的视点,因此其政治性很强。因此,有必要对于相关主体之间的评价进行调整。

(7)独占性、安全性:为了追求公共性,其独占性更加强烈,对于安全性的要求也越高。依据社会资本对社会、经济的效果,可以将其分类如下。

①生产性设施:工业用水,流通设施,能源设施,农林道路,渔港等。

②交通通信设施:铁道,道路,机场,港口,信息通信设施等。

③生活环境设施:上下水道,住宅,城市公园,停车场,学校,文化设施,保健医疗设施等。

④国土保持维护设施:治山治水,海岸保护,灾害复兴等。

这些支撑人类生活的设施称为土木设施,或称为社会基础设施。造就这些土木设施的创意、方法等叫做土木技术。驱使土木技术进行建造,从广义上讲叫做土木事业。换言之,土木事业就是指驱使土木技术创造、建设支持人类生活基础的事情。从技术上支撑土木事业的是土木工程学。土木工程学是构成社会的人类,为了防止或是利用自然的力量创造生活环境过程中,建设必须的土木设施所需要的技术的有关学说。

二、社会基础设施

(一)对于基础设施概念的界定

一些学者把基础设施(infrastructure)划分为狭义与广义两部分。狭义的基础设施主要是指经济性基础设施,包括交通运输、通信、电力、给排水等公共设施和公共工程等。广义的基础设施除此之外,还包括教育、法律、卫生以及行政管理等部门,但一般不包括能源、原材料等基础工业。国内的大部分研究倾向于使用狭义的基础设施概念。

清华大学建筑学院毛其智针对城市基础设施作了界定,他认为:城市基础设施,又称城市基础结构,一般指城市中在地上或地下提供服务、通道或便利的实体结构,如道路、供排水管道、电力与通信线路等[10]。

上海财经大学邓淑莲把基础设施的含义限定为具有经济性的物质基础设施,包括道路、铁路、机场、港口、桥梁、通信、水利工程、城市供排水、供气、供电、废弃物的处理等[11]。

世界银行在1994年以基础设施为主题的发展报告中,将社会基础设施定义为永久性的成套的工程构筑、设备、设施和他们所提供的为所有企业生产和居民生活共同需要的服务。报告认为,基础设施种类繁多,其中经济基础设施主要包括三个部分:①公共设施:电力、电信、自来水、卫生设备和排污、固体废弃物的收集和处理、管道煤气等;②公共工程:公路、大坝和排灌渠道等水利设施;③其他交通部门:铁路、市内交通、港口和航道、机场等。

本书以下的讨论中提及的"基础设施",指的都是"狭义"的基础设施。特别要指出的是,本文中的基础设施概念是从"土木规划"的理念出发,针对的是"土木设施",即具有社会公共属性的,运用土木工程技术建设的基础设施。一般来说,这一类基础设施具有以下特征。

(1)基础性。基础设施的基础性体现在两方面:一是基础设施所提供的产品和服务是其他生产部门进行活动的基础性条件,如第一、第二和第三产业活动不可能不利用一定的交通、通信、电力等;二是基础设施所提供的产品和服务的价格构成了其他部门产品和服务的成本。正因如此,基础设施又被称为社会先行资本,它所提供的产品服务性能和价格的变化,必然会对其他部门产生连锁反应。

(2)投资具有不可分性。从资本规模和技术工程的角度看,基础设施必须一次性进行大规模的投资,这种投资具有不可分性。因为基础设施项目的规模宏大,且各部分相互联系,互为依存条件，缺一不可，必须同时建成才能发挥作用，因而一开始就需要有最低限度的大量资本作为创始资本，少量分散的投资不起作用。正因如此，基础设施需要的投资规模大，建设的周期长，且有大量的沉淀成本，因而，其资本收益率低，私人不愿或无力涉足其中。

(3)基础设施不能通过贸易取得。基础设施提供的服务和产品不能从进口获得，也不能将一国的基础设施服务输出到国外。

(4)有些基础设施对消费的作用是直接的，但大部分基础设施对生产和家庭福利的作用是间接的，即方便市场交易，或者提高其他生产要素的生产力。

(5)基础设施具有生产上的规模经济性、消费上的效益外溢性和非排他性，这一特点使得政府在基础设施的提供和融资方面发挥重要作用。

(二)基础设施理论

基础设施理论最早开始见于早期经济学家的著作中。在之后的理论发展历史中，人们对于基础设施的理解越来越深刻，但是值得注意的是，这些理论都提及或重点阐述了政府对于基础设施提供的重要意义。这些理论基本都认为政府有义务为社会提供基础设施，这些理论实际上为世界各国政府在经济发展早期垄断经营基础设施领域提供了理论依据，对政府大规模供应基础设施给出了理论上的支持，但同时我们也应看到这些理论对社会经济发展到一定程度时的情况估计不足，忽视了市场机制对于基础设施提供的巨大帮助。这些理论的优势与缺陷对后来各国的土木规划环境与土木规划政策都产生了不可磨灭的影响。

1.早期经济学家关于基础设施的观点

亚当·斯密的观点可以总结为:①交通运输对国家的经济发展非常重要;②基础设施的发展应与经济发展相适应，交通运输“这类公共工程的建造和维持费用，显然，在社会各个不同发达时期极不相同”;③公共工程的建设和运营是国家的重要职能之一，但这些公共工程的费用应由使用者支付，对其征收使用税(费)是非常公平的做法;④应根据不同种类基础设施的不同特点决定基础设施日常维修管理的主体;⑤地方性基础设施应由地方政府负责建设和维护，因为这些设施的受益人群是地方人民，从国家的一般收入项开支，不符合公平原则。由地方政府在一般收入项开支，既符合公平原则，又比由中央政府负责更有效率[11]。

2.凯恩斯对基础设施的观点

20 世纪 30 年代以反古典经济学面目出现的，适应“大萧条”时期需求的凯恩斯主义则将公共工程支出作为政府反经济危机的手段。凯恩斯认为，失业是经济危机的典型现象，经济危机发生的根源在于有效需求不足，私人的消费需求和投资需求由于边际效应递减、流动偏好和资本的边际收益递减三大心理规律的存在而总是小于总供给，要消除危机，实现总供给与总需求的均衡，只有借助政府的干预，通过政府支出弥补个人需求的不足。政府支出包括消费支出和投资支出，其中投资支出很重要的一部分是建设公共工程。

3.马克思主义对基础设施的观点

马克思主义对基础设施的论述主要包括两方面的内容:一是肯定了交通、仓储等基础设施对生产发展的重要性，二是将公共工程的提供视为国家的职能。

4.发展经济学家有关基础设施的观点

发展经济学家最先使用基础设施概念，并提出了一系列富有价值的理论观点，对基础设施的理论作出了重要贡献。他们的主要观点有:①基础设施是社会经济发展的基础，在一般产业投资之前，一个社会应具备基础设施方面的积累，基础设施的发展是一国经济腾飞的必备条件，是工业化不可逾越的阶段;②政府必须担负起基础设施发展的重要职责。罗森斯坦·罗丹认为，基础设施必须通过政府干预，实行计划发展。罗斯托认为政府干预基础设施发展的理由有三个：一是基础设施从投资到形成生产力，再到投资回收需要的时间很久；二是基础设施投资巨大，且投资具有不可分性，不可能以不断扩大的利润再投资的办法来形成；三是基础设施的利润常常通过许多间接的因果关系回到了整个社会，而不是直接回到创办的企业家手中。罗斯托认为，这三个条件合在一起，使得政府一般必须在创造经济起飞前提条件的时期担负起发展基础设施这一极为重要的任务。由于基础设施初始规模配置上的局限和投资的不可分性，各国政府，特别是发展中国家政府应充分认识这一问题，并大力促进基础设施的发展。赫希曼也主张发展基础设施要实行国家干预和经济计划。

发展经济学家从经济发展的阶段出发，深刻地认识到了基础设施与一国经济发展的关系，强调基础设施是经济发展的前提条件，并根据基础设施的投资特点提出了政府和计划在基础设施发展中的作用，这些观点为以后的基础设施研究提供了重要的理论参考。

5. 世界银行的观点

1994 年世界银行发表了年度发展报告，报告以“为发展提供基础设施”为主题，首先肯定了基础设施对经济发展的重要性，指出“基础设施如果不是经济发展的引擎，那也是经济活动的车轮”。报告在对发展中国家 1990 年数据研究的基础上提出，基础设施每增长 1%，就导致 GDP 增长 1%。其次，通过对发展中国家基础设施提供情况的考察指出，发展中国家基础设施发展落后的原因在于基础设施提供中缺乏有效的激励机制，即基础设施的投入、产出得不到全面有效的衡量和管理，提供者的报酬与使用者的满意度没有任何联系。报告提出，基础设施的发展依赖于建立有效的激励机制。一是按商业原则发展基础设施，将基础设施视为一个“服务行业”，按消费者的需求提供服务。二是引进竞争机制，竞争可以提高效率，为使用者提供更多的选择，从而使提供者更加努力地提供令使用者满意的服务。三是对那些提供者无法通过市场了解使用者信息的基础设施的发展，使用者和其他有关人员应该进入基础设施发展的整个过程。

第三节　土木规划学的定义与意义[12-15]

一、土木规划的定义

土木规划在英文中为 social infrastructure planning，直译为“基础设施规划”，但土木规划的内涵远远广于单纯的“基础设施规划”。国内一些文献把“土木规划”翻译成“社会公共建设规划”，是有道理的。具体指规划主体（决策者）把社会公共基础设施作为对象，根据国家或地区经济的发展需要，发现和整理建设项目中产生的问题及其内容，进行规划目的的分析，在充分考虑和权衡效率、公平和环保的基础上，对基础设施的发展进行数量、结构和项目选择的设计和计划，并根据目的的要求在提出的众多手段（比选方案）中系统地选择、提取合理的方案，并将规划实现的过程。

土木规划的概念对我国传统的“基础设施规划”提出了挑战。在我国，一般认为基础设施规划是针对某一种具体的基础设施，如铁路、公路、管道等，利用现有的土木工程技术进行的网络规划。这种类型的规划以最终方案（plan）为目的（图 1-2），往往停留在单一基础设施的技术层面，缺乏统筹的、系统的考虑，更谈不上对整个社会经济、人民生活的考虑。土木规划则综合了系统科学和社会科学的部分成果，把“社会公共基础设施”作为一个完整的整体来进行运筹，在规划的同时考虑其建设与运行对整个社会产生的影响，是以规划的整个过程(planning)造福社会各个层面为目的的(图 1-3)。另一方面，土木规划对于“规划”的流程也作了饶有意义的拓展，传统的基础设施规划往往从规划目的开始，终结于从各个方案中优选出最终的方案，但是对于资金的考虑仅仅停留于工程造价的粗估，但显而易见的是，资金来源对规划能否实现的影响是巨大的，传统的基础设施规划并不把资金来源作为约束条件，而是在规划方案出台以后再来具体考虑资金问题，往往使规划的整个过程失去控制(如可能与当地经济发展水平极不适应)。

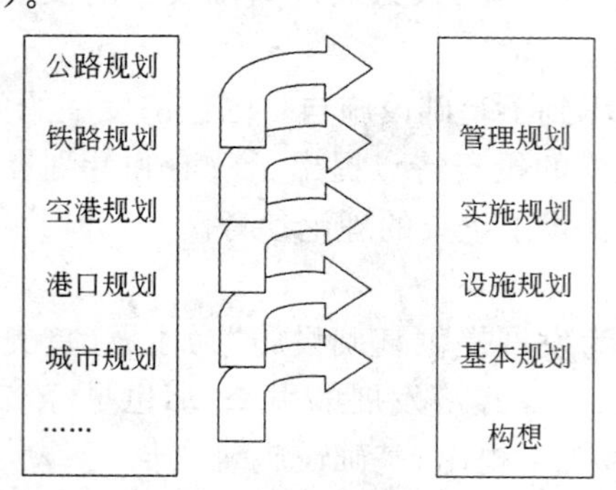

图 1-2　作为 plan 的规划概念

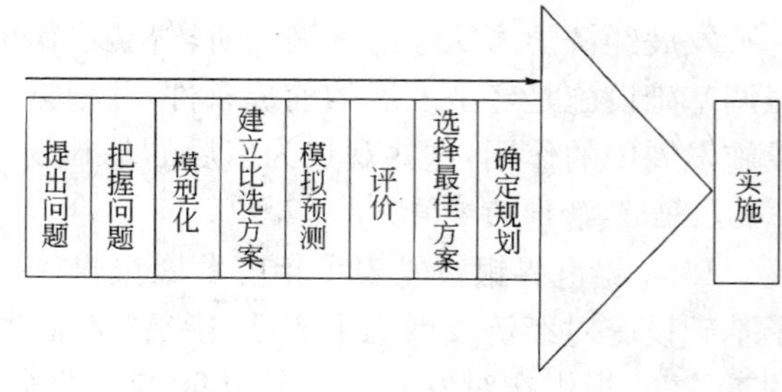

图 1-3　作为 planning 的规划概念

值得注意的是，土木规划终结于规划方案的实施，而不是传统意义上的“确立规划”，即方案的确定并不意味着规划过程的结束，只有在规划方案转化为实际为人民服务的社会公共基础设施以后，规划才能够成立。而在方案到实施的过程中，离不开资金、政策等社会、经济因素的影响，这时候已经形成的方案就要进一步调整。

二、土木规划的意义与必要性

由于经济发展的滞后，我国的基础设施建设一直处于落后的局面。为了缩小与发达国家的差距，以及从最低保证(civil minimum)的视点，我国进行了大规模的社会基础设施建设。在这个阶段物质缺乏，为了缓解物质的不足，满足社会需求，有选择地进行了大量的社会基础设施建设。换句话说，就是进行了大量的需求追随型的基础设施建设。这样的建设由于有强烈的对于基础设施的渴望，因此很容易获得相关者的赞成。

随着经济的日益发展，物质不足得到缓解，加上能源日益紧张，生态保护意识日益高涨，人们追求的是更加方便、更有价值的东西，市民的意识也从最低保障逐渐转向地域福利效用的最大化(civil maximum)。我国的经济持续快速发展，民众的价值观也在向多种价值观方向发展，在这样的背景下对于社会基础设施的建设需要进行彻底的探讨，还需要对社会经济以及自然环境的影响进行综合的把握，对于基于多种价值观的相互对立的意见进行调整，需要努力造就高质量的土木事业。这一切都需要科学化、体系化的土木规划学说来支持。

由于土木事业问题的多样性、复杂性、特殊性，土木规划问题的解决需要慎重、合理与综合处理。对于土木事业的规划以及规划结果的解释需要有适当的方法，也就是说，对于各种所发生问题对应的手段、解决方案不一定是单独的，从综合的视角来看，通常会有多个比选方案，需要从中选出最佳方案。

土木规划的重要性在于：一是把社会基础设施作为一个系统来统筹考虑，既避免了重复建设等所造成的资源浪费，又能够为整个社会提供最优化的基础设施解决方案；二是为基础设施的发展(筹资、建设和运营)提供科学的指导和约束，减少乃至消除基础设施发展中的盲目性，使基础设施的发展既不会因为供给不足而导致需求受限，又没有因发展过多而造成资源浪费，既保证了效率，又保证了公平，且没有对生态与环境造成较大损害；三是由于基础设施一般而言投资巨大，如果对没有建立在科学论证基础上的规划做指导，一旦决策失误，将造成巨大的资源浪费。正因如此，基础设施的发展能否成功首先取决于是否有统筹兼顾、切实可行的科学规划。

第四节　土木规划的要素与分类

一、土木规划的基本要素

从土木规划的定义中，我们可以得到若干个关键词，包括决策者（主体）、对象、目的、方案四个基本要素。除此之外，还有与规划的内容相关联的排列，或称实施过程，即构成，就成为规划的第五个基本要素。在此对土木规划的基本要素："决策者、对象、目的、手段"+"构成"分别进行简单介绍。

（一）决策者

决策者（decision maker）可以分为非公共决策者与公共决策者。非公共决策者又可以进一步划分为个人与集团，所谓集团是指企业、经济团体等。非公共决策者，当然在规划的制定过程中当然是以追求利润为目的的。公共决策者是指地方公共团体、国家、区域社会、国家群等具有公共的性质的组织实体。这个公共决策者具有以下三个基本特征。

第一，公共决策者是不同性格不同思考方式的不同个人以及团体聚集于空间的，或是机能的复合体。地方政府或是国家是空间的聚集，从组织构成上看各个部门是机能的团块。公共决策者作为机能的团块更多地参与规划。

第二，公共决策者随着时代的变化，会发生质变。从古至今历史上公共决策者发生变化，随之决策的视点也发生变化。

第三，公共决策者作为强有力的制度，具有权威性。由于公共决策者实际上是具有各种各样观点的构成成员的复合体，因此规划的决策需要某种规则。当把规划付诸实施时，也需要对于构成成员有一些约束。所谓约束就是公共的社会权力或是法律制度，具有这样的权力是公共决策者非常大的特色。

土木规划是以社会基础设施为对象的，土木规划的决策者或是政府部门，或是受政府部门委托的机构。社会基础设施是社会共同需要的，通常是民间无法提供的社会经济活动所需的基本的设施或系统，因此，公共决策者在规划的过程中更加重视其公共性。

近年来，社会基础设施的建设、运营由政府部门与民间共同进行变得很盛行，或者是完全交由民间进行（PFI 方式）。这种情况下，公私合为决策者，需要在考虑公共性和追求利润（成本核算）两者兼顾的情况下进行规划的决策。

（二）对象

土木规划的对象涉及的面很广，包括：社会基础设施中以土木技术为对象的设施以及系统为中心，设施、系统本身，伴随着利用与运营管理的制度等软件，以及使用方法与需求。还有，包含了社会基础设施以及与此相关的环境。当今的复杂的社会系统，需要认真研讨具有多样的价值观的人类活动和思想意识，在此基础上进行规划，由此可以看到，宽裕以及文化，直至心理的问题都会成为规划的对象。

社会基础设施进一步可以细分为生活设施、产业设施、自然设施（国土保护）等各种设施。在空间的分布中，如何容纳与布置各种设施是一个课题，这时，地区、城市、农村、区域、地方与国家等空间都会成为规划的对象。

环境包括社会环境、经济环境和自然环境三种。社会环境是指人类作为集团进行社会活动的全体，经济环境是指产业经济活动，自然环境是指自然的地物以及与生态系统相关的物质。

规划中其对象可以是狭义范围的东西，也可以是广义范畴的东西，这些与规划的目的有着必然的关系。例如，当目的为实现富裕的生活时，规划的对象就是与生活相关的各种设施。富裕就意味着经济的发展，因此会涉及产业基础设施，在保证生活安全的意义上，对象则扩展到国土保护。与此相对应，当以建设跨河桥梁为目的时，规划的对象就是桥及其相关的设施了。

（三）目的

目的（purpose）是根据决策者的需求，指引规划工作方向的。想使生活更加充实更加丰富多彩，想彻底消除交通拥堵，以实现这些愿望为目的，我们制定城市规划、区域开发规划、交通规划、设施建设规划。

如前所述，公共决策者通常是一个复合体，其构成成员的愿望各不相同，因此规划中的目的也不是一个，可以有多样的内容。例如，进行交通规划时，会有很多要求，如缓解交通拥堵，高效经济地运送人和物，减少交通事故，改善自然环境，实现舒适的生活环境等多样的要求，哪个需要侧重则取决于构成成员的立场和价值观。而且，这些目的并非能同时达到，为了达到某个目的，有时不得不牺牲一些其他的目的。在道路规划中，为了实现良好的生活环境，需要尽可能把机动车排除出生活空间。但是这种情况下，被排除的机动车就会集中在一些特定的道路上，可能会加剧这些道路的交通拥堵。相反，为了缓解交通拥堵，需要有效利用代替路径，车流进入生活空间，产生噪声、振动，以及交通事故，可能会使生活环境恶化。正如这样，目的与目的之间存在着满足一方必须牺牲其他方面的这样一种此消彼长的关系（trade-off）。

在公共决策者的规划当中，有着此消彼长的关系的多数的目的是可以通过调整，最终形成一个包括了各个目的的综合目的。这个综合的目的可以概括为“增进公共的福利事业”。也就是目的在于实现“最大多数人的最大的幸福”。但是，公共的福利以及幸福等终极的目的往往多半停留于理念，缺乏具体性。土木规划中，应该以这些终极的目的为方向，以建设生活基础设施来创造和实现舒适的生活环境等作为更加具体的目的。

目的的内容有多种多样，有接近于终极目的理念性的东西，也有很具体的东西。这就是其阶段性的连锁的性质。通常上级的目的侧重于理念，下级的规划目的更加具体。因此，在规划当中，根据对象以及规划的决策者的意向，在考虑实施规划的时间、空间以及预算等的制约条件下，设定何种级别的规划目的非常重要。

（四）手段（比选方案）

为了达到规划目的的手段（比选方案）不一定是一个，可能是多数，这些都是要对应于目的来设定的。因此，目的位于上级，与之相结合的手段在下级与之相对应。因此，设定的目的如果明确，接下来集中精力于其下级的方案集合，使参选方案具体化就是规划，根据对于集合中哪一个方案的重视程度，或是详细考察到什么程度，可以进行各种内容的规划。

需要注意的是，对于上级的目的来说，下级目的以及手段是其必要条件，但是并非其充分条件。例如，为了提高公共福利，可以期待于发展经济，但是经济发展是否就能带来社会福利的提高，也存在疑问。比如说，发展经济的过程中会带来自然环境的破坏，随着开发区域与未开发区域之间经济发展水平差距的加大，会加剧社会的不公平感。对此，不能只关注于对应于设定的目的的下级的目的与手段，需要对照目的综合考虑手段之间或是目的间的此消彼长的关系，仔细加以斟酌。在这个意义上，任何规划结果上都是与提高公共福利这样的终极目的相一致的，需要综合考虑手段全体的相互关联，可以说综合考虑的程度决定了规划内容上的差异。

(五)构成

规划的内容与决策者、对象、目的、手段四个要素相关联，被具体化。还有，同样的规划从初步探讨阶段到实施阶段经过多个阶段进行探讨才被具体化，这些阶段的内容、手续、步骤等各个方面都是相互关联的。进一步，上级规划与下级规划，全国的规划与区域的规划，城市规划与交通规划等，从全体与局部的意义上，需要各个规划相互紧密关联。在多个意义上，规划紧密关联，整合起来就称为构成(composition)。如果独立地考虑规划的内容，就有可能无法使全体整合，可能会形成相互矛盾的规划。因此，需要探讨规划的不同构成，明确规划流程的全体框架以及各个规划的关联性。

二、土木规划的分类

土木规划的分类方法有多种多样，随着出发点侧重点的不同，会有许多分类的方法。综合来看，按照规划的五个要素来划分，比较明确也比较易于理解。长尾翼三[12]对此做了研究。首先将土木规划划分为规划结果(plan)和规划过程(planning)。plan 就是指规划自身侧重于结果，是指思想统一，思想决定的结果。planning 则是指得到结果的过程，也就是指为了达到目的需要采用什么方法，什么思考过程会导致结果。其区分如表 1-1 所示。

plan 与 planning 表 1-1

概　　要	分　　类	事　　例
作为 plan 的规划	主体(立场)	国家、地方公共团体、管理者、企业等
	目的	公共、营利等
	对象	空间(全域、特定区域等)，时间(长期、中期、短期等)，资源(组织、资财、资金等)
	手段	部门(河川、道路、港湾等)，方法(建设、新设、改良、维修、复旧等)
作为 planning 的规划	形成阶段	构想，基本规划，整备规划，实施规划，管理规划等
	思考过程	动机，发现问题，框架，规划目标的设定，现象分析，问题的方式确定，备案的选择，评价，决定，实施，管理

作为 plan 的规划可以有以下的分类。

(1)根据主体(决策者)的分类

根据主体(决策者)分类有公共规划与民间规划。

按照行政主体划分为国家规划，地方政府规划。

(2)根据目的的分类

社会规划,经济规划,综合开发规划,旅游规划等。

建设规划,改良规划,维修规划,灾害复兴规划,防灾减灾规划等。

(3)根据对象的分类

国家级综合规划(如国家综合运输网规划),区域规划,省市自治区级规划,地市县规划,城市规划,乡村规划等。

(4)根据手段的分类

河川规划,道路规划,铁道规划,港湾规划,水资源规划,下水道规划等。

建设规划,新设规划,改良规划,维修规划,复旧规划等。

(5)根据形成阶段的分类

构想,基本规划,建设规划,实施规划。

(6)根据规划的目标时点与期间的分类

超长期规划(大约20年以上),长期规划(10～20年程度),中期规划(3～7年程度),短期规划(1～2年程度)。

土木规划是为人类与社会,形成功能空间系统的工作。从土木工程的观点也可以对土木规划进行分类。土木工程关注的视点可以包括:

(1)构造物:需要对某个构造物的规划。

(2)把构造物作为有力的构成要素的功能设施。需要对具有这种功能的设施进行规划。

(3)地域问题当中的构造物与功能设施极为相关的部分。相应地可以把规划分为:

①设施规划:利用资源,创造出设施这种有形物的规划。

②功能规划:利用设施,创造出功能服务的规划。

③地球环境开发规划:以上述两点为要素,在水面、土地上创造出环境的规划。

第五节　土木规划学的形成

一、土木规划学的历史

日本学者对土木规划的研究开始得比较早,土木规划的相关理论也发展得比较完善。人类社会在共同的活动中,必须要共同地利用必要的设施,比如交通设施,给排水系统,能源相关设施,农林渔业基础设施,公园,住宅区,教育、文化等社会福利设施,河川、海岸基础设施等。另一方面,这些设施作为人类的生存基础设施,支撑着社会的发展,为人类社会发展作出了巨大贡献。这些支撑人类生活的设施称为社会基础设施,或称为土木设施。造就这些土木设施的创意、方法等叫做土木技术。驱使土木技术进行建造,从广义上讲叫做土木事业。把土木技术体系化、普遍化了的就是土木工程学。日本的土木工程学发展较早,20世纪初,实施各种土木事业的方法和制度就被确立了。1955年之前,日本土木工程学的教育手段除了传授结构力学、土力学、水利学、测量学、材料学的基础科目之外,还分别传授桥梁、铁道、道路、城市规划、港湾、机场、河川、水力发电、水坝、隧道、给排水等土木设施的技术。可是,随着不同土木设施的内容丰富和技术进步,这种分别传授土木设施的建筑技术和理论的教学方法使得大学本科生在有限的大学期间,无法学到有关全部土木设施的技术。

另外,人们对土木设施的需求也随着时代的发展而变化,尤其是像公共基础设施这一类建设,常常随着社会经济的发展而有不同的侧重。土木工程学发展早期,人们一直都把土木工程学作为一门自然科学进行研究,完全忽略了土木工程学应该汲取人文科学和社会科学的一些思想。我们对于如何建造土木设施,特别是技术上如何建造研究地比较透彻,但对使用这些设施对人类社会产生的影响和效果却研究地不够深入。1955 年以后日本经济进入了高速的发展成长阶段,对土木技术的需求发生了巨大的变化,为了解决土木工程领域出现的新问题,要求有新的土木技术出现。

在这种背景下,日本的一些学者改变了原有的分别传授土木技术的体系,建立了一种具有普遍性的,相互联系的教学体系。于是,以土木工程学的内容为基础科目,讲授调查规划、设计、施工、管理的技术和理论的教育方式出现了,这也就是土木规划学科的源起。这种土木工程学教育在 1958 年开始于京都大学,之后,慢慢地在全国普及。从日本的整体状况来看,土木工程学教育正处于从旧体制向新体制的转变中。这种学术体系是需要经常改良和修正的,所以可以说这种转变是向好的一方发展的。可以说,这种土木工程学的转变是为了应对社会对土木技术需求多样化而进行的技术革新。

土木规划学是在土木工程学的改革中形成的一个新的学科。它总结了土木设施规划制定的各种方法,并使这种可以适用于任何对象的具有普遍性的理论体系化。为了推进土木规划领域的研究和社会普及化,1966 年,日本土木学会设立了土木规划学研究委员会,致力于学科的体系化研究。这个委员会在最初的五六年里,针对能否体系化土木规划学这一学科进行了多次讨论。十年过去后,尽管还没有完成土木规划学的体系化,但大多数学者相信体系化是可行的。

在发展的初期,土木规划学主要应用规划论中的数学方法来进行操作。原因是日本经济高度增长,需要建设、整合大规模的土木设施,所以有必要处理规划问题,而此时(第二次世界大战以后),英国在作战研究中产生的运筹学方法受到关注。因此,一些日本学者开始把这种方法应用到土木工程上,产生了一系列的土木规划理论。之后又出现了比运筹学应用更广泛的系统分析和包含系统设计的系统工程学,并分别建立了各自的理论体系。于是,土木工程又把这些领域里的一些分析方法引入到自己的学科里。另外,也引入了以计量经济学、公共经济学为主的经济学和数理统计学、计量心理学等,这样一来,土木规划理论逐渐完善起来。再之后,随着可以称作土木规划哲学的规划理念的建立以及对规划论的研究的逐步深入,土木规划学的学科体系建立起来了。

总而言之,土木规划学是研究土木设施(社会基础设施)的功能特性、社会对土木设施的需求、两者间最理想的关系方式的基本理念以及调查、分析、规划、评价理论、规划实现方法的学科。

二、研究领域和方向

在日本,1958 年京都大学成立"土木规划学"研究室;1966 年土木学会下设土木规划学研究委员会,加速了土木规划学体系化的进程;但是体系化过程中,关于土木规划学的规划理念、规划论,以及规划原则等基本研究是滞后的,即后来才得到发展。经过 40 年来的发展,目前日本的土木规划学科已经体系化,很多其他学科的分析方法被介绍进来并结合土木工程学的实际情况与学科要求被整合。在美国,有一些学者在做 Infrastructure Planning 研究,但没有形成学科。

在中国，有 Urban Infrastructure Planning，属于建筑学科；笔者所在的清华大学土木工程系交通研究所率先开设“土木规划学”课程，把土木规划的理念引入中国。但国内的土木规划学科刚刚起步，其不成熟性主要体现如下。

(1)对于规划目的的分析不够完善。规划目的的提出与确定应建立在调查研究与预测分析的基础上，但我国一些基础设施项目的规划是以政策为指向的，并没有建立一些指标化的规划体系，这是国内土木规划领域的一块空白。

(2)分析方法定性的多，定量的少。与国外(主要是日本)的土木规划相比，国外的土木规划一直被作为数学问题来处理。决策问题的分析工具有运筹学；有把系统科学概念应用于决策的系统分析，以及考虑组织全体的系统工程学的分析方法；有经济学的分支(计量经济学)，以及数理统计学、计量心理学、行为科学等。国内的规划分析常常停留在定性分析，缺乏定量分析。

(3)就土木规划学科来讲，一些基本的方法论问题尚未得到解决或推广。土木规划起源于土木工程学的范畴，现在规划中的一些分析方法(如公路网规划中的交通流量分析与预测)偏重于工程技术层面的分析，对于人文社科领域一些研究成果的介绍与应用非常少，学科之间的交叉也未实现。一些用于定量分析的数学方法也没有被很好地应用。

三、土木规划学的位置与发展方向

土木规划学是土木工程学科体系中新的学科，它在土木工程学科体系中处在一个重要的位置，起着联系与协调其他学科专业的作用，如图 1-4 所示。

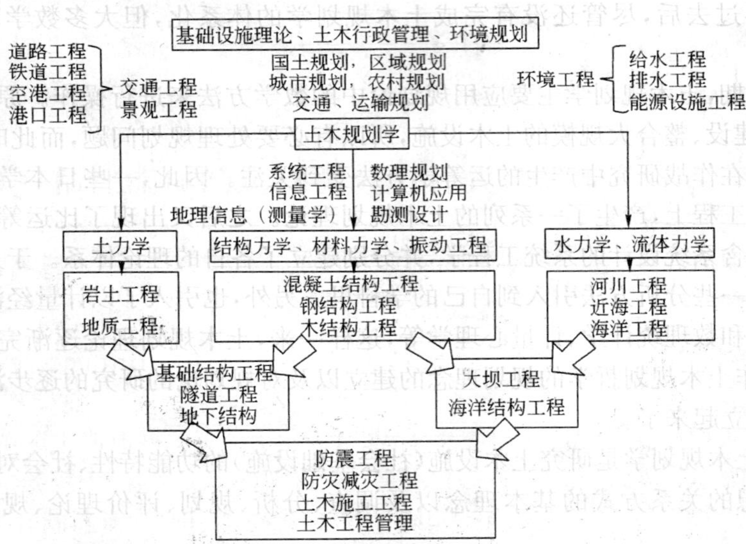

图 1-4 土木工程的体系与土木规划学所处位置

注：本图基于参考文献[14]前言绘制。

土木规划学诞生以来，随着社会经济形势的不断变化，也在不断变化更新。在经济高速发展阶段、经济平稳发展阶段，分别有着侧重点和研究领域。从图 1-5 可以看到，土木规划学从对于硬件的重视，逐渐转向对于软件的重视，更加人文化、人性化，更加注重人的需求，以及对于环境的考虑。从图 1-6 中可以看到，土木规划学从一开始追求信息的质量(手段)，逐渐发展到追求规划自身的质量(对象)，然后演变为追求生活的质量(目的)，现在正在向着追求综合质量的方向发展。

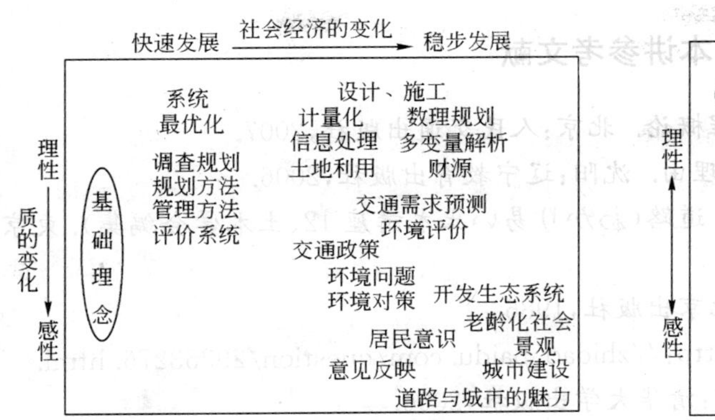

图 1-5　从日本土木规划学的学会、讲习会题目的变化看土木规划学的发展

注:本图引自参考文献[12]P4。

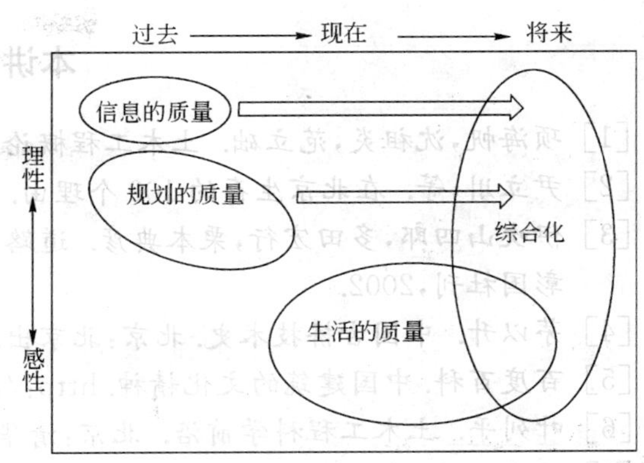

图 1-6　土木规划学所追求的质量的变迁

注:本图引自参考文献[12]P5。

由图 1-7 可以看到,随着土木规划学的变迁,土木规划的领域也在发生着变化。

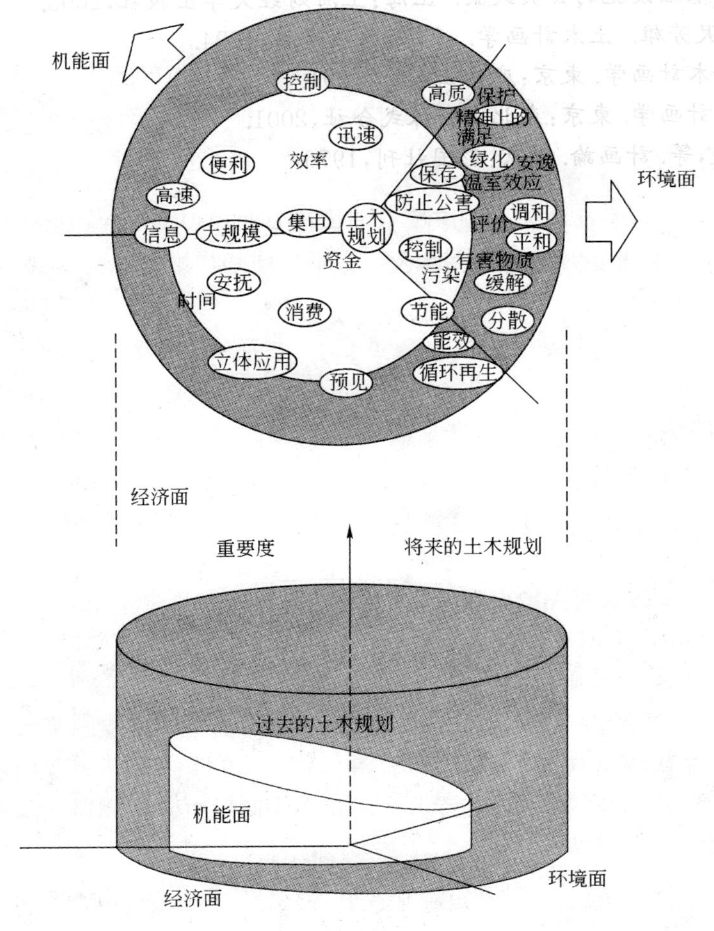

图 1-7　土木规划的领域与重要程度的概要

注:本图引自参考文献[12]P6。

本讲参考文献

[1] 项海帆,沈祖炎,范立础. 土木工程概论. 北京:人民交通出版社,2007.

[2] 尹立川,等. 在北京生存的100个理由. 沈阳:辽宁教育出版社,2006.

[3] 伊吹山四郎,多田宏行,栗本典彦. 道路(わかり易い土木講座12、土木学会編集). 東京:彰国社刊,2002.

[4] 茅以升. 中国古桥技术史. 北京:北京出版社,1986.

[5] 百度百科. 中国建筑的文化精神. http://zhidao. baidu. com/question/29353276. html.

[6] 叶列平. 土木工程科学前沿. 北京:清华大学出版社,2006.

[7] 百度百科,土木工程. http://baike. baidu. com/view/20031. htm.

[8] M. S. Palanichary. 土木工程概论(Basic Civil Engineering). 北京:机械工业出版社,2005.

[9] 于润泽. 土木规划的规划环境与规划政策研究[D]. 北京:清华大学,2007.

[10] 毛其智. 城市基础设施与规划[J]. 国外城市规划,2001,7:8~9.

[11] 邓淑莲. 中国基础设施的公共政策. 上海:上海财经大学出版社,2003.

[12] 川北米良,榛沢芳雄. 土木計画学. 東京:コロナ社,1994.

[13] 河上省吾. 土木計画学. 東京:鹿島出版社,1991.

[14] 樗木武. 土木計画学. 東京:森北出版株式会社,2001.

[15] 五十嵐日出夫,等. 計画論. 東京:彰国社刊,1976.

第二讲 基础设施建设与经济发展的关系

第一节 经济快速发展与基础设施建设的关系[1]

一、基础设施与经济发展关系的宏观考察

基础设施的完善程度深刻地影响着一个国家的工业化发展，而一个国家的工业化水平对一国的经济发展又十分重要。有关学者认为：从国际经验看，按照人均 GNP 水平划分，工业化过程一般要经历四个阶段[2]。

第一阶段（人均 GNP300 美元以下），这是工业化的起步阶段。由于这一阶段人均收入较低，需求处于满足生理需要的阶段，恩格尔系数较高，加之资金积累有限，生产技术水平较低，因而这一阶段的产业结构以轻型结构为特征，重点是食品工业和轻纺工业，战略目标是实现轻工业化。

第二阶段（人均 GNP300～1 500 美元）。在此阶段，恩格尔系数开始迅速下降，产业结构问题成为经济发展的主要矛盾。这一阶段资本积累量已达一定程度，发展基础设施和重化工业所需巨额资金逐步具备，经济增长中各要素的贡献率依次是：资本投入、规模经济、技术进步、劳动投入。经济中的主导产业逐渐演化成电力、钢铁、能源、石油化工等基础工业部门。随着工业经济的发展，生产要素的流动更趋频繁，社会也具备相当的投资能力，对社会基础设施也提出了更高的要求，要求交通、邮电等适应工业部门结构转换和发展的需要。

第三阶段（人均 GNP 为 1 500～10 000 美元）。在这一阶段，人们的需求进入了追求人性和时尚的阶段。对住宅、汽车、家用电器的需求急剧增加，与之相适应，工业的加工程度不断深化，加工组装工业的发展大大快于原材料工业的发展速度，产业结构以加工、组装工业为中心。

第四阶段（人均 GNP 在 10 000 美元以上）。这一阶段，随着人均收入的不断提高，人们的需求进入了追求享受和发展的阶段，需求结构中用于精神和文化生活的支出比例不断上升。适应需求结构的这一变化，产业结构转向以高新技术产业、高附加价值产业和服务业为主。

几乎所有当今的发达国家都经历了工业化演进的四个阶段，基础设施的发展主要发生在第二阶段，即当社会基本解决了温饱问题，社会资本有了一定的积累，经济进入为起飞或快速发展做准备的阶段。通过这一时期基础设施的集中大规模的快速发展，工业化的进程就有了坚实的基础。如果经济发展中缺少基础设施的集中发展时期，这种结构的缺陷必然成为今后发展的瓶颈。根据 2007 年统计年鉴，2006 年我国人均 GDP 为 16 084 元人民币，按照目前的兑换率，人均已经超过了 2 000 美元。但是，从我国目前的经济水平分布来看，还有很多地区处于第二阶段，科学、经济地规划社会公共基础设施，对于国家经济稳健增长有着至关重要的意义。

二、基础设施与经济发展关系的微观考察

基础设施从微观上影响经济的发展主要是通过对经济活动的主体——企业的获利水平和家庭的福利水平来实现的。

企业的生产活动不可能孤立进行，而必须要依靠一部分社会基础设施：水电是生产过程的基本投放，交通、通信增加货物和服务的流动性，卫生设施用于处理废弃物。

对发展中国家的资料分析表明，公共基础设施投资中能够挤进私人投资，因为基础设施的改善能够降低一定产量的成本，或者在其他投入一定的情况下增加产量，从而提高企业的利润率，对企业投资形成激励。

不管是大公司，还是小企业，购买基础设施服务的支出在企业支出中都占相当大的比例。而基础设施的不足，尤其是政府提供的基础设施不足，则会给企业造成损失，如供电不足会给企业生产造成严重影响。不仅如此，公共基础设施不足还会从另一方面加重企业负担。世界银行的一项研究报告指出，当公共提供的基础设施不足时，企业为满足自身需要，不得不自己提供基础设施。这一报告选择尼日利亚、印度尼西亚和泰国三个发展中国家进行分析比较。在报告所作的抽样调查中，42%的泰国样本企业反映由于电力不足而导致生产时间减少，减少份额占全年总生产时间的5.8%，而在印度尼西亚，这一数字为6.9%。尼日利亚的缺乏情况更为严重一些。电力提供的不足导致企业自身配备发电机。在尼日利亚，自配发电机为生产提供电力的企业数量高达92.2%，而在印度尼西亚，这一比例为65.5%，泰国为6%。在尼日利亚和印度尼西亚，制造业主私人提供基础设施占主导地位。

在基础设施企业自提供、自使用的情况下，由于基础设施的规模经济性特征，企业提供的基础设施的服务成本比较高。同样根据上述报告，在规模经济得以发挥的情况下，尼日利亚企业自身供电系统生产电力的平均成本由每千瓦小时8.19美元下降到8美分，而印度尼西亚则由4.05美元下降到8美分，这种成本非常接近于国际竞争水平：每千瓦7美分。但由于在上述两个国家中，能够发挥规模效益的企业自有供电设施还很少，就整体上看，企业自有供电系统的生产能力大量闲置（因为自有供电系统只是作为公共电力提供不足的补充），因而电力生产的成本都维持在高水平上。在尼日利亚，1987年所有使用自供电系统的企业，平均成本是69美分/(kW·h)，高于效率成本10倍，而在印度尼西亚，则为2.14美元/(kW·h)，高于效率成本30倍。在印度尼西亚，企业自有供电系统的资本份额占拥有自供电系统企业机械设备总价值的13%，尼日利亚为10%。在所有三个国家中，相当大数量的企业备有摩托车传递信息，以弥补电话通信服务的不足：样本企业中，尼日利亚为30%，印尼为22%，泰国为21%。企业提供自用基础设施不仅加重了企业的成本负担，而且造成资源重复配置和规模经济损失，从而增加社会成本。

在公共基础设施不足的情况下，小企业遭受的损失更大。在三个国家中，小企业投资于供水系统的成本是大企业的2倍。与大企业相比，小企业更加依赖于基础设施的公共提供，因而更容易成为基础设施不足的受害者。在三个国家中，拥有自身供电或供水系统的小企业比较少，这并不是因为这些基础设施对小企业不重要，而是由于供电、供水的规模经济特征使得小企业无力承担生产单位电和水的成本。根据世界银行的另一份有关波哥达和汉城（现名首尔）的工业区位问题的研究报告提出的"孵化器假说"，小企业在发展之初，倾向于将厂址选择在大城市中心或老工业区附近，因为这样可以较容易地利用到良好的基础设施和其他基本的服务，而当小企业成长起来后，它们则倾向于离开这些地方以寻求更大的发展空间。基础设施的缺

乏足可以构成小企业的进入障碍。由此推论，基础设施不足的城市不能成为小企业的“孵化器”。小企业的诞生和成长受到阻碍，会严重影响一国的就业和收入水平，缓解贫困的目标也会落空。根据世界银行的研究报告，在亚洲和拉丁美洲地区，小企业在大城市里创造了60%～80%的新工作机会。

基础设施的好坏不仅影响企业的经济行为和活动结果，而且影响经济的另一微观主体——家庭。

一个国家基础设施的发展程度直接决定社会福利水平的高低。良好的饮用水及环境卫生基础设施不仅能为所有居民提供清洁的饮用水和健康的生存环境，降低发病率和死亡率，从而提高人口、特别是穷人的生产效率，而且能够减轻妇女的家务负担，促进妇女就业；发展交通和灌溉系统不仅能增加和稳定穷人的收入，而且能够降低食物这种在穷人消费支出中占很大比重的生活必需品的价格，使城乡的穷人共同受益；改善城市边缘穷人聚居区的交通运输和通信条件，有助于穷人获得就业机会和培训机会；以工代赈建设的基础设施项目，能够直接为穷人提供就业机会，增加收入，解决温饱。不仅如此，良好的基础设施使公司利润水平提高，从而吸引更多的公司、企业创立，从总体上增加就业机会，为贫困者提供更多赚钱的机会。

第二节　我国社会公共基础设施的现状

一、我国社会公共基础设施的成就①

(一)经济发展历程与基础设施投资

新中国成立后我国在经济建设方面取得了很大成就。改革开放以后，特别是近年来，国内生产总值以年增长率10%左右的速度持续快速增长(图 2-1)，2007 年 GDP 达到 246 619 亿元(图 2-2)，排名美国、日本、德国之后，列世界第四位。强大的经济实力带动了社会基础设施的投资，反之社会基础设施的不断完善也促进了我国国民经济的快速持久发展。

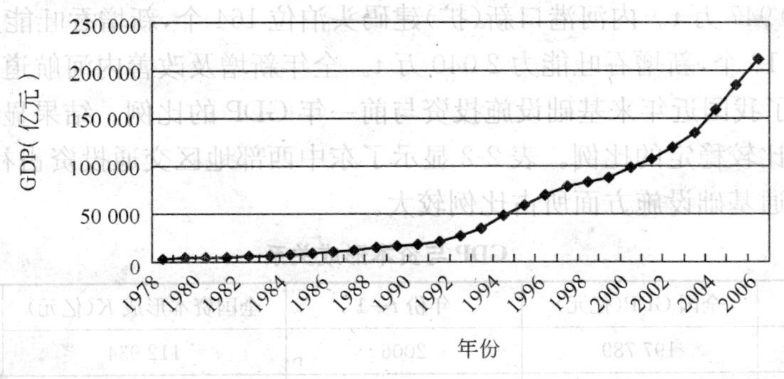

图 2-1　新中国成立以来国民经济的增长趋势

随着我国国民经济的平稳、持续、快速发展，交通固定资产投资达到了空前的水平，成为基础设施投资中的佼佼者。进入 20 世纪以来交通基础设施建设投资平稳较快增长。2006 年全国交通固定资产完成投资 7 383.82 亿元，比上年增加 938.78 亿元，同比增长 14.6%。

① 根据参考文献[3]2006 年统计年鉴编写。

在全国交通固定资产投资中，公路建设又占了绝大的比例。2006 年我国公路建设投资规模继续加大。全社会完成公路投资 6 231.05 亿元，比上年增加 746.08 亿元，同比增长 13.6%。投资方向进一步向农村公路倾斜，农村公路投资实现较快增长。农村公路建设完成投资 1 596.64 亿元，比上年增加 197.60 亿元。公路重点项目完成投资 3 115.78 亿元。路网改造完成投资 1 518.63 亿元。全年新建公路 14.05 万 km，其中新建农村公路 9.13 万 km；改建公路 28.21 万 km，其中改建农村公路 25.76 万 km。

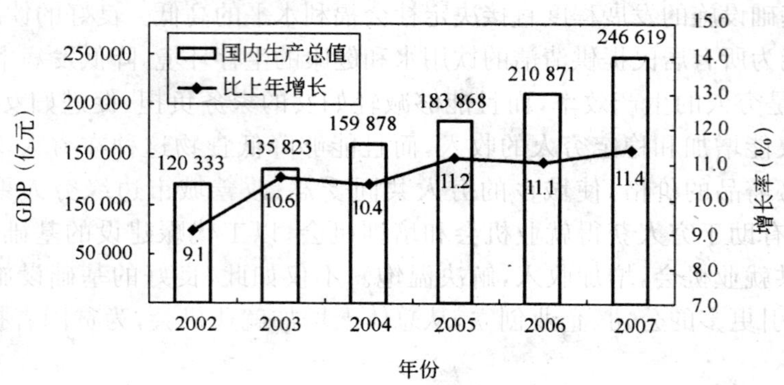

图 2-2　近年来国民经济快速持续增长

公路建设资金仍以国内贷款和地方自筹资金为主，所占比重有所提高。全年公路建设到位资金 5 481.85 亿元。到位资金中，国内贷款占 40.7%，地方自筹占 32.8%，国家预算内资金占 1.5%，车购税占 9.0%，利用外资占 0.9%，企事业单位资金占 7.8%，其他资金占 1.9%，上年末结余资金占 5.4%。

全年公路建设投资突破 300 亿元的省有六个，分别是浙江(582.25 亿元)、河南(534.04 亿元)、广东(338.10 亿元)、云南(335.97 亿元)、江苏(321.79 亿元)和山东(311.34 亿元)。

水运建设投资持续快速增长。2006 年全国沿海及内河建设完成投资 869.18 亿元，比上年增加 180.41 亿元。其中沿海建设完成投资 707.97 亿元，内河建设完成投资 161.22 亿元。沿海港口新(扩)建码头泊位 183 个，新增吞吐能力 36 148 万 t，其中万吨级以上泊位 111 个，新增吞吐能力 30 947 万 t。内河港口新(扩)建码头泊位 164 个，新增吞吐能力 7 870 万 t，其中万吨级以上泊位 13 个，新增吞吐能力 2 040 万 t。全年新增及改善内河航道里程 383km。

表 2-1 显示了我国近年来基础设施投资与前一年 GDP 的比例。结果显示，基础设施投资基本上处于一个比较稳定的比例。表 2-2 显示了东中西部地区交通投资占社会投资比重。可以看到西部在交通基础设施方面所占比例较大。

GDP 与资本形成关系

表 2-1

年 份 t	全国 GDP(亿元)	年份 $t+1$	全国资本形成 K(亿元)	比率 K/GDP
2005	197 789	2006	112 934	0.571 0
2004	163 240	2005	945 43	0.579 2
2003	135 539	2004	781 53	0.576 6
2002	118 237	2003	615 65	0.520 7
2001	106 766	2002	506 07	0.474 0
2000	972 09	2001	453 79	0.466 8
1999	876 71	2000	412 11	0.470 1

续上表

年 份 t	全国 GDP(亿元)	年份 $t+1$	全国资本形成 K(亿元)	比率 K/GDP
1998	827 80	1999	379 65	0.458 6
1997	769 57	1998	367 80	0.477 9
1996	685 84	1997	331 23	0.483 0
1995	582 28	1996	293 86	0.504 7
1994	453 84	1995	260 78	0.574 6
1993	342 28	1994	205 44	0.600 2
1992	239 53	1993	155 68	0.649 9
1991	195 55	1992	762 6	0.390 0

东中西部地区交通投资占社会投资比重

表 2-2

年 份	东 部	中 部	西 部
2005	0.059 0	0.081 5	0.096 6
2004	0.056 2	0.082 9	0.095 8
2003	0.052 1	0.086 9	0.103 1
2002	0.049 9	0.082 3	0.123 3
2001	0.056 3	0.086 8	0.127 5
2000	0.056 9	0.077 6	0.128 5
1999	0.063 0	0.069 7	0.114 3
1998	0.062 1	0.064 7	0.113 6
1997	0.050 5	0.041 8	0.069 6
1996	0.046 4	0.040 4	0.053 0
1995	0.042 4	0.041 5	0.043 7
1994	0.043 5	0.047 0	0.043 7
1993	0.034 8	0.033 9	0.037 1
1992	0.052 0	0.036 9	0.049 6
1991	0.039 3	0.032 4	0.036 5
1990	0.036 7	0.028 1	0.028 3

(二)基础设施的现状①

社会基础设施种类繁多，本节仅介绍投资比例较高的交通基础设施的情况。

1. 公路

公路是近年来在我国发展最快的交通基础设施。公路需要形成路网才能发挥出其规模效应。路网是由不同功能、等级、区位的道路，以一定的密度和适当的形式组成的网络结构。我国目前有各种公路总里程 350 多万公里，初步形成了具有规模效应的路网。

改革开放以来，特别是 20 世纪 90 年代以来，我国公路总量保持了持续增长的势头。截止到 2007 年底的公路里程与高速公路里程如图 2-3 所示。

① 交通基础设施数据引自国家统计局网站及《2007 年公路水路交通行业发展统计公报》。

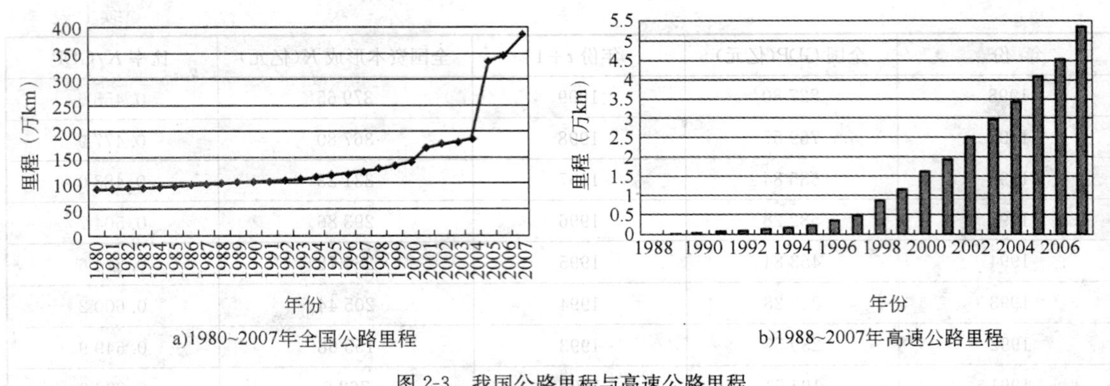

图 2-3 我国公路里程与高速公路里程

为准确、全面反映全国公路网的整体情况，2005 年交通部组织了全国农村公路专项调查，并以此为基础确定农村公路统计标准。2006 年起，将村道纳入公路统计里程。截至 2007 年底，全国公路总里程达 358.37 万 km，比上年末增加(同口径比，下同)12.67 万 km。路网结构进一步改善。全国公路总里程中，国道 13.71 万 km，省道 25.52 万 km，县道 51.44 万 km，乡道 99.84 万 km，专用公路 5.71 万 km，村道 162.15 万 km，分别占公路总里程的 3.8%、7.1%、14.4%、27.9%、1.6%和 45.2%。

公路技术等级和路面等级得到了进一步提高。全国等级公路里程 253.54 万 km，占公路总里程的 70.7%，比上年末提高 4.7%。其中二级及二级以上高等级公路里程 38.04 万 km，占公路总里程的 10.6%，比上年末提高 0.4%。按公路技术等级分组，各等级公路里程分别为：高速公路 5.39 万 km，一级公路 5.01 万 km，二级公路 27.64 万 km，三级公路 36.39 万 km，四级公路 179.10 万 km，等外公路 104.83 万 km。全国有铺装路面和简易铺装路面公路里程 177.65 万 km，占总里程的 49.6%，比上年末提高 5.5%。按公路路面类型分组，各类型路面里程分别为：有铺装路面 125.03 万 km，其中沥青混凝土路面 40.16 万 km，水泥混凝土路面 84.88 万 km；简易铺装路面 52.62 万 km；未铺装路面 180.72 万 km。

公路密度也得到进一步提高。全国公路密度为 37.33km/100km^2，比上年末提高 1.32km/100km^2。全国通公路的乡(镇)占全国乡(镇)总数的 98.96%，通公路的建制村占全国建制村总数的 88.24%。

农村公路、高速公路建设取得新成果。2007 年底，全国农村公路(含县道、乡道、村道)里程达到 313.44 万 km，比上年末增加 10.83 万 km。2007 年，全国新增高速公路通车里程是历史上建成里程最多的一年。河南、云南、山东、湖北、河北和内蒙古全年新增高速公路通车里程均超过 500km。截至 2007 年底，高速公路突破 2 000km 的省(区、市)为 11 个，分别是：河南(4 556km)、江苏(3 558km)、广东(3 518km)、山东(4 033km)、浙江(2 651km)、河北(2 853km)、云南(2 507km)、湖北(2 365km)、安徽(2 206km)、陕西(2 063km)和江西(2 006km)。

2007 年底，全国公路桥梁达 57.00 万座、2 319.18 万延米。全国公路隧道达 4 673 处、255.55 万延米，其中特长隧道 83 处、36.10 万延米。2007 年底，全国公路养护里程 304.00 万 km，占公路总里程的 84.8%。全国公路绿化里程 142.39 万 km，占公路总里程的 39.7%。

2007 年全国公路客运平均运距为 56.1km，比上年增加 1.6km；货运平均运距为 69.3km，比上年增加 2.8km。国道网交通量和行驶量持续增长。国道网交通拥挤程度继续下降。

2. 铁路

我国国土广阔，人口众多，铁路多年来无论是在客运还是货运方面，都一直发挥着主要的作用。铁路一直是我国中长距离客运的主体，同时铁路长期以来也承担着繁重的货运运输任务。铁路是国家的重要基础设施，在综合运输体系中起着骨干作用。目前我国到2005年底，全国铁路总营业里程达到7.5万km。改革开放以来，我国铁路得到迅速发展，以仅占世界铁路7.2%的营业里程，完成约占世界铁路24%的换算周转量。但是我国铁路仍然不能适应国民经济和社会发展的需要，特别在大中城市间的客运能力严重不足。

目前的铁路网包括了五纵三横。五纵为：①京沪线，沟通了华北与华东，是东部沿海的交通大动脉；②京九线，缓解京广线、京沪线的运输压力，加速老区脱贫致富，维护港澳的稳定繁荣；③京广线，沟通了华北、华中与华南，是我国铁路网的中轴，运量最大的南北大动脉；④焦柳线，改善铁路布局，提高晋煤南运能力，分流京广线运量；⑤宝成一成昆线，促进西南地区经济建设，加强民族团结。

三横为：①京包一包兰线，促进华北与西北联系，分担陇海线运量，建设民族地区，巩固边防；②陇海一兰新线，沟通东部和西北，促进西北发展，巩固边防，横向联合贯亚欧为主的第二条大陆桥，加速沿线工业的发展；③沪杭一浙赣一湘黔一贵昆线，横贯江南的东西干线，加强华东、中南、西南的联系，与长江航线相辅相成。

3.航空

机场是航空这种交通方式中最为基础的基础设施。改革开放以来，特别是近年来我国的航空事业发展极为显著。机场建设得到快速发展。机场，亦称飞机场、空港，较正式的名称是航空站，为专供飞机起降活动之飞行场。除了跑道之外，机场通常还设有塔台、停机坪、航空客运站、维修厂等设施，并提供机场管制服务、空中交通管制等其他服务。

机场必须要具备以下的功能：①让飞机安全、确实、迅速起飞的能力；②安全确实地载运旅客、货物的能力，同时对于旅客的照顾也要求要有舒适性；③对飞机维护和补给的能力；④让旅客、货物顺利抵达附近城市市中心(或是由都市中心抵达机场)的能力；⑤国际机场的话，则必须要有出入境管理、通关和检疫(CIQ)相关的业务。

我国的机场按照飞行区划分级别。跑道的性能及相应的设施决定了什么等级的飞机可以使用这个机场，机场按这种能力分类，称为飞行区等级。

机场飞行区等级用两个部分组成的编码来表示：第一部分是数字，表示飞机性能所相应的跑道性能和障碍物的限制；第二部分是字母，表示飞机的尺寸所要求的跑道和滑行道的宽度，因而对于跑道来说飞行区等级的第一个数字表示所需要的飞行场地长度，第二位字母表示相应飞机的最大翼展和最大轮距宽度，它们的相应数据如表2-3所示。

我国机场飞行区等级编码 表2-3

数　字	飞行场地长度	字　母	翼　展	轮　距
1	小于800m	A	小于5m	小于4.5m
2	800～1 200m	B	5～24m	4.5～6m
3	1 200～1 800m	C	24～36m	6～9m
4	1 800m以上	D	36～52m	9～14m
		E	52～60m	9～14m

目前我国大部分开放机场飞行区等级均在4D以上，厦门高崎、福州长乐、北京首都、沈阳桃仙、大连周水子、上海虹桥、上海浦东、南京禄口、杭州萧山、广州白云、深圳宝安、武汉天河、三亚凤凰、重庆江北、成都双流、贵阳龙洞堡、昆明巫家坝、拉萨贡嘎、西安咸阳、乌鲁木齐地窝铺等机场拥有目前最高飞行区等级4E。

中国民航总局于2008年年初宣布,《全国民用机场布局规划》已经获得国务院批准出台,到2020年时,中国将新增地区性民航运输机场97个,完成整项规划需要投资人民币4 500亿元。

4. 水运

水运是使用船舶运送客货的一种运输方式。在我国可以分为海运和内河航运。内河航运是使用船舶在陆地内的江、河、湖、川等水道进行运输的一种方式,主要使用中、小型船舶。

水运主要承担大数量、长距离的运输,是在干线运输中起主力作用的运输形式。在内河及沿海,水运也常作为小型运输工具使用,担任补充及衔接大批量干线运输的任务。

水运的主要优点是成本低,能进行低成本、大批量、远距离的运输。但是水运也有显而易见的缺点,主要是运输速度慢,受港口、水位、季节、气候影响较大,因而一年中中断运输的时间较长。

2007年底,全国内河航道通航里程12.35万km,航道共有4 143处枢纽,其中具有通航功能的枢纽2 339处。通航里程中等级航道6.12万km,具体见表2-4所示。

我国各级内河航道通航里程 表2-4

航道等级	里程(km)	航道等级	里程(km)
三级及三级以上航道	8 822	四级航道	6 943
五级及五级以上航道	24 351	五级航道	8 586
一级航道	1 407	六级航道	18 401
二级航道	2 538	七级航道	18 445
三级航道	4 877	总合	61 197

全国内河航道中,天然河流及渠化河段64 475km,限制性航道36 161km,宽浅河流航道6 130km,山区急流河段航道4 311km,湖区航道3 462km,库区航道8 957km。全国内河航道通航里程超过一万公里的省份有四个,分别是江苏(24 336km)、广东(11 844km)、湖南(11 495km)、四川(10 720km)。

水上运力结构进一步优化。2007年底,全国拥有水上运输船舶19.18万艘,净载质量11 881.46万t,比上年末增加855.75万t;载客量102.69万客位,比上年末减少3.24万客位;集装箱箱位125.96万TEU,比上年末增加33.17万TEU。

水路货运继续快速增长。2007年底,全国拥有内河运输船舶18.02万艘,全国沿海运输船舶9 322艘。2007年全社会完成水路货运量28.12亿t、货物周转量64 284.85亿t·km。水路客运平稳增长。2007年全社会完成水路客运量2.28亿人、旅客周转量77.78亿人公里。水路客运量、旅客周转量在综合运输体系中所占比重分别为1.1%和0.4%;水路货运量、货物周转量在综合运输中所占比重分别为12.1%和62.7%。

在全社会水路货运中,内河运输完成货运量12.99亿t、货物周转量3 553.12亿t·km,分别占全社会水路货运量、货物周转量的46.2%和5.5%;沿海运输完成货运量9.24亿t、货物周转量12 045.83亿t·km,分别占32.9%和18.7%;远洋运输完成货运量5.89亿t、货物周转量48 685.89亿t·km,分别占20.9%和75.8%。

在内河货物运输中,长江水系完成货运量5.34亿t、京杭运河完成货运量2.83亿t、珠江水系完成货运量2.09亿t、黑龙江水系完成货运量0.13亿t。

2007 年全国水路客运平均运距 34.1km，比上年提高 0.7%；货运平均运距 2 286.1km，比上年提高 55.1km。

港口码头泊位继续增加。2007 年底，全国港口拥有生产用码头泊位 35 947 个，比上年净增 494 个，其中万吨级及以上泊位 1 337 个，比上年净增 134 个。

全国沿海港口拥有生产用码头泊位 4 701 个，其中万吨级及以上泊位 1 078 个；内河港口拥有生产用码头泊位 31 246 个，其中万吨级及以上泊位 259 个。内河港口万吨级泊位分布在长江干流和珠江水系，分别为 255 个和 4 个。

港口码头泊位进一步向大型化、专业化方向发展。全国沿海港口万吨级及以上泊位中，1 万～3 万吨级（不含 3 万吨级）泊位 522 个，3 万～5 万吨级（不含 5 万吨级）泊位 183 个，5 万～10 万吨级（不含 10 万吨级）泊位 263 个，10 万吨级以上泊位 110 个，比上年末分别增加 16 个、17 个、44 个和 23 个。全国内河港口万吨级及以上泊位中，1 万～3 万吨级（不含 3 万吨级）泊位 124 个，3 万～5 万吨级（不含 5 万吨级）泊位 81 个，5 万～10 万吨级（不含 10 万吨级）泊位 52 个，比上年末分别增加 10 个、12 个、12 个，10 万吨级以上泊位 2 个，与上年同期持平。全国万吨级及以上泊位中，通用件杂货泊位 309 个，通用散货泊位 190 个，专业化泊位 754 个。专业化泊位中，原油泊位 63 个，成品油及液化气泊位 110 个，煤炭泊位 151 个，粮食泊位 31 个，集装箱泊位 253 个。

港口货物吞吐量平稳较快增长。2007 年全国港口完成货物吞吐量 64.10 亿 t，比上年增长 15.1%。沿海港口完成 40.42 亿 t，增长 14.5%，内河港口完成 23.68 亿 t，增长 16.1%。

综合性大型枢纽港发展势头良好。2007 年货物吞吐量超过亿吨的港口由上年的 12 个上升到 14 个，其中吞吐量超过 2 亿 t 的港口有 7 个。亿吨港完成情况分别为：上海港吞吐量 4.92 亿t，宁波—舟山港 4.73 亿 t、广州港 3.43 亿 t、天津港 3.09 亿 t、青岛港 2.65 亿 t、秦皇岛港 2.49 亿 t、大连港 2.23 亿 t、深圳港 2.00 亿 t、苏州港 1.84 亿 t、日照港 1.31 亿 t、南通港 1.23 亿 t、营口港 1.22 亿 t、南京港 1.09 亿 t、烟台港 1.01 亿 t。

集装箱吞吐量持续高位增长。2007 年全国港口完成集装箱吞吐量 1 亿 TEU，比上年增长 22.3%。其中沿海港口完成 1.05 亿 TEU，增长 22.0%，内河港口完成 974 万 TEU，增长 24.6%。2007 年集装箱吞吐量超过 100 万 TEU 的港口由上年的 14 个上升为 16 个。集装箱和件杂货吞吐量增幅较大。煤炭及制品、石油天然气及制品、金属矿石、钢铁、矿建材料和机械设备电器在港口货类中占较大比重。

港口旅客吞吐量略有回落。2007 年全国港口完成旅客吞吐量 2.06 亿人，比上年减少 0.9%。其中沿海港口旅客吞吐量 7 518 万人，同比减少 6.4%；内河港口旅客吞吐量 1.31 亿人，同比增长 2.6%。公路、水路集装箱运输量持续快速增长。

5. 管道

管道运输是一种专门由生产地向市场输送石油、煤和化学产品的运输方式。管道运输石油产品比水运费用高，但仍然比铁路运输便宜。大部分管道都是被其所有者用来运输自有产品。

优点：①运量大；②占地少；③管道运输建设周期短、费用低；④管道运输安全可靠、连续性强；⑤管道运输耗能少、成本低、效益好。

缺点：灵活性差。管道运输不如其他运输方式（如汽车运输）灵活，除承运的货物比较单一外，它也不容随便扩展管线。实现“门到门”的运输服务，对一般用户来说，管道运输常常要与铁路运输或汽车运输、水路运输配合才能完成全程输送。此外由于运输量明显不足时，运输成本会显著地增大。

6. 城市基础设施现状

我国正在面临着一个城市化快速发展的阶段。改革开放以来城市化发展水平得到很大提高。城市基础设施中，交通基础设施、给排水设施、环境基础设施对城市均有重要的作用。城市化是社会发展的历史过程，是工业革命的伴生现象，一般是指工业化过程中社会生产力的发展引起的地域空间上城镇数量的增加和城镇规模的扩大，农村人口向城镇的转移流动和集聚，城镇经济在国民经济中居主导地位，成为社会前进的主要基地，以及城市的经济关系和生活方式广泛地渗透到农村的一种持续发展的过程。随着城市化程度的提高，城市在社会经济发展中的作用会不断增大。城市化程度也是一个国家经济发达程度，特别是工业化水平高低的一个重要标志。

就目前来说，国内外学者对城市化的概念分别从人口学、地理学、社会学、经济学等角度予以了阐述。

(1)人口学

人口学把城市化定义为农村人口转化为城镇人口的过程。人口学所说的城市化就是人口的城市化，指的是“人口向城市地区集中、或农业人口变为非农业人口的过程”。中国的人口中大头是农民，2007 年我国城镇人口在 44.9%左右，加快我国人口城市化的步伐对于促进农村剩余劳动力的转移、实现农村经济的增长有着很重要的战略意义。

(2)社会学

从社会学的角度来说，城市化就是农村生活方式转化为城市生活方式的过程。发展不是目的，只是一种手段，其根本目的还是为了提高人民的生活水平，改善人们的生活质量，促进人的技能和素质的提高，提高人类社会的整体发展水平，使人与人、人与自然的关系达到和谐发展。

(3)经济学

经济学上从工业化的角度来定义城市化，即认为城市化就是农村经济转化为城市化大生产的过程。在现在看来城市化是工业化的必然结果。一方面，工业化会加快农业生产的机械化水平、提高农业生产率，同时工业扩张为农村剩余劳动力提供了大量的就业机会；另一方面，农村的落后也会不利于城市地区的发展，从而影响整个国民经济的发展。而加快农村地区工业化大生产，对于农村区域经济和整个国民经济的发展都是有着很积极意义的。

不同的学科从不同的角度对城市化的含义做出了解释。通过比较，我们可以发现对城市化的规定其内涵是一致的：城市化就是一个国家或地区的人口由农村向城市转移、农村地区逐步演变成城市地区、城市人口不断增长的过程；在此过程中，城市基础设施和公共服务设施不断提高，同时城市文化和城市价值观念成为主体，并不断向农村扩散。城市化就是生产力进步所引起的人们的生产方式、生活方式以及价值观念的转变的过程。

近年来，我国城市化也得到了快速的发展。从北京市的发展就可以看到我国城市发展的概貌[3]。

从新中国成立到 2001 年北京市全市基础设施投资累计 2 480 亿元。1990 年以来，北京更是把基础设施建设放在城市建设的首位，一大批城市供水、供气、供热、供电、交通园林、市政、环卫设施相继建成使用，大大增强了首都城市的承载能力。1998 年开始，基础设施建设以交通和环境为重点先后对公用事业价格进行了大幅度调整，为基础设施和公用事业进入市场创造了有利的条件。

近年来的投资呈稳步上升趋势。“九五”期间，全市城市基础设施累计完成投资 1 382.1 亿元，相当于“八五”时期的 2.8 倍；2003 年全市完成基础设施建设投入 417.8 亿元，再创北京历史上基础设施投资规模的新高。

交通基础设施发展迅速，成果最为显著。到 2003 年末全市道路里程（包括公路和城市道路）达到 18 239km。其中，公路里程 14 453km，城市道路 3 786km，桥梁 3 233 座。北京是全国最大的铁路枢纽之一，也是全国航空线的交汇中心，首都机场已开通 200 条国际国内航线。

供水能力增加。截止到 2002 年底，自来水集团公司有水厂 18 座，日供水能力 312.25 万 m^3。全市年供水量 7 亿多立方米，供水管线总长度达 7 023.02km，供水服务面积 891.65km^2，市区用水普及率达 100% 。

排水设施日趋完善。全市共有污水处理厂 8 座，城市排水管道长度 5 162.5km，其中污水管长度 2 163.3km，污水日处理能力 143.5 万 t，其中市区日处理能力 128.5 万 t，污水日回用能力 30 万 t。

环境基础设施有所加强。北京空气质量明显改善。2000 年，三级和好于三级的空气天数占全年天数的 93.7%；城市中心区水体质量明显好转，部分河段实现通航；2003 年，全市空气质量达到二级和好于二级的天数为 224 天，占全年总天数的 61.4%。北京正在建设三道绿色生态屏障。2003 年第一道城市绿化隔离带完成绿化面积 1 000 公顷，年末新增公共绿地面积达到 409 公顷。全市林木覆盖率和市区绿化覆盖率分别达到 47.5%和 41%。城市水系环境治理初步实现了“水清、岸绿、流畅、通航”。在 250 个居民小区开展生活垃圾分类收集试点，市区垃圾日产日清，全部实现无害化处理。

二、我国社会公共基础设施的问题[4]

全面认识和理解基础设施与经济发展的关系对当前的我国十分必要。我国基础设施虽经新中国成立 50 年来的发展，却仍然没有摆脱落后于经济发展需要的局面（以下数据来源：中国区域经济统计年鉴）。

我国交通基础设施发展迅速，但是地区间还存在着不平衡。东部地区的交通基础设施具有得天独厚的优势，无论是铁路、公路还是水运都比较发达。在区域内部，京津冀的铁路和长三角的水运网络均很发达。东北地区由于铁路运输具有传统优势，因此公路设施建设相对比较落后。西部地区由于地域广袤，因此，无论是铁路还是公路里程都排在前列，但是在能提供高质量物流服务的高速公路建设上则明显不足，需要加速发展。图 2-4 为 GDP 与公路里程的东中西部比较。

铁路是交通运输的主体，担负着全国近一半的客、货运总任务。2005 年中国铁路运输营业里程达到 7.54 万 km；完成客运量 115 583 万人，仅占全国当年总客运量的 6.3%；旅客周转量达到 6 062.0 亿人公里，占全国当年总旅客周转量的 34.7%；完成货运量 269 296 万 t，占全国当年总货运量的 14.5%；货运周转量 20 726 亿 t·km，占全国当年总货运周转量的25.3%。无论是客运还是货运，铁路相对于公路的竞争力都处于劣势，据测算，中国铁路起码应达到 12 万 km的营业里程，才能大体适应中国社会经济的发展。

再看公路建设。目前中国公路总规模还比较小，2007 年年底公路总里程为 358.37 万 km，平均每平方公里国土面积拥有公路不过 0.37km，远远低于发达国家的水平。在 358.37 万 km 总里程中，高速公路仅有 5.39 万 km，二级以上的等级路（包括高速公路、一级公路、二级公路）仅有 38.04 万 km，可见现有公路大部分为低等级公路。国道网交通量和行驶量加快增长，国道网交通拥挤程度增加，国道平均车行速度远低于汽车经济时速。高速公路建设仍处于区域性建设阶段，全国性或区域性的具有大规模效益的高等级公路网尚未形成。全国通公路的乡(镇)占全国乡(镇)总数的98.96%，通公路的建制村占全国建制村总数的88.24%。

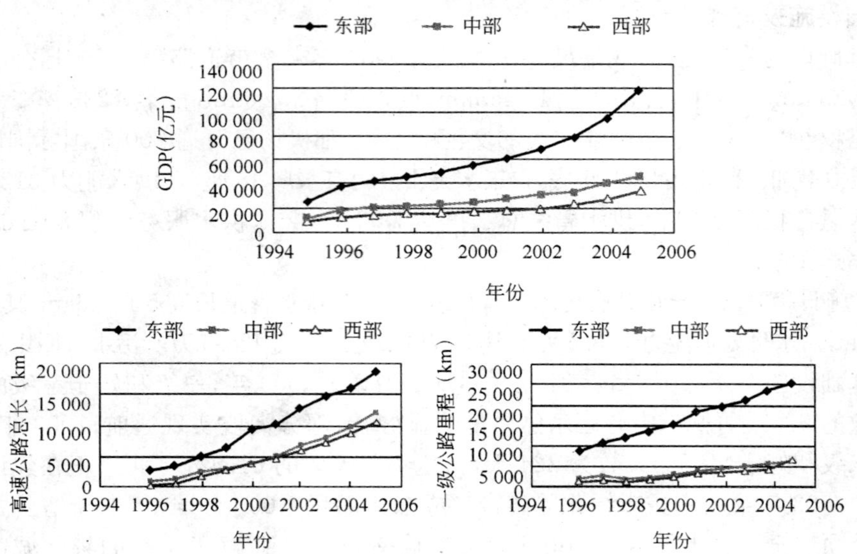

图 2-4　GDP与公路里程的东中西部比较

航空运输的状况也不容乐观。民航大、中型机场候机楼接纳能力仍旧落后。国家标准规定，年旅客吞吐量(万人次)与候机楼面积(万 m^2)之比应为100∶1，但目前32个干线机场中，还有22个尚未达标，其中北京首都机场、广州白云机场和成都双流机场分别是229∶1、400∶1和259∶1。

长期以来，我国电力供应严重不足、不稳。多数年份电力的增长速度低于同期的国民经济增长速度，全国大约有20%的用电设备由于供电不足而经常处于闲置状态，每年因此给国家造成的经济损失达3 000亿～4 000亿元。不仅如此，我国人均发电装机容量只有0.19kW，在世界主要国家中排名第85位。而人均年用电量863kW·h，仅相当于世界平均水平的1/3，还有7 200万农村人口没有用上电。

水利设施的建设不能满足抗灾和工农业生产的需要。我国是一个洪涝和干旱同时严重存在的国家。在中国大江大河的中下游地区，集中了中国半数以上的人口、1/3的耕地和70%的工农业产值。这些地区的防洪标准偏低，一些大江大河的大堤防洪标准仅为10～20年一遇，洪涝灾害几乎每年都给生产建设和人民生活造成巨大损失。尽管国家在“八五”期间千方百计加大对水利投资，但到1997年，水利投资占全社会总投资的比重也只提高到1%，水利建设严重不足的问题在1998年的特大洪水面前已明显暴露。不仅如此，中国的水资源也十分匮乏，人均占有水资源不足世界人均水平的1/4。而且水资源的分布极不平衡，北方水少，南方水多。中国每年因缺水造成工业产值损失约2 300亿元，水资源不足已成为不少地区经济和社会发展的制约因素。

城市基础设施落后制约了城市化的发展。城市化是当代世界各国社会经济发展的一个主要趋势，城市化水平的高低是衡量一个国家社会经济进步状况的重要标志。我国现有城市655个，城镇人口5.94亿，城镇化水平为44.9%[5]，大大低于发达国家的水平。城市基础设施包括城市道路、公共交通设施、供水设施、供电设施和污水及垃圾处理等。尽管我们对城市基础设施的投资也在增长，但总的来说，城市基础设施建设严重滞后，大大影响城市综合功能的发挥，更不能满足城市发展的需求。

第三节　我国经济发展与基础设施建设中长期规划

我国是社会主义国家，新中国成立以来很长时期内实行的是计划经济，社会基础设施都是由国家统一计划、统一实现的。改革开放以来，我国从计划经济逐渐完成了到市场经济的转变，目前的基础设施建设有了更加长远的规划。在经济发展过程中，党中央起着指导方向的引导作用，然后由人大立法，并得到实施。我国的国民经济和社会发展规划以五年为一期，目前处于第十一个五年规划期间。本节将对中共中央关于制定国民经济和社会发展第十一个五年规划的建议，以及十届全国人大四次会议表决通过的关于国民经济和社会发展第十一个五年规划纲要作简单介绍。

一、中共中央关于制定国民经济和社会发展第十一个五年规划的建议[6]

2005 年 10 月 11 日中国共产党第十六届中央委员会第五次全体会议通过了《中共中央关于制定国民经济和社会发展第十一个五年规划的建议》，指出国民经济和社会发展第十一个五年规划（二〇〇六至二〇一〇年），是全面建设小康社会进程中的重要规划，要认真贯彻党的十六大和十六届三中、四中全会精神，准确把握国内外形势，提出符合我国国情、顺应时代要求、凝聚人民意志的发展目标、指导方针和总体部署。

建议的主要内容（十项 46 条）如下。

一、全面建设小康社会的关键时期

(1)“十五”时期经济社会发展取得巨大成就。

(2)“十一五”时期面临的国内外环境。

(3)“十一五”是承前启后的重要时期。

二、全面贯彻落实科学发展观

(4)坚持以科学发展观统领经济社会发展全局（六个必须）。

必须保持经济平稳较快发展。必须加快转变经济增长方式。必须提高自主创新能力。必须促进城乡区域协调发展。必须加强和谐社会建设。必须不断深化改革开放。

(5)“十一五”时期经济社会发展的目标。

在优化结构、提高效益和降低消耗的基础上，实现二〇一〇年人均国内生产总值比二〇〇〇年翻一番；资源利用效率显著提高，单位国内生产总值能源消耗比“十五”期末降低 20%左右，生态环境恶化趋势基本遏制，耕地减少过多状况得到有效控制；形成一批拥有自主知识产权和知名品牌、国际竞争力较强的优势企业；社会主义市场经济体制比较完善，开放型经济达到新水平，国际收支基本平衡；普及和巩固九年义务教育，城镇就业岗位持续增加，社会保障体系比较健全，贫困人口继续减少；城乡居民收入水平和生活质量普遍提高，价格总水平基本稳定，居住、交通、教育、文化、卫生和环境等方面的条件有较大改善；民主法制建设和精神文明建设取得新进展，社会治安和安全生产状况进一步好转，构建和谐社会取得新进步。

三、建设社会主义新农村

(6)积极推进城乡统筹发展。

(7)推进现代农业建设。

(8)全面深化农村改革。

(9)大力发展农村公共事业。

(10)千方百计增加农民收入。

四、推进产业结构优化升级

(11)以自主创新提升产业技术水平。

(12)加快发展先进制造业。

坚持以信息化带动工业化，广泛应用高技术和先进适用技术改造提升制造业，形成更多拥有自主知识产权的知名品牌，发挥制造业对经济发展的重要支撑作用。

(13)促进服务业加快发展。

大力发展金融、保险、物流、信息和法律服务等现代服务业，积极发展文化、旅游、社区服务等需求潜力大的产业。

(14)加强基础产业基础设施建设。

交通运输，要合理布局，做好各种运输方式相互衔接，发挥组合效率和整体优势，形成便捷、通畅、高效、安全的综合交通运输体系。加快发展铁路、城市轨道交通，进一步完善公路网络，发展航空、水运和管道运输。

五、促进区域协调发展

(15)形成合理的区域发展格局。

继续推进西部大开发，振兴东北地区等老工业基地，促进中部地区崛起，鼓励东部地区率先发展。

(16)健全区域协调互动机制。

(17)促进城镇化健康发展。

六、建设资源节约型、环境友好型社会

(18)大力发展循环经济。

(19)加大环境保护力度。

(20)切实保护好自然生态。

七、深化体制改革和提高对外开放水平

(21)完善落实科学发展观的体制保障。

(22)着力推进行政管理体制改革。

(23)坚持和完善基本经济制度。

(24)推进财政税收体制改革。

(25)加快金融体制改革。

(26)推进现代市场体系建设。

(27)加快转变对外贸易增长方式。

(28)实施互利共赢的开放战略。

八、深入实施科教兴国战略和人才强国战略

(29)加快科学技术创新和跨越。

从我国经济社会发展的战略需求出发，把能源、资源、环境、农业、信息等关键领域的重大技术开发放在优先位置，按照有所为有所不为的要求，启动一批重大专项，力争取得重要突破。

加强基础研究和前沿技术研究，在信息、生命、空间、海洋、纳米及新材料等战略领域超前部署，集中优势力量，加大投入力度，增强科技和经济持续发展的后劲。

(30)坚持教育优先发展。

(31)加快推进人才强国战略。

加强党政人才、企业经营管理人才和专业技术人才三支队伍建设,抓紧培养专业化高技能人才和农村实用人才。

九、推进社会主义和谐社会建设

(32)积极促进社会和谐。

(33)千方百计扩大就业。

(34)加快完善社会保障体系。

(35)合理调节收入分配。

(36)丰富人民群众精神文化生活。

(37)提高人民群众健康水平。

(38)保障人民群众生命财产安全。

加强交通安全监管,减少交通事故。

十、全党全国各族人民团结起来为实现"十一五"规划而奋斗

(39)加强和改善党的领导。

(40)加强社会主义民主政治建设。

(41)加强社会主义精神文明建设。

(42)加强国防和军队建设。

(43)保持香港、澳门长期繁荣稳定。

(44)推进两岸关系发展和祖国统一大业。

(45)积极营造良好的外部环境。

(46)全党同志要在全面建设小康社会进程中发挥先锋模范作用。

二、我国经济发展规划

2006年3月十届全国人大四次会议表决通过了关于国民经济和社会发展第十一个五年规划纲要的决议,批准了这个规划纲要。纲要根据《中共中央关于制定国民经济和社会发展第十一个五年规划的建议》编制,主要目的是:①阐明国家战略意图;②明确政府工作重点;③引导市场主体行为。《纲要》是未来五年我国经济社会发展的宏伟蓝图,是全国各族人民共同的行动纲领,是政府履行经济调节、市场监管、社会管理和公共服务职责的重要依据。[7]

本规划纲要包括十四篇,计四十八章。

第一篇　指导原则和发展目标

第二篇　建设社会主义新农村

第三篇　推进工业结构优化升级

第四篇　加快发展服务业

第五篇　促进区域协调发展

第六篇　建设资源节约型、环境友好型社会

第七篇　实施科教兴国战略和人才强国战略

第八篇　深化体制改革

第九篇　实施互利共赢的开放战略

第十篇　推进社会主义和谐社会建设

第十一篇　加强社会主义民主政治建设

第十二篇　加强社会主义文化建设

第十三篇　加强国防和军队建设

第十四篇　建立健全规划实施机制

《国民经济和社会发展第十一个五年规划纲要》是“十一五”期间制定各类规划的指导性文件，其中与土木规划相关的内容很多，土木规划人员需要认真学习领会，在土木规划中充分反映其思想。下面节选一部分。

(一)“十一五”规划的背景与目标

“十五”时期，我国综合国力明显增强，人民生活明显改善，国际地位明显提高。国民经济持续较快发展，“十五”计划确定的主要发展目标提前实现。更为重要的是，党中央提出了树立科学发展观和构建社会主义和谐社会的重大战略思想。这些都为“十一五”时期的发展奠定了良好基础。“十一五”时期是全面建设小康社会的关键时期，具有承前启后的历史地位，既面临难得机遇，也存在严峻挑战。

“十五”时期在快速发展中又出现了一些突出问题：投资和消费关系不协调，部分行业盲目扩张、产能过剩，经济增长方式转变缓慢，能源资源消耗过大，环境污染加剧，城乡、区域发展差距和部分社会成员之间收入差距继续扩大，社会事业发展仍然滞后，影响社会稳定的因素还较多。

“十一五”时期促进国民经济持续快速协调健康发展和社会全面进步，要以邓小平理论和“三个代表”重要思想为指导，以科学发展观统领经济社会发展全局。

根据全面建设小康社会的总体要求，“十一五”时期要努力实现以下经济社会发展的主要目标。

——宏观经济平稳运行。国内生产总值年均增长7.5%，实现人均国内生产总值比2000年翻一番。城镇新增就业和转移农业劳动力各4 500万人，城镇登记失业率控制在5%。价格总水平基本稳定。国际收支基本平衡。

——产业结构优化升级。产业、产品和企业组织结构更趋合理，服务业增加值占国内生产总值比重和就业人员占全社会就业人员比重分别提高3个和4个百分点。自主创新能力增强，研究与试验发展经费支出占国内生产总值比重增加到2%，形成一批拥有自主知识产权和知名品牌、国际竞争力较强的优势企业。

——资源利用效率显著提高。单位国内生产总值能源消耗降低20%左右，单位工业增加值用水量降低30%，农业灌溉用水有效利用系数提高到0.5，工业固体废物综合利用率提高到60%。

——城乡区域发展趋向协调。社会主义新农村建设取得明显成效，城镇化率提高到47%。各具特色的区域发展格局初步形成，城乡、区域间公共服务、人均收入和生活水平差距扩大的趋势得到遏制。

——基本公共服务明显加强。国民平均受教育年限增加到9年。公共卫生和医疗服务体系比较健全。社会保障覆盖面扩大，城镇基本养老保险覆盖人数达到2.23亿人，新型农村合作医疗覆盖率提高到80%以上。贫困人口继续减少。防灾减灾能力增强，社会治安和安全生产状况进一步好转。

——可持续发展能力增强。全国总人口控制在136 000万人。耕地保有量保持1.2亿公顷，淡水、能源和重要矿产资源保障水平提高。生态环境恶化趋势基本遏制，主要污染物排放总量减少10%，森林覆盖率达到20%，控制温室气体排放取得成效。

——市场经济体制比较完善。行政管理、国有企业、财税、金融、科技、教育、文化、卫生等领域的改革和制度建设取得突破，市场监管能力和社会管理水平明显提高。对外开放与国内发展更加协调，开放型经济达到新水平。

——人民生活水平继续提高。城镇居民人均可支配收入和农村居民人均纯收入分别年均增长5%，城乡居民生活质量普遍提高，居住、交通、教育、文化、卫生和环境等方面的条件有较大改善。

——民主法制建设和精神文明建设取得新进展。法制建设全面推进，形成中国特色社会主义法律体系。思想道德建设进一步加强，构建和谐社会取得新进步。

上述目标也是土木规划制定中必须坚持的基本目标。

本规划确定的发展目标体现了人民的根本利益和长远利益，是凝聚人民意愿的国家战略意图，其中的量化指标分为预期性和约束性两类。

预期性指标 是国家期望的发展目标，主要依靠市场主体的自主行为实现。政府要创造良好的宏观环境、制度环境和市场环境，并适时调整宏观调控方向和力度，综合运用各种政策引导社会资源配置，努力争取实现。

约束性指标 是在预期性基础上进一步明确并强化了政府责任的指标，是中央政府在公共服务和涉及公众利益领域对地方政府和中央政府有关部门提出的工作要求。政府要通过合理配置公共资源和有效运用行政力量，确保实现。

(二)关于社会基础设施

本纲要在社会基础设施建设部分，提出了较为具体的指标。包括：新农村建设重点工程，装备制造业振兴的重点等。

新农村建设重点工程包括了下述内容。

大型粮棉油生产基地和优质粮食产业工程 在粮食主产区集中连片建设高产稳产大型商品粮生产基地，继续建设优质棉基地、优质油料带。在13个粮食主产区的484个粮食主产县(场)，建设万亩连片标准粮田，实施良种繁育、病虫害防控和农机装备推进等项目。

沃土工程 对增产潜力大的中低产田加大耕地质量建设力度，配套建设不同类型的土肥新技术集成转化示范基地，使项目实施区的中低产田耕地基础地力提高一个等级。

植保工程 完善县(市)级基层站点和省级分中心，建设一批生态和生物控灾示范基地、农药安全测试评价中心和生物技术测试区域中心。

大型灌区续建配套改造和中部四省大型排涝泵站改造 大型灌区续建配套和节水改造。更新改造湖南、湖北、江西、安徽四省已有大型排涝泵站。

种养业良种工程 建设农作物种质资源库、农作物改良中心、良种繁育基地，畜禽水产原良种场、水产遗传育种中心、种质资源场及检测中心等。

动物防疫体系 建设和完善动物疫病监测预警、预防控制、检疫监督、兽药质量监察及残留监控、防疫技术支撑、防疫物质保障六大系统。

农产品质量安全检验检测体系 建设国家级农产品质量标准与检测技术研究中心、农产品质检中心、区域性质检中心、省级综合性农产品质检中心和县级农产品检测站。

农村饮水安全 解决1亿农村居民饮用高氟水、高砷水、苦咸水、污染水和血吸虫病区、微生物超标等水质不达标及局部地区严重缺水问题。

农村公路 新建和改造农村公路120万公里，实现所有具备条件的乡镇和行政村通公路。

农村沼气 建设以沼气池、改圈、改厕、改厨为基本内容的农村户用沼气，以及部分规模化畜禽养殖场和养殖小区大中型沼气工程。

送电到村和绿色能源县工程 建成50个绿色能源示范县，利用电网延伸、风力发电、小水电、太阳能光伏发电等，解决350万户无电人口用电问题。

农村医疗卫生服务体系 以中西部地区乡镇卫生院为重点，同步建设县医院、妇幼保健机构、县中医院(民族医院)。

农村计划生育服务体系 以中西部地区县、乡计划生育技术服务站为重点，建设县级服务站、中心乡镇服务站、流动服务车等。

农村劳动力转移就业 加强农村劳动力技能培训、就业服务和维权服务能力建设，为外出务工农民免费提供法律政策咨询、就业信息、就业指导和职业介绍。

(三)交通运输业发展

1.优先发展交通运输业

在纲要的第十六章拓展生产性服务业中指出，大力发展主要面向生产者的服务业，细化深化专业化分工，降低社会交易成本，提高资源配置效率。

第一节中，谈到了优先发展交通运输业。

统筹规划、合理布局交通基础设施，做好各种运输方式相互衔接，发挥组合效率和整体优势，建设便捷、通畅、高效、安全的综合运输体系。

加快发展铁路运输。重点建设客运专线、城际轨道交通、煤运通道，初步形成快速客运和煤炭运输网络。扩展西部地区路网，强化中部地区路网，完善东部地区路网。加强集装箱运输系统和主要客货枢纽建设。建设铁路新线1.7万km，其中客运专线7 000km。

进一步完善公路网络。重点建设国家高速公路网，基本形成国家高速公路网骨架。继续完善国道、省道干线公路网络，打通省际通道，发挥路网整体效率。公路总里程达到230万km，其中高速公路6.5万km。

积极发展水路运输。完善沿海沿江港口布局，重点建设集装箱、煤炭、进口油气和铁矿石中转运输系统，扩大港口吞吐能力。改善出海口航道，提高内河通航条件，建设长江黄金水道和长江三角洲、珠江三角洲高等级航道网。推进江海联运。

优化民用机场布局。扩充大型机场，完善中型机场，增加小型机场，提高中西部地区和东北地区机场密度。完善航线网络。建设现代化空中交通管理系统。

作为交通基础设施重点工程，各个方式有如下内容。

铁路 建设北京至上海、北京至广州至深圳、哈尔滨至大连、郑州至西安、上海至宁波至深圳、南京至武汉至成都等客运专线，北京至天津、上海至南京、上海至杭州、南京至杭州、广州至珠海等城际轨道交通，向塘至湄州湾、兰州至重庆、太原至中卫(银川)铁路和青藏铁路延伸线，大同至秦皇岛、朔州至黄骅铁路扩能改造。

公路 建设北京至上海、北京至福州、北京至香港(澳门)、北京至昆明、北京至哈尔滨、沈阳至海口、包头至茂名、青岛至银川、南京至洛阳、上海至西安、上海至重庆、上海至昆明、福州至银川、广州至昆明等高速公路。

港口 建设大连、唐山、天津、青岛、上海、宁波—舟山、福州、厦门、深圳、广州、湛江及防城等沿海港口的煤炭、进口油气、进口铁矿石中转运输系统和集装箱运输系统。适时建设华东、华南地区煤炭中转储存基地。

水运 建设长江口深水航道治理三期工程、珠江口出海航道工程，长江水系、珠江水系和京杭运河航道整治工程，加快重庆、武汉、南京等内河港口建设。

机场 扩建北京、上海、广州、杭州、成都、深圳、西安、乌鲁木齐、郑州、武汉等机场，迁建昆明、合肥等机场，在中西部地区和东北地区新建支线机场。

2. 物流业

优化运输资源配置。强化枢纽衔接和集疏运配套，促进运输一体化。开发应用高速重载、大型专业化运载、新一代航行系统等高新技术，推广集装箱多式联运和快递服务。应用信息技术提升运输管理水平，推广智能交通运输体系。发展货运代理、客货营销等运输中介服务。建设上海、天津、大连等国际航运中心。

推广现代物流管理技术，促进企业内部物流社会化，实现企业物资采购、生产组织、产品销售和再生资源回收的系列化运作。培育专业化物流企业，积极发展第三方物流。建立物流标准化体系，加强物流新技术开发利用，推进物流信息化。加强物流基础设施整合，建设大型物流枢纽，发展区域性物流中心。

3. 城市布局

第十七章 丰富消费性服务业

第一节 提升商贸服务业

鼓励发展所有制形式和经营业态多样化、诚信便民的零售、餐饮等商贸服务。积极发展连锁经营、特许经营、物流配送等现代流通方式和组织形式。按照优化城市功能、疏解交通的要求，合理调整城市商业网点结构和布局。

第二节 发展房地产业

调整住房供应结构，重点发展普通商品住房和经济适用住房，严格控制大户型高档商品房。按照保障供给、稳定房价的原则，加强对房地产一、二级市场和租赁市场的调控，促进住房梯次消费。完善房地产开发融资方式，加强资本金管理，规范发展住房消费信贷和保险。规范物业管理行为，提高市场化程度。

第四节 加强市政公用事业

优先发展公共交通，完善城市路网结构和公共交通场站，有条件的大城市和城市群地区要把轨道交通作为优先领域，超前规划，适时建设。积极发展出租车业。加强城市供排水、中水管网改造和建设，增强安全供水能力，扩大再生水使用范围。合理规划建设和改造城市集中供热、燃气设施。

4. 关于区域协调发展的总体战略

根据资源环境承载能力、发展基础和潜力，按照发挥比较优势、加强薄弱环节、享受均等化基本公共服务的要求，逐步形成主体功能定位清晰，东中西良性互动，公共服务和人民生活水平差距趋向缩小的区域协调发展格局。

第十九章是实施区域发展总体战略，在这里提出了坚持实施推进西部大开发，振兴东北地区等老工业基地，促进中部地区崛起，鼓励东部地区率先发展的区域发展总体战略，健全区域协调互动机制，形成合理的区域发展格局。

第一节 推进西部大开发

西部地区要加快改革开放步伐，通过国家支持、自身努力和区域合作，增强自我发展能力。坚持以线串点，以点带面，依托中心城市和交通干线，实行重点开发。加强基础设施建设，建设出境、跨区铁路和西煤东运新通道，建成“五纵七横”西部路段和八条省际公路，建设电源基地和西电东送工程。巩固和发展退耕还林成果，继续推进退牧还草、天然林保护等生态工程，加强植被保护，加大荒漠化和石漠化治理力度，加强重点区域水污染防治。加强青藏高原生态安全屏障保护和建设。支持资源优势转化为产业优势，大力发展特色产业，加强清洁能源、优势矿产资源开发及加工，支持发展先进制造业、高技术产业及其他有优势的产业。加强和改善公共服务，优先发展义务教育和职业教育，改善农村医疗卫生条件，推进人才开发和科技创新。建设和完善边境口岸设施，加强与毗邻国家的经济技术合作，发展边境贸易。落实和深化西部大开发政策，加大政策扶持和财政转移支付力度，推动建立长期稳定的西部开发资金渠道。

第二节　振兴东北地区等老工业基地

东北地区要加快产业结构调整和国有企业改革改组改造，在改革开放中实现振兴。发展现代农业，强化粮食基地建设，推进农业规模化、标准化、机械化和产业化经营，提高商品率和附加值。建设先进装备、精品钢材、石化、汽车、船舶和农副产品深加工基地，发展高技术产业。建立资源开发补偿机制和衰退产业援助机制，抓好阜新、大庆、伊春和辽源等资源枯竭型城市经济转型试点，搞好棚户区改造和采煤沉陷区治理。加强东北东部铁路通道和跨省区公路运输通道等基础设施建设，加快市场体系建设，促进区域经济一体化。扩大与毗邻国家的经济技术合作。加强黑土地水土流失和东北西部荒漠化综合治理。支持其他地区老工业基地的振兴。

第三节　促进中部地区崛起

中部地区要依托现有基础，提升产业层次，推进工业化和城镇化，在发挥承东启西和产业发展优势中崛起。加强现代农业特别是粮食主产区建设，加大农业基础设施建设投入，增强粮食等大宗农产品生产能力，促进农产品加工转化增值。支持山西、河南、安徽加强大型煤炭基地建设，发展坑口电站和煤电联营。加快钢铁、化工、有色、建材等优势产业的结构调整，形成精品原材料基地。支持发展矿山机械、汽车、农业机械、机车车辆、输变电设备等装备制造业以及软件、光电子、新材料、生物工程等高技术产业。构建综合交通运输体系，重点建设干线铁路和公路、内河港口、区域性机场。加强物流中心等基础设施建设，完善市场体系。

第四节　鼓励东部地区率先发展

东部地区要率先提高自主创新能力，率先实现经济结构优化升级和增长方式转变，率先完善社会主义市场经济体制，在率先发展和改革中带动帮助中西部地区发展。加快形成一批自主知识产权、核心技术和知名品牌，提高产业素质和竞争力。优先发展先进制造业、高技术产业和服务业，着力发展精加工和高端产品。促进加工贸易升级，积极承接高技术产业和现代服务业转移，提高外向型经济水平，增强国际竞争力。加强耕地保护，发展现代农业。提高资源特别是土地、能源利用效率，加强生态环境保护，增强可持续发展能力。继续发挥经济特区、上海浦东新区的作用，推进天津滨海新区开发开放，支持海峡西岸和其他台商投资相对集中地区的经济发展，带动区域经济发展。

5. 开发与限制

第二十章　推进形成主体功能区

根据资源环境承载能力、现有开发密度和发展潜力，统筹考虑未来我国人口分布、经济布局、国土利用和城镇化格局，将国土空间划分为优化开发、重点开发、限制开发和禁止开发四类主体功能区，按照主体功能定位调整完善区域政策和绩效评价，规范空间开发秩序，形成合理的空间开发结构。

第一节　优化开发区域的发展方向

优化开发区域是指国土开发密度已经较高、资源环境承载能力开始减弱的区域。要改变依靠大量占用土地、大量消耗资源和大量排放污染实现经济较快增长的模式，把提高增长质量和效益放在首位，提升参与全球分工与竞争的层次，继续成为带动全国经济社会发展的龙头和我国参与经济全球化的主体区域。

第二节　重点开发区域的发展方向

重点开发区域是指资源环境承载能力较强、经济和人口集聚条件较好的区域。要充实基础设施，改善投资创业环境，促进产业集群发展，壮大经济规模，加快工业化和城镇化，承接优化开发区域的产业转移，承接限制开发区域和禁止开发区域的人口转移，逐步成为支撑全国经济发展和人口集聚的重要载体。

第三节　限制开发区域的发展方向

限制开发区域是指资源环境承载能力较弱、大规模集聚经济和人口条件不够好并关系到全国或较大区域范围生态安全的区域。要坚持保护优先、适度开发、点状发展，因地制宜发展资源环境可承载的特色产业，加强生态修复和环境保护，引导超载人口逐步有序转移，逐步成为全国或区域性的重要生态功能区。

第四节　禁止开发区域的发展方向

禁止开发区域是指依法设立的各类自然保护区域。要依据法律法规规定和相关规划实行强制性保护，控制人为因素对自然生态的干扰，严禁不符合主体功能定位的开发活动。

禁止开发区域包括：**国家级自然保护区**，共**243**个，面积**8 944万**公顷；**世界文化自然遗产**，共31处；**国家重点风景名胜区**，共**187**个，面积**927万**公顷；**国家森林公园**，共565个，面积**1 100万**公顷；**国家地质公园**，共**138**个，面积**48万**公顷。

第五节　实行分类管理的区域政策

财政政策，要增加对限制开发区域、禁止开发区域用于公共服务和生态环境补偿的财政转移支付，逐步使当地居民享有均等化的基本公共服务。投资政策，要重点支持限制开发区域、禁止开发区域公共服务设施建设和生态环境保护，支持重点开发区域基础设施建设。产业政策，要引导优化开发区域转移占地多、消耗高的加工业和劳动密集型产业，提升产业结构层次；引导重点开发区域加强产业配套能力建设；引导限制开发区域发展特色产业，限制不符合主体功能定位的产业扩张。土地政策，要对优化开发区域实行更严格的建设用地增量控制，在保证基本农田不减少的前提下适当扩大重点开发区域建设用地供给，对限制开发区域和禁止开发区域实行严格的土地用途管制，严禁生态用地改变用途。人口管理政策，要鼓励在优化开发区域、重点开发区域有稳定就业和住所的外来人口定居落户，引导限制开发区域和禁止开发区域的人口逐步自愿平稳有序转移。绩效评价和政绩考核，对优化开发区域，要强化经济结构、资源消耗、自主创新等的评价，弱化经济增长的评价；对重点开发区域，要综合评价经济增长、质量效益、工业化和城镇化水平等；对限制开发区域，要突出生态环境保护等的评价，弱化经济增长、工业化和城镇化水平的评价；对禁止开发区域，主要评价生态环境保护。

6. 促进城镇化健康发展

第二十一章　促进城镇化健康发展

坚持大中小城市和小城镇协调发展，提高城镇综合承载能力，按照循序渐进、节约土地、集约发展、合理布局的原则，积极稳妥地推进城镇化，逐步改变城乡二元结构。

第一节　分类引导人口城镇化

对临时进城务工人员，继续实行亦工亦农、城乡双向流动的政策，在劳动报酬、劳动时间、法定假日和安全保护等方面依法保障其合法权益；对在城市已有稳定职业和住所的进城务工人员，要创造条件使之逐步转为城市居民，依法享有当地居民应有的权利，承担应尽的义务；对因城市建设承包地被征用、完全失去土地的农村人口，要转为城市居民，城市政府要负责提供就业援助、技能培训、失业保险和最低生活保障等。鼓励农村人口进入中小城市和小城镇定居，特大城市要从调整产业结构的源头入手，形成用经济办法等控制人口过快增长的机制。

第二节　形成合理的城镇化空间格局

要把城市群作为推进城镇化的主体形态，逐步形成以沿海及京广京哈线为纵轴，长江及陇海线为横轴，若干城市群为主体，其他城市和小城镇点状分布，永久耕地和生态功能区相间隔，高效协调可持续的城镇化空间格局。

已形成城市群发展格局的京津冀、长江三角洲和珠江三角洲等区域，要继续发挥带动和辐射作用，加强城市群内各城市的分工协作和优势互补，增强城市群的整体竞争力。

具备城市群发展条件的区域，要加强统筹规划，以特大城市和大城市为龙头，发挥中心城市作用，形成若干用地少、就业多、要素集聚能力强、人口分布合理的新城市群。

人口分散、资源条件较差、不具备城市群发展条件的区域，要重点发展现有城市、县城及有条件的建制镇，成为本地区集聚经济、人口和提供公共服务的中心。

第三节　加强城市规划建设管理

规划城市规模与布局，要符合当地水土资源、环境容量、地质构造等自然承载力，并与当地经济发展、就业空间、基础设施和公共服务供给能力相适应。

加强城市水源地保护和供水设施建设。缺水城市要适度控制城市规模，禁止发展高耗水产业和建设高耗水景观。地下水超采城市要控制地下水开采，防止地面沉降。城市道路以及供排水、能源、环保、电信、有线电视等的建设，要破除部门和地方分割，在统一规划基础上协同建设，减少盲目填挖和拆建。加强城市综合防灾减灾和应急管理能力建设。稳步推进城市危旧住房和“城中村”改造，保障拆迁户合法权益。城市规划和建筑设计要延续历史，传承文化，突出特色，保护民族、文化遗产和风景名胜资源。强化城市规划实施的监管，推进城市综合管理，提高城市管理水平。

第四节　健全城镇化发展的体制机制

加快破除城乡分割的体制障碍，建立健全与城镇化健康发展相适应的财税、征地、行政管理和公共服务等制度。完善行政区划设置和管理模式。改革城乡分割的就业管理制度，深化户籍制度改革，逐步建立城乡统一的人口登记制度。

7.土地利用与综合运输发展

第二十五章　强化资源管理

第二节　加强土地资源管理

实行最严格的土地管理制度。严格执行法定权限审批土地和占用耕地补偿制度，禁止非法压低地价招商。严格土地利用总体规划、城市总体规划、村庄和集镇规划修编的管理。加强土地利用计划管理、用途管制和项目用地预审管理。加强村镇建设用地管理，改革和完善宅基地审批制度。完善耕地保护责任考核体系，实行土地管理责任追究制。加强土地产权登记和土地资产管理。

第十六章　拓展生产性服务业

统筹规划、合理布局交通基础设施，做好各种运输方式相互衔接，发挥组合效率和整体优势，建设便捷、通畅、高效、安全的综合运输体系。

加快发展铁路运输。重点建设客运专线、城际轨道交通、煤运通道，初步形成快速客运和煤炭运输网络。扩展西部地区路网，强化中部地区路网，完善东部地区路网。加强集装箱运输系统和主要客货枢纽建设。建设铁路新线1.7万km，其中客运专线7 000km。

进一步完善公路网络。重点建设国家高速公路网，基本形成国家高速公路网骨架。继续完善国道、省道干线公路网络，打通省际通道，发挥路网整体效率。公路总里程达到230万km，其中高速公路6.5万km。

积极发展水路运输。完善沿海沿江港口布局，重点建设集装箱、煤炭、进口油气和铁矿石中转运输系统，扩大港口吞吐能力。改善出海口航道，提高内河通航条件，建设长江黄金水道和长江三角洲、珠江三角洲高等级航道网。推进江海联运。

优化民用机场布局。扩充大型机场，完善中型机场，增加小型机场，提高中西部地区和东北地区机场密度。完善航线网络。建设现代化空中交通管理系统。

优化运输资源配置。强化枢纽衔接和集疏运配套，促进运输一体化。开发应用高速重载、大型专业化运载、新一代航行系统等高新技术，推广集装箱多式联运和快递服务。应用信息技术提升运输管理水平，推广智能交通运输体系。发展货运代理、客货营销等运输中介服务。建设上海、天津、大连等国际航运中心。

(四)“十一五”相关规划

国务院已经批准，从“十一五”开始，将“五年计划”改为“五年规划”。“十一五”规划包括四大类规划内容，即总体规划、专项规划、区域规划、重大项目和行动纲要。

就总体规划与专项规划的关系而言，总规处于整个规划体系的主导地位，虽然更多地属于抽象化、概念性的范畴，但却有赖于专项规划的基础，又规范着专项规划的调控范围和力度；专项规划是构成整个规划体系的“细胞”，尽管更多地属于具体化、实践性的范畴，但必须在总规设定的框架内，对特定领域起着具体的指导作用。总规指导专项规划、规范专项规划，编制总规要改变以往内容过宽、无所不包的状况，进一步强化宏观性、战略性和政策性，重点提出指导方针、发展目标、战略任务、重大项目和政策措施，减少市场机制已经发挥配置资源基础性作用领域的内容，进一步充实公共服务、生态环境、资源保护、优化发展环境等政府履行公共职能和建立和谐社会的内容，加强产业政策引导、资源许可利用和区域空间布局的规划要求。专项规划是以国民经济和社会发展的特定领域为对象编制的规划，是总体规划在特定领域的延伸和细化。专项规划既从属于总规又服务于总规，编制专项规划，重点应放在政府履行公共职能，或需要政府调控、引导和扶持的领域；一般产业和市场机制已经发挥配置资源基础性作用的领域，原则上不再编制由政府审批的专项规划。总规和专项规划两者尽管作用不等，角度不同，手段不一，但目标完全一致，都反映了“十一五”期间经济社会发展规划建设的重点领域和政府调控的主导方向。

在具体编制时，对确实难以统一的问题，要把握好一个原则，即专项规划服从总体规划，次要规划服从主要规划，社会规划服从经济规划，远期规划服从中长期规划，总的目的是尽量减少规划间“打架”的人为因素。

三、基础设施建设中长期规划

规划就是政府工作的规矩。在社会主义市场经济条件下，规划已经上升为政府履行宏观调控、经济调节和公共服务职责的重要依据。编制好、实施好规划对实现国家战略目标，弥补市场失灵，有效配置公共资源，促进共同富裕等都具有十分重要的意义和作用。我国以编制和实施国民经济和社会发展五年计划为基本框架的规划体制已有五十年的历史，对促进经济社会发展发挥了重要作用。“九五”以来，五年规划逐渐突出战略性、宏观性和政策性，更加适应了市场经济体制下政府发挥职能的需要，集中体现了政府对经济社会发展的宏观指导作用。

社会主义市场经济条件下，政府要履行好经济调节、市场监管、社会管理和公共服务的职能，必须坚持“高进低出”的基本点，即：在市场机制失灵或缺陷的领域，政府必须“高位”介入，加强规划指导、政策引导和政府主导，让政府“这只有形的手”促进这些领域同步发展；市场机制已经发挥配置资源基础性作用的领域，政府必须“低位”退出，明确“不能干什么”的刚性约束，减少“怎么干”的行政干预，让市场“这只无形的手”自由发挥。党的十六届三中全会决定指出，要加强国民经济和社会发展中长期规划的研究和制定，提出发展的重大战略、基本任务和产业政策，促进国民经济和社会全面发展。这对如何完善政府宏观调控，加快转变政府职能提出了更高要求。

(一)国家高速公路网规划[8-9]

1. 规划背景和意义

2004年12月17日，《国家高速公路网规划》业经国务院审议通过，标志着中国高速公路建设发展进入了一个新的历史时期。

高速公路在运输能力、速度和安全性方面具有突出优势，对实现国土均衡开发、建立统一的市场经济体系、提高现代物流效率和公众生活质量等具有重要作用。高速公路不仅是交通现代化的重要标志，也是国家现代化的重要标志。

从1988年上海至嘉定高速公路建成通车，中国高速公路总体上实现了持续、快速和有序的发展。高速公路的发展，极大提高了中国公路网的整体技术水平，优化了交通运输结构，对缓解交通运输的“瓶颈”制约发挥了重要作用，有力地促进了中国经济发展和社会进步。

经济社会发展对中国高速公路发展提出了新的更高要求，从国家发展战略和全局考虑，为保障中国高速公路快速、持续、健康发展，有必要规划一个国家层面的高速公路网。

从国家发展战略看，规划建设国家高速公路网有利于加快建设全国统一市场，促进商品和各种要素在全国范围自由流动、充分竞争，对缩小地区差别、增加就业、带动相关产业发展都具有十分重要的作用，也是经济全球化背景下提高国家竞争力的重要条件。

从新时期经济社会发展需求看，规划建设国家高速公路网是影响全局的基础性先决条件。21世纪头二十年，中国经济总量要翻两番，这样的发展速度势必带动全社会人员、物资流动总量的升级，新型工业化对运输服务效率和质量也提出了更高的要求，特别是汽车化、城镇化和现代物流的快速发展使得制定国家高速公路网规划更显迫切。

从高速公路建设的现实需要看，迫切需要统一全面的总体规划指导布局和投资决策。规划建设国家高速公路网还有利于保证土地资源的合理和集约利用，有利于国家环境保护和能源节约；同时，对于加强国防以及应对重大自然灾害和突发事件都具有重大意义。

总之，随着新时期经济的快速发展，随着生活方式的转变和生活质量的提高，为满足对交通服务越来越高的要求，搞好公共服务，优化跨区域资源的配置和管理，很有必要规划和建设一个统一的国家级高速公路网。

2. 国家高速公路网规划方案

国家高速公路网是中国公路网中最高层次的公路通道，服务于国家政治稳定、经济发展、社会进步和国防现代化，体现国家强国富民、安全稳定、科学发展，建立综合运输体系以及加快公路交通现代化的要求；主要连接大中城市，包括国家和区域性经济中心、交通枢纽、重要对外口岸;承担区域间、省际以及大中城市间的快速客货运输,提供高效、便捷、安全、舒适、可持续的服务,为应对自然灾害等突发性事件提供快速交通保障。

国家高速公路网规划采用放射线与纵横网格相结合的布局方案,形成由中心城市向外放射以及横连东西、纵贯南北的大通道,由7条首都放射线、9条南北纵向线和18条东西横向线组成,简称为"7918网",总规模约8.5万km,其中:主线6.8万km,地区环线、联络线等其他路线约1.7万km。具体如下。

首都放射线(7条):北京—上海、北京—台北、北京—港澳、北京—昆明、北京—拉萨、北京—乌鲁木齐、北京—哈尔滨。

南北纵向线(9条):鹤岗—大连、沈阳—海口、长春—深圳、济南—广州、大庆—广州、二连浩特—广州、包头—茂名、兰州—海口、重庆—昆明。

东西横向线(18条):绥芬河—满洲里、珲春—乌兰浩特、丹东—锡林浩特、荣成—乌海、青岛—银川、青岛—兰州、连云港—霍尔果斯、南京—洛阳、上海—西安、上海—成都、上海—重庆、杭州—瑞丽、上海—昆明、福州—银川、泉州—南宁、厦门—成都、汕头—昆明、广州—昆明。

此外,规划方案还有:辽中环线、成渝环线、海南环线、珠三角环线、杭州湾环线共5条地区性环线、2段并行线和30余段联络线。

3. 国家高速公路网规划的特点及效果

国家高速公路网规划的编制,以"三个代表"重要思想和十六大精神为指导,坚持以人为本,全面、协调、可持续的科学发展观,切实贯彻"五个统筹"的要求,按照"把握全局、突出重点,立足现实、着眼未来,布局合理、注重效率"的原则;规划方案总体上贯彻了"东部加密、中部成网、西部连通"的布局思路,建成后可以在全国范围内形成"首都连接省会、省会彼此相通、连接主要地市、覆盖重要县市"的高速公路网络。规划方案的特点和效果如下。

(1)充分体现"以人为本":最大限度地满足人的出行要求,创造出安全、舒适、便捷的交通条件,使用户直接感受到高速公路系统给生产、生活带来的便利。

——规划方案将连接全国所有的省会级城市、目前城镇人口超过50万的大城市以及城镇人口超过20万的中等城市,覆盖全国10多亿人口;

——规划方案将实现东部地区平均30分钟上高速,中部地区平均1小时上高速,西部地区平均2小时上高速,从而大大提高全社会的机动性;

——规划方案将连接国内主要的AAAA级著名旅游城市,为人们旅游、休闲提供快速通道。

(2)重点突出"服务经济":强化高速公路对于国土开发、区域协调以及社会经济发展的促进作用,贯彻国家经济发展战略。

——规划方案加强了长三角、珠三角、环渤海等经济发达地区之间的联系,使大区域间有3条以上高速通道相连,还特别加强了与香港、澳门的衔接,在三大都市圈内部将形成较完善的城际高速公路网,为进一步加快区域经济一体化和大都市圈的形成,加快东部地区率先实现现代化奠定了基础;

——规划方案将显著改善和优化西部地区及东北等老工业基地的公路路网结构,提高区域内部及对外运输效率和能力,进一步强化西部地区西陇海兰新线经济带、长江上游经济带、南贵昆经济区之间的快速联系,改善东北地区内部及进出关的交通条件,为"以线串点、以点带面",加快西部大开发和实现东北等老工业基地的振兴奠定坚实基础;

——规划方案将连接主要的国家一类公路口岸,改善对外联系通道运输条件,更好地服务于外向型经济的发展；

——规划方案覆盖地区的GDP占到全国总量的85%以上，规划的实施将对促进经济增长、带动相关产业发展、扩大就业等做出重要贡献。

(3)着力强调“综合运输”：注重综合运输协调发展，规划路线将连接全国所有重要的交通枢纽城市，包括铁路枢纽50个、航空枢纽67个、公路枢纽140多个和水路枢纽50个，有利于各种运输方式优势互补，形成综合运输大通道和较为完善的集疏运系统。

(4)全面服务“可持续发展”：规划的实施将进一步促进国土资源的集约利用、环境保护和能源节约，有效支撑社会经济的可持续发展。据测算，在提供相同路网通行能力条件下，修建高速公路的土地占用量仅为一般公路的40%左右，高速公路比普通公路可减少1/3的汽车尾气排放，交通事故率降低1/3，车辆运行燃油消耗也将有大幅度降低。

(二)铁路中长期规划①,[10]

1.规划的意义

国家《中长期铁路网规划》于2004年经国务院审议通过，其发展目标为：到2020年，全国铁路营业里程达到10万km，主要繁忙干线实现客货分线，复线率和电化率均达到50%，运输能力满足国民经济和社会发展需要，主要技术装备达到或接近国际先进水平。铁路具有大运力、低成本优势，在运输中占有重要地位。制定中长期铁路网规划，加快铁路发展，对于促进国民经济持续快速增长，全面建设小康社会，具有十分重要的意义。

国务院在审议中指出，实施铁路网规划，要根据国民经济和社会发展规划，按照全面、协调、可持续发展的指导思想，统筹考虑铁路、公路、民航、水运、管道等整个运输体系的建设和资源的合理配置，充分发挥综合运输优势，区分轻重缓急，突出重点，加强薄弱环节。要加快铁路现代化建设，立足国产化，引进和吸收国外先进经验和技术，增强自主创新能力，带动相关产业的发展。要推进铁路建设、管理和运营体制的改革，积极推行投资主体多元化，提高资源使用效率和运输效益。

该规划对**“十五”建设计划进行了调整**。到2005年铁路营业里程达到7.5万km，其中复线铁路2.5万km，电气化铁路2万km以上。具体建设项目调整如下：①建设客运专线和建设城市密集地区城际客运系统；②加快完善路网结构；③加快既有线扩能改造，实施部分线路电化改造，以及部分线路的扩能改造；④加快主要枢纽及集装箱中心站建设。

对2010年阶段目标做了详细规定。到2010年，铁路网营业里程达到8.5万km左右，其中客运专线约5 000km，复线3.5万km，电气化3.5万km。具体内容包括：进一步建设客运专线。进一步扩大路网规模，进一步提高既有线能力等。

2.规划的特点

(1)实现客货分线。

针对目前我国主要铁路干线能力十分紧张，除秦沈客运专线外，均为客货混跑模式，客运快速与货运重载难以兼顾，无法满足客货运输的需求，并影响旅客运输质量提高的实际情况，《中长期铁路网规划》提出，实施客货分线，专门建设客运专线，在建设较高技术标准“四纵四横”客运专线的同时，为满足经济发达城市密集群城际间旅客运输日益增长的需求，规划以环渤海地区、长江三角洲地区、珠江三角洲地区为重点，建设城际快速客运系统。

(2)完善路网布局。

① 本节内容来源于中国政府门户网站 www.gov.cn，2005年09月16日，发展改革委交通运输司编写。

长期以来，我国铁路网布局一直呈现着不合理态势，特别是在广大西部地区，运网稀疏，运能严重不足，与东中部的联络能力差。为此，《中长期铁路网规划》提出，2020年前，以西部地区为重点，新建一批完善路网布局和西部开发性新线，全面提高对地区经济发展的适应能力。西部地区在加快青藏铁路等新线建设的同时，集中力量加强东西部之间通道的建设，在西北至华北及华东、西南至中南及华东间形成若干条便捷、高效的通道，形成路网骨架，满足东西部地区客货交流的需要。东中部地区新建一批必要的联络线，增强铁路运输机动灵活性。新建和改扩建新疆通往中亚，东北通往俄罗斯，云南通往越南、老挝等东南亚国家的出境铁路通道，为扩大对外交流服务。

(3)提升既有能力。

根据我国资源分布、工业布局的实际，结合国民经济和社会发展的需要，《中长期铁路网规划》提出，在建设客运专线和其他铁路线路的同时，加强既有铁路技术改造，扩大运输能力，提高路网质量。第一，以京哈、京沪、京九、京广、陆桥、沪汉蓉、沪昆七条既有干线为重点，增建二线和电气化改造，扩大既有主干线的运输能力。第二，根据煤炭行业发展规划，结合铁路煤炭运输径路的实际，通过建设客运专线实现客货分线和对既有煤运通道进行扩能改造，形成铁路煤运通道18亿t的运输能力。第三，在加快新线建设和既有线改造的同时，系统安排枢纽建设，强化重点客站，并与其他交通运输方式有机衔接；调整主要编组站，建设机车车辆检修基地，完善枢纽结构，使铁路点线能力协调发展，系统提高运输能力、运输质量和运输效率，最大限度地发挥路网整体作用。第四，在北京、上海、广州等省会城市及港口城市布局并建设18个集装箱中心站和40个左右靠近省会城市、大型港口和主要内陆口岸的集装箱办理站，发展双层集装箱运输通道，使中心站间具备开行双层集装箱列车的条件。

(4)推进技术创新。

由于对国外高新技术的跟踪、研究、推广应用力度不够，关键技术的自主研发能力、引进技术的消化吸收能力和国产化水平不高，使得目前我国铁路技术装备水平总体上仅相当于发达国家20世纪80年代水平，高速动车组的技术尚处于研发阶段。《中长期铁路网规划》提出，要把提高装备国产化水平作为“十一五”和今后铁路建设的一项重要内容来抓。以客运高速和货运重载为重点，坚持引进先进技术与自主创新相结合，快速提升铁路装备水平，早日达到或接近发达国家水平。时速200km以上的机车车辆及动力组，充分整合国内资源，采取国际合作、科研攻关等措施尽快实现国产化。重载货运机车、车辆系统引进关键技术，提升设计制造水平。适应客运高速、快速和货运重载的要求，提高线桥隧涵、牵引供电、通信信号技术水平。广泛应用信息网络技术，实现铁路信息化。装备水平的提升要与铁路体制的改革相结合，提高劳动生产率、资源使用效率和运输效益。

3.规划的具体方案

(1)客运专线。

建设客运专线1.2万km以上，客车速度目标值达到每小时200km及以上。具体建设内容：

①“四纵”客运专线：a.北京—上海客运专线，贯通京津至长江三角洲东部沿海经济发达地区；b.北京—武汉—广州—深圳客运专线，连接华北和华南地区；c.北京—沈阳—哈尔滨(大连)客运专线，连接东北和关内地区；d.杭州—宁波—福州—深圳客运专线，连接长江、珠江三角洲和东南沿海地区。

②“四横”客运专线：a.徐州—郑州—兰州客运专线，连接西北和华东地区；b.杭州—南昌—长沙客运专线，连接华中和华东地区；c.青岛—石家庄—太原客运专线，连接华北和华东地

区;d.南京—武汉—重庆—成都客运专线,连接西南和华东地区。

③三个城际客运系统:环渤海地区、长江三角洲地区、珠江三角洲地区城际客运系统,覆盖区域内主要城镇。

(2)完善路网布局和西部开发性新线。

规划建设新线约1.6万km。

①新建中吉乌铁路喀什—吐尔尕特段,改建中越通道昆明—河口段,新建中老通道昆明—景洪—磨憨段、中缅通道大理—瑞丽段等,形成西北、西南进出境国际铁路通道;

②新建太原—中卫(银川)线、临河—哈密线,形成西北至华北新通道;

③新建兰州(或西宁)—重庆(或成都)线,形成西北至西南新通道;

④新建库尔勒—格尔木线、龙岗—敦煌—格尔木线,形成新疆至青海、西藏的便捷通道;

⑤新建精河—伊宁、奎屯—阿勒泰、林芝—拉萨—日喀则、大理—香格里拉、永州—玉林和茂名、合浦—河唇、西安—平凉、柳州—肇庆、桑根达来—张家口、准格尔—呼和浩特、集宁—张家口等西部区内铁路,完善西部地区铁路网络;

⑥新建铜陵—九江、九江—景德镇—衢州、赣州—韶关、龙岩—厦门、湖州—嘉兴—乍浦、金华—台州及东北东边道等铁路,完善东中部铁路网络。

(3)路网既有线。

规划既有线增建二线1.3万km,既有线电气化1.6万km。

①在建设客运专线的基础上,对既有线进行扩能改造,在大同(含蒙西地区)、神府、太原(含晋南地区)、晋东南、陕西、贵州、河南、兖州、两淮、黑龙江东部等十个煤炭外运基地,形成大能力煤运通道。近期要优先考虑大秦线扩能、北同蒲改造、黄骅至大家洼铁路建设和石太线扩能,实现客货分运,加大煤炭外运能力。

②结合客运专线的建设,对既有京哈、京沪、京九、京广、陆桥、沪汉蓉和沪昆七条主要干线进行复线建设和电气化改造。

③以北京、上海、广州、武汉、成都、西安枢纽为重点,调整编组站,改造客运站,建设机车车辆检修基地,完善枢纽结构,使铁路点线能力协调发展。

④建设集装箱中心站,改造集装箱运输集中的线路,开行双层集装箱列车。

(三)国家《综合交通网中长期发展规划》①,[11]

2007年10月,国务院常务会议审议并原则通过了由国家发展与改革委员会负责编制的国家的《综合交通网中长期发展规划》。这一规划由国家发改委交通运输司牵头,中国工程院、清华大学等科研单位参与了基础研究和编制的过程。编制过程大致可以分为四个阶段,时间跨越近四年。第一阶段:前期研究阶段。第二阶段:综合交通网专项课题研究阶段。第三阶段:综合交通网规划编制阶段。第四阶段:与相关规划衔接、专家评审和规划报批阶段。

1.规划的目的与意义

改革开放以来,伴随着我国经济社会的快速发展,各种交通运输方式基础设施的总量迅速扩张,各种交通方式内部和方式之间的协调发展问题日益凸现出来,特别是在资源、环境、生态等约束条件的压力下,各种运输方式间的协调发展问题尤为突出。因此,编制一个可以统筹协调各种运输方式、合理配置交通战略要素、发挥综合运输整体效能,使交通运输对国民经济适应性由被动适应变为主动促进的《综合交通网中长期发展规划》,也就提到了国家层面。

① 本节内容根据国家发展改革委有关负责人就《综合交通网中长期发展规划》答记者问内容编写。

尽管我国交通运输各种方式取得了长足发展，但长期以来，由于缺少一个用以指导我国综合交通发展的战略规划，使得各种运输方式间缺乏协调配合、有机衔接的机制，导致交通运输基础设施的规划、建设和管理很难做到统筹协调、一体化运作。比如，在几种运输方式市场交叉的情况下，需要有一个综合规划的协调，使得在强调某一种运输方式发展的同时，不忽视另外几种方式的作用。因此，编制我国综合交通发展战略规划，用以指导各种运输方式优化衔接，已成为综合交通运输发展中急需解决的重要问题。

编制综合交通网中长期发展规划，就是针对我国交通运输发展面临的最现实问题（基础设施总量不足和五种运输方式的基础网络都处于完善期）和外部约束条件（资源和环境压力），通过对五种运输方式各自系统优化以及各方式间的网络和枢纽进行衔接、优化，调整交通运输结构，促进交通资源的空间最优配置，发挥各种运输方式在约束条件下的比较优势和整体效率，实现集约高效和可持续发展，转变交通运输发展方式，从而真正实现交通运输又好又快可持续发展。

作为新中国成立以来我国第一个全国性的、综合衔接铁路、公路、水路、民航及管道各运输方式的总体空间布局规划，《综合交通网中长期发展规划》对促进我国可持续发展战略、缩小区域间差距和实现各种运输方式统筹协调发展具有十分重要的现实和长远意义。具体体现在以下三个方面。

第一，适应中国现实国情需要，促进我国可持续发展战略实施。交通运输在促进经济发展的同时，具有高度的资源依赖性，大量占用土地和消耗能源，同时也带来比较严重的环境污染。我国现实国情不允许我们再去重复西方发达国家交通发展的老路，而应在确保交通供求总量均衡、普遍服务的总体目标前提下，优化运输资源配置，建立资源节约型和环境友好型的适应性综合交通网，以最小的资源和环境代价满足经济社会的运输总需求，促进经济与社会协调发展。综合交通网中长期规划，就是从我国的基本国情与资源禀赋出发，全面分析综合交通体系中各种运输方式的比较优势及交通运输系统的整体效率，合理选择我国现代交通发展途径，追求系统优化、整体最优，以交通的可持续发展促进我国可持续发展战略的实施。

第二，缩小我国地区经济差异，促进我国国土合理均衡开发。从我国经济地理特征分析，未来东西向和南北向大运量、长距离的资源和产品运输将长期存在。交通运输作为基础产业，对经济发展具有较强的带动作用。综合交通网中长期规划，综合考虑我国资源分布、工业布局、城市分布以及人口分布的特点，特别是我国未来可能形成的经济区划及经济中心布局，着眼于尽快形成沟通东西和南北的若干条国家级运输大通道，将引导和促进国土均衡开发，为缩小我国地区间差距提供基础条件。

第三，大力推进各种运输方式协调发展，充分发挥综合交通系统优势。当前，在我国交通设施总量不足，交通运输能力趋紧，各种运输方式交通网络尚不完善的情况下，各种运输方式的自我发展具有一定合理性。但由于缺乏统一的总体规划及综合交通发展政策的指导和调控，导致不同运输方式间难以进行合理的分工协作和有效的衔接配套，降低了交通运输系统的总体效率和服务质量，增加了用户的运输成本。经过较长时期以各自规模扩张为主的外延式增长后，交通运输的进一步发展，客观上要求回归到注重综合性、系统性和整体性的发展轨道。综合交通网中长期规划，将各种运输方式作为有机衔接、不可分割的整体，从系统固有的空间特征和资源约束的角度，分析研究交通运输资源的最优配置，实现交通运输系统的整体优势和综合效益，使各种运输方式从基础设施的规划开始，就做到衔接优化和协调发展，对促进各种运输方式统筹协调发展具有十分重要意义。

2. 规划的内容

从发展战略和宏观经济考虑，我国的交通发展需要制定一个综合交通战略规划，这是交通发展顶层设计的需要。顶层设计的框架包括四个主体，层次从高到低分别是：国家发展战略（或国民经济和社会发展纲要），交通发展战略，综合交通发展规划，各种运输方式发展规划。其中，国家发展战略是国家交通发展战略制定的依据，指导国家的交通发展；交通发展战略是交通领域最高层次的纲领性文献，是综合交通发展规划编制的依据和指导；综合交通发展规划包括综合交通网络规划和综合交通系统规划，它指导的是各种运输方式的规划；各种运输方式发展规划是建设项目确定的依据，指导项目的实施。

综合交通规划包括以下几个层次：第一是交通基础设施；第二是流动设施，如运输装备，运载、装卸工具，非基础设施硬件；第三是运营、管理、控制系统，其中交通基础设施网络是最基本的。要解决综合交通发展问题，首先要解决交通基础设施的协调发展问题，也就是要编制好综合交通网发展规划。

《综合交通网中长期发展规划》共分：综合交通网现状评价、规划指导思想和目标、规划原则、功能定位、规划方案、综合交通网发展重点、规划实施前景、政策措施 8 个方面内容，概括起来要重点解决三个方面问题：一是交通运输总量问题，二是交通运输结构问题，三是交通运输衔接问题。

第一，关于交通运输总量问题。不同时期的经济发展要有相应的交通设施做支撑，支撑经济发展的交通设施的基本量是各种运输方式能力的总和。其中要解决两个问题：一是交通基础设施发展与经济发展相互关系的曲线不能出现大的波动，要既能支撑相应不同时期经济发展，又不能造成浪费，不能过度超前。其次是普遍服务的问题，也就是要保证人们的基本生产和生活交通需求，特别是边远地区人民群众基本交通需求。《综合交通网中长期发展规划》力图以控制我国交通网络总规模的方式，使我国交通发展不致出现发达国家交通发展过程中的重复建设和过度发展等问题，同时达到提高干线网络密度和国土覆盖面、满足人们普遍出行服务的目的。

第二，关于交通运输结构问题。目前，我国交通运输网络结构不尽合理，铁路、公路、水路、民航和管道五种运输方式的比较优势尚未得到充分发挥。《综合交通网中长期发展规划》力求从交通方式选择和方式优化两方面解决我国交通运输结构问题，即在多种运输方式市场交叉重叠的区域，通过制定较为完备的指标体系，按照“宜路则路、宜水则水、宜空则空”的原则，在本规划的平台上，对“综合运输大通道”中的各种运输方式进行比选、优化，真正做到各种运输方式各展所长、优势互补、协调发展，充分发挥交通运输系统的整体效益和综合效益。本规划首次提出了“综合运输大通道”的概念，并经过优化比选提出了“五纵五横”10 条综合运输大通道和 4 条国际区域运输通道。

第三，关于交通运输衔接问题。针对目前我国各种交通运输方式衔接不畅、交通运输整体效率不高的实际，以构建一体化交通运输系统为出发点，《综合交通网中长期发展规划》突出了各种运输方式的结合部，并以此作为衔接的要点，突出交通运输方式衔接过程中资源的节约和集约，以及客运的“零距离换乘”和货运的“无缝衔接”理念。以综合交通枢纽为具体体现形式，力求实现各种运输方式之间、城市间与城市内交通线路的紧密衔接，力争使旅客实现“零距离换乘”，实现货物的“无缝衔接”。本规划定义了“综合交通枢纽”的概念，即“综合交通枢纽是指在综合交通网络节点上形成的客货流转换中心”。按照综合交通枢纽所处的区位、功能和作用，衔接的交通运输线路的数量，吸引和辐射的服务范围大小，以及承担的客货运量和增长潜力，可将其分为全国性综合交通枢纽、区域性综合交通枢纽和地区性综合交通枢纽。本规划提出了42个全国性综合交通枢纽（节点城市）。

3.规划的编制理念

作为国内首个《综合交通网中长期发展规划》，在进行该规划的编制及相关专题研究时，贯彻了理论与实践相结合和综合发展的理念。

第一，将规划编制理论及学术思想同我国交通发展实践相结合，并用以指导和解决我国综合交通发展问题。在形成适合我国特色规划理论的基础上，按照全面建设小康社会奋斗目标要求，紧密结合我国资源环境日益紧迫约束的实际，既有综合交通发展理论作指导，又吸纳了近年来在开展交通战略研究、交通专项发展规划编制、交通重大课题研究过程中获取的有益理论，并与我国经济社会发展的实际需要相结合，力求以统筹协调、优化衔接为着力点，以构建便捷、通畅、高效、安全的一体化交通运输系统为目标，实现理论与实践的统一，达到战略性、指导性和可操作性的一致。

第二，注重将综合交通发展理念贯穿编制规划的全过程。综合交通发展的核心问题，是如何处理好各种运输方式在可替代的市场份额中进行优化比选和运输系统的一体化问题。要做到这一点，明确可供各种运输方式进行比选的基础平台和一体化运输系统的着眼点是非常重要的。本规划正是从这一理念出发，首次提出由运输走廊构成的综合运输大通道和由节点城市组成的综合交通枢纽作为比选和衔接的切入点，按照综合交通发展的理念，通过总量控制、优化结构和一体化衔接，有效地从理论和实践上解决这一难题。以此布局的方式优化和系统衔接为基础，促进各种运输方式按照其技术经济特征进行合理布局、分工协作和优势互补的规划编制理念，大大提升论证各规划编制的综合效应，促使各种运输方式在物理和逻辑上形成有机结合体，从局部优化到整体优化，实现交通运输的组合效率和整体效益。

4.《综合交通网中长期发展规划》与其他交通规划的关系

《综合交通网中长期发展规划》是在遵循现有交通规划合理性的基础上，从全局、综合和系统的角度，通过衔接、整合，使各运输方式从局部最优达到整体最优。现有交通规划是《综合交通网中长期发展规划》编制的基础，反过来，《综合交通网中长期发展规划》又对现有交通规划起指导作用。现有交通规划也是建立在现实经济社会发展需要基础上的，客观上是与我国经济地理特征和基本国情相适应的，所以《综合交通网中长期发展规划》在实施过程中，必须充分兼顾现有交通规划，尽可能对现有交通规划少做调整。但从利于充分发挥各种运输方式比较优势出发，实施中可能会对现有交通规划进行微调，以便选择适合的发展方式。

未来交通规划的制定，应以《综合交通网中长期发展规划》为指导，从各种运输方式的发展方向开始就遵从综合交通发展战略，在规划理念方面树立综合交通发展观念，在规划内容方面体现综合交通规划要求，除要做好各种运输方式自系统布局、结构优化外，还应重点突出与其他运输方式的衔接、协调，达到建立便捷、通畅、高效、安全的一体化交通运输体系。

本讲参考文献

[1] 于润泽. 土木规划的规划环境与规划政策研究[D]. 北京：清华大学，2007.

[2] 邓淑莲. 基础设施与经济发展关系探析[J]. 山东财政学院学报，2001，4：33-38.

[3] 杨宝岐. 北京城市基础设施规划建设思路探索. 北京规划建设，2006，1：101-102.

[4] 国家统计局国民经济综合统计司. 中国区域经济统计年鉴2006. 北京：中国统计出版社，2007.

[5] 中华人民共和国国家统计局，中国统计年鉴 2007. http://www.stats.gov.cn/tjsj/ndsj/.
[6] 中共中央关于制定国民经济和社会发展第十一个五年规划的建议. http://news.xinhuanet.com/politics/2005-10/18/content_3640318.htm.
[7] 中华人民共和国国务院. 中华人民共和国国民经济和社会发展第十一个五年规划纲要. http://news.xinhuanet.com/misc/2006-03/16/content_4309517.htm.
[8] 中华人民共和国交通部. 国家高速公路网规划，2005. http://www.moc.gov.cn/zhuzhan/jiaotongguihua/guojiaguihua/quanguojiaotong_HYGH/.
[9] 中国网新闻. http://news.sohu.com/20050113/n223921038.shtml，2005 年 1 月 13 日.
[10] 中华人民共和国国家发展与改革委员会交通运输司. 国家《中长期铁路网规划》内容简介. http://jtyss.ndrc.gov.cn/fzgh/t20050720_37500.htm.
[11] 国家发展改革委有关负责人就《综合交通网中长期发展规划》答记者问，2007/11/12. http://www.ndrc.gov.cn/xwfb/t20071112_171812.htm.

第三讲　土木规划的步骤与建立规划目标

土木规划中存在着众多不确定因素，可以说“不安”与“希望”共存。规划是把“理想”变为“现实”的手段，是把价值与因果相连接的社会机能，属于科学技术的范畴。规划的概念，通常具有社会规划的含义，这样的社会规划，在政治、经济、技术方面具有重要意义。这些都是20世纪以后才出现的。土木规划最初主要体现在城市规划方面，现在已经扩展到了众多的领域。

土木规划的最终的目的是寻求社会的可持续均衡发展(sustainable and balanced development)。这个最终的目的，超越了时代、地域或是社会，是人类的最终理念。规划的基本目的则是依据不同的时代、地域，或是社会文化所规定的理念。在土木规划中我们需要从规划主体(决策者)、规划对象、规划范围、价值基准、评价指标等多个方面进行研究和讨论。如何在考虑规划的主体、对象、范围、价值、评价等的基础上考虑所有的观点，建立规划目标，决定了土木规划的成功与否。本章介绍规划的步骤，然后围绕着方法论，展开对于规划目标建立方法的介绍。

第一节　土木规划的流程[1-2]

土木规划是指规划主体(决策者)把社会公共基础设施作为对象，根据国家或地区经济的发展需要，发现和整理建设项目中产生的问题及其内容，进行规划目的的分析，在充分考虑和权衡效率、公平和环保的基础上，确立规划目标，对基础设施的发展进行数量、结构和项目选择的设计和计划，并根据目的的要求在提出的众多手段(比选方案)中系统地选择、提取合理的方案，并将规划实现的过程。

土木规划的流程如图3-1所示，包括了确立目标、制定比选方案、方案评价、确立规划、方案调整和规划实施等步骤。建立明确的、正确的规划目标，是土木规划的根本所在。在方案的制订过程中，信息收集与现状分析，特别是对于未来的预测十分重要。信息收集的目的首先是为了了解现状，准确地把握现状，从中发现问题，明确规划课题。课题整理之后，需要从规划目的的各个侧面设立具体的目标，需要在考虑规划的主体、对象、范围、价值和评价等所有方面的基础上，设立规划目标。同时，也为需求预测做好准备。需求预测是土木规划过程中最为重要的步骤之一，应该说，需求预测包含了对于现状的预测和对于将来的预测。现状预测的一个重要目的，是对于预测模型的校核和检验。未来预测一般包括了基础设施处于现状的预测和新建基础设施比选方案的预测，这也就是在规划评价阶段，使用成本效益分析方法进行评价时所需要的“有”“无”方案的两种情况。理论上讲，应该在基础设施处于现状的预测结果的基础上，根据需求特点确定规划的比选方案。在对多个比选方案进行比较评价后，确立一个最佳方案，这就是所谓的确立规划。值得注意的是，土木规划终结于规划方案的实施，而不是传统意义上的“确立规划”，即，方案的确定并不意味着规划过程的结束，只有在规划方案化作实际为人民服务的社会公共基础设施以后，规划才能够成立。而在方案制订到实施的过程中，离不开资金、政策等社会、经济因素的影响，这时候已经形成的方案就要进一步调整，是一个动态的过程。

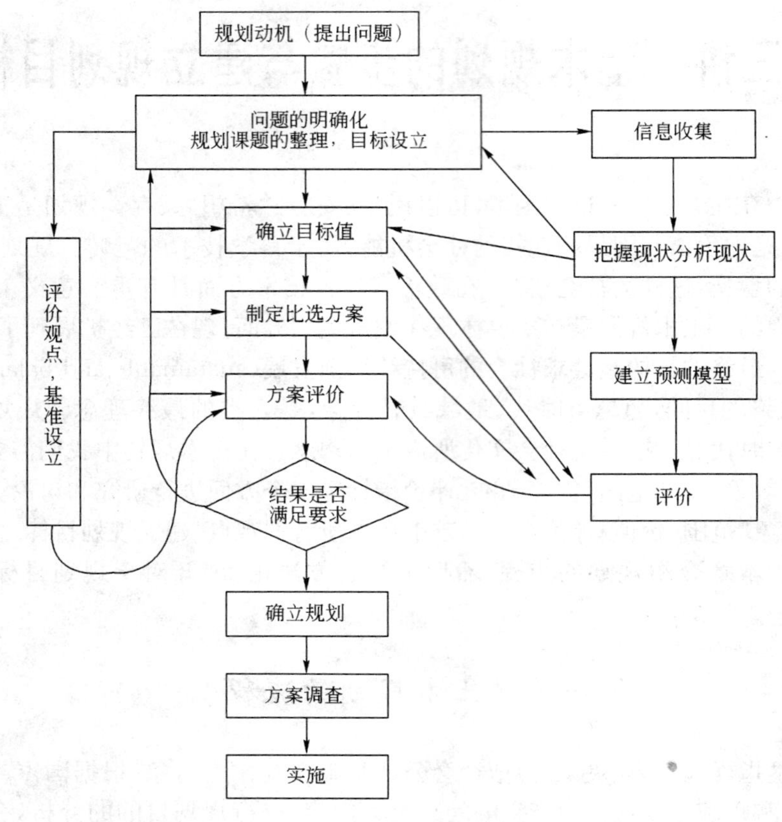

图 3-1　土木规划的流程图

第二节　明确目的，确立目标[1-3]

规划需要一个明确的目的，才能保证为了达到规划目的所采取的行动具体化。通常这样的目的用一些经过提炼的语句来表示，例如“有效地利用有限的资源”，“实现富裕的生活”，“致力于人类与自然的调和”等。可以说规划目的就是把规划的方向提升为理念进行表述。但是，仅仅这样的话，还无法使规划具体化，得到落实。因此，需要考虑与目的相关联的行动所带来的最终结果，需要把目的的内容进行具体的表述，也就是确立规划的目标。规划课题整理之后，需要从规划目的的各个侧面设立具体的目标。需要在考虑规划的主体、对象、范围、价值、评价等所有方面的基础上，设立规划目标。例如，对于“实现更畅通的机动车交通流，创造出舒适的交通环境”这样的目的，进行道路网的建设就是一个目标。如果以把道路的负荷度控制到1.0以下为目标制定道路改良的规划，也就是能够设定一个具体的服务水平，就将其称为目标值或是目标水平。总的来说规划目的是理念，规划目标是一个可以执行的具体的内容，并且规划目标可以用目标值来衡量。

明确问题和目的，建立明确而具体的目标在土木规划过程中至关重要。明确规划的目标就需要在考虑规划的主体(决策者)、规划对象的同时,明确规划中的课题以及目的。由于土木规划是为了达到进行土木事业的目的,将必要的手段与组织进行组合,导致各自的决策的过程,因此有必要为了促进规划确立具体的目标。没有目标规划就将成为空论。如果没有一个正确的目标,土木规划将迷失方向,后患无穷。

为了将土木规划各个构成阶段的课题科学化,需要将其作为系统来对待,采用系统科学的方法。这是因为土木规划的制定过程中,设定的目标随着其时代、经济、文化背景的不同而不同,而且很大程度上受到决策者不同的价值观、伦理观的复杂影响。

建立土木规划目标需要以下过程:

(1)首先需要准确把握和整理成为规划动机的问题,既现状存在的问题;

(2)然后要明确规划的目的,建立具体的规划目标;

(3)此外还要研究确立为了能够达成规划目标所需的评价基准。

在规划中,需要将规划目标设定为可以达到的目标。达到目的必然伴随着资源的牺牲与时间的制约,因此针对各个目的确定其优先度、重要度、必要度。

为了使目的明确化,需要明确规划所处的状态是什么。因此,需要对规划目的加以时间和空间的限制,对于规划领域加以指定,制定所进行的规划的具体范围,称为规划的框架。利用这个框架明确化的各种活动的指标作为规划指标。

利用具体的规划指标,可以对规划进行评价,具体需要注意下列一些事项。

(1)为了获取规划与目的的复合性、合理性,评价需要在规划的各个阶段根据需要明确进行。

(2)评价项目、评价指标的选择,应该能够准确地表现现象。

(3)为了客观地开展,需要尽可能地进行定量评价。

(4)为了平等地评价不同类别的要素之间的关联,需要进行加权等换算评价。

(5)利用比例尺度无法说明时,用间隔尺度来表示。

(6)当客观评价不可能时,可以通过多数个人的观察,依靠直觉评价,或是进行投票。

(7)评价项目,可以参照过去的事例进行假定列出来。

(8)遇到多个预案比较的情况,近似评价亦可。

(9)为了提高预测精度,通过利用不同观点的复数个指标进行评价。

(10)努力进行与上级、下级评价约束条件的整合。

第三节　规划课题的发现与问题的整理[1-2,4]

为了明确规划的目的,建立正确的规划目标,首先要发现规划的课题。所谓课题,也就是所面临的问题,是用于讨论研究的问题。对于简单的规划或是问题领域局限于比较狭窄的范围的规划,规划者自己容易发现规划的课题。再有如果其他地区有过类似的规划,则可以加以参照发现规划的课题。但是当没有其他类似的规划时,则需要重新进行课题的收集,努力地发现问题。

在制订规划的过程中,规划课题的发现与整理是一个重要的环节。土木规划中出现的问题通常都模糊不清的,其项目可能是非定形的,或者是无法计量的定性的因素更多。土木规划自身变得复杂化、大规模化,规划的影响也变得巨大化,而且是多样化。在这样的背景下,现在的土木规划,如果只是进行目的论那样的分析,就很容易迷失规划的本质。为此,十分准确地把握问题的本质，同时从各个方面准确把握规划带来的影响十分重要。

在发现规划问题与明确课题时，可以利用的方法有多种，很难说哪一种方法更值得推荐。关键是规划的制定者需要尽可能多地收集信息，带着问题意识去进行探讨，真正地发现问题。同时希望能够不仅仅是局限于具体细节，而且要纵观全局，通盘掌握。

在发现规划问题与明确课题时，具体地我们可以采用下述方法。

(1)问询调查(survey by hearing)与问卷调查(survey by questionnaire)。

(2)头脑风暴法(method of brain storming)与头脑学习法(method of brain writing)。

(3)群体提案评估法(nominal group technique，又称 NGT 方法)。

在整理规划课题时，我们可以采用下述方法。

(1)KJ 方法(川喜多二郎的方法)。

(2)专家调查法(又称德尔斐法，Delphi method)。

(3)解释性构造模型法(ISM 方法)。

(4)决策实验室方法(DEMATEL 方法)。

本节将分别介绍这些发现问题和整理问题的具体方法。

一、规划课题的发现

规划课题就是规划所面临的需要讨论研究的问题。土木规划的对象不局限于某些个别的基础设施，现在越来越多地包括综合的、具有系统性的地域发展的内容。即使是基础设施，也不是单纯的建设，其利用方法及维护管理、运营、环境影响评价以及利用者的行为方式，价值取向等都需要加以讨论，超越技术与经济问题的课题越来越多。因此，与过去相比，规划课题呈现出课题之间相互复杂地交织，形成多个问题的复合体的倾向。因此有必要探究课题的结构，进一步使规划课题明确化。

当进行简单的或是限定于较小范围的规划时，规划者易于发现规划的课题。当过去或是其他地区已有类似规划的时候，可以通过参照，发现规划课题。但是，当没有参照对象，或是内容无法参照时，则需要采用相关的方法去收集信息、发现新的课题。

收集、发现新的课题的方法有多种，需要根据具体情况采用具体方法。规划的制定者需要尽最大可能收集信息，带着问题意识来分析这些信息，揭示这些现实。同时也需要贯通全体进行分析，如果只是局限于细节，则有可能无法发现大趋势中根本性的问题。

(一)问讯调查与问卷调查

在明确规划需求的同时，作为用于规划课题的收集与发现的一个方法，有当面提问进行调查的问询调查方法，和事先准备好问卷进行调查的问卷调查方法。

问询调查(survey by hearing)是当面提出问题进行调查的方法，是最初提出的并非成型的问题，通过调查对象与调查人员之间自由的对话，逐步展开调查的方法。这一方法能够从大处、高处入手，对于发展的、创造性的课题以及课题内容进行讨论，收集详细的意见。

这个方法的缺点是可能出现调查结果不收敛，或是归纳调查结果十分费力的情况。

问卷调查(survey by questionnaire)是把问题归纳在书面的调查问卷上，通过发放问卷进行调查的方法。由于采用这种方法提出的问题是有限的，因而易于归纳调查结果。但是，由于问题只是调查人员能够想到的问题，只能获得预想范围内的答案，有时只能得到诱导性的答案，被调查者还可能因为厌烦而随意填写。

从内容上讲，调查可以分为两种类型。一种是把握土地利用的现状等用于或利于未来预测的资料，或者是想知道对于规划方案是赞成还是反对等项目明确的调查，可以说是有外部基准的调查。另一种并非是为了把握特定事项的现状或是以预测为目的，总之通过大量收集资料，通过考察与解释从中获取有用的信息，也就是没有外部基准的调查。为了发现规划课题的调查应该说是属于后者。由于调查是发散的，所关心的不是意见的多少，对于一个一个意见的解释与理解其意义更为重要。因此，随着调查对象不同，或是进行调查的规划制定者的能力以及性格的不同，所发现的规划课题也有所不同。作为调查对象，可以从日常就对规划课题比较关心的人或是行业、学者或是处于指导地位的人、行政人员等当中选取。规划者的能力、性格等要依赖于日常的训练、启蒙、经验等，需要用谦虚的态度去收集意见，从中获取有价值的信息。再有，最好能够多数人参与这个过程，不是局限于某一个人。当使用问卷进行调查时，问卷的内容需要深思熟虑地进行设计。

(二)头脑风暴法与头脑学习法

头脑风暴法(method of brain storming)是一种相互提供信息和意见，相互启发，创造性地展开思想，采用会议形式的方法。当有复数的规划担当者时，或者多数的学者、有经验者聚集到一起进行讨论，努力发现问题时，不管有没有意识地去做，所采用的方法通常就是头脑风暴法。

头脑风暴法是为了获得思路(idea)，在会议上经常采用的方法，是会议的参加者相互启发，自由进行联想的方法。具体地，首先设置会议主持人，然后给全体参会人员以足够的发言机会，没有必要追求意见的收敛。重要的是谁针对什么问题作了什么样的联想。

采用此方法时，需要注意四个原则。

(1)严禁批评：绝对不能对别人的发言进行批判。

(2)追求数量：与一个发言的质量相比，需要更多的各种各样的想法。

(3)自由奔放：不在意最后是否收敛，尽情发言。

(4)相互结合：受别人发言的启发，追加上自己的想法，作为自己的发言。

具体的方法和步骤如下：首先设置一名主持人，然后确定若干名参加会议人员，并指定若干名记录员。会议规模则取决于问题的大小。关于人员数量通常认为10人左右为好。

头脑风暴法的缺点：

(1)有人发言多，有人发言少。

(2)有地位的差别，并受其影响；地位较高的人的发言，很可能会对地位较低的人的发言产生影响。

(3)缺乏经验的主持人司会时，可能会有对他人发言的批判，或是无法引导不爱发言的人表达他们的意见。

头脑学习法(method of brain writing)是为了克服头脑风暴法(method of brain storming)的缺点，采用让参会人员各自将想法写出来的方法。头脑学习法具体是将课题写好放在桌子中间，与会人各自写出自己的意见；之后反复交换纸条，给别人写出追加意见。

头脑学习法没有讨论，只依靠文字表达和传递意见，容易引起误解，意见不易彻底沟通。

(三)NGT 方法(nominal group technique)

NGT 方法又称群体提案评估法①,[5]，英文名称为 nominal group technique (NGT)。该方法通过提取个人的思路(idea)和小组讨论相结合的方式，达到发现课题，明确内容，进行整理的目的。

---

① 本段编写中参考了下列网页：http://jen07070821.spaces.live.com/blog/cns!616cc70dfad3f6d4!184.entry。

在利用头脑风暴法进行问题讨论时，规划项目制定者最常遇到的问题是：参与者无法将所有可能的构想充分地表达出来；容易忽视地位较低成员的意见；无法彻底地检查构想的假设及含意；无法达成全体成员真正一致的共识。这样的发现与解决问题的会议，常常容易变成上层领导的布置发言大会。这种上对下(top-down)的方式很难有效地鼓励参与的全体成员自发地贡献有创意的构想。更严重的是，可能造成参会人员的忽视及反感。NGT 法可以协助参加问题讨论的全体成员来提升共同的理性思考、创意构想及参与感。使之后的规划方案制订、执行以及修改得以顺利进行并发挥最大的效益。

NGT 法是一种集体加工技术(group process skill)，可被使用于：需要多方参与考虑复杂的问题、确认问题、发展构想、选择方案时；解决项目中的问题与冲突，或提升与改善决策的质量；在项目中，特别适用于群体决策及正式会议讨论。

NGT 法是在正式的会议中由项目的负责人来主持。其实施步骤如下：

(1)召集成员，让各人保持沉默地独自写出构想及定义说明(大约 15min)；

(2)依照顺序轮流地记录所有构想；

(3)按顺序讨论及澄清所有构想的定义及内容，主持人读出各人的想法，并写在纸上，然后分别讨论，对文章(意见的内容)加以修改，使之明确化；

(4)初步地以投票方式来确定各个构想的顺序，参会的各位成员从重要性、紧迫性等角度给各个想法排序，记录下来，组内讨论；

(5)讨论初步投票的结果；

(6)进行最终投票。

NGT 法通常需要大约半天时间来做准备、分析及摘要的工作。而整个会议实际的操作流程，大约要花费 1～2h。NGT 法特别适合 6～9 人的规模。每一次会议只专注于一个主要的议题讨论。投票时采用无记名投票，可避免因地位以及组织权力结构的影响而忽视下层人员的声音。不断地确认议题及构想的定义及假设，可避免项目组成员之间的误解。这一方法使用方便且能有效地公开讨论及整合意见。

二、规划课题的整理

经过问题发现的步骤之后，需要对所发现的各种各样的问题进行整理。为了树立目标，首先需要搞清妨碍将来目标具体实现的要因是什么，以及达到该目标的动机是什么。总之，使问题明确化十分重要。

把握问题，使之明确化的方法有以下两类：

(1)通过讨论联想出问题的整理方法，例如 KJ 方法、德尔斐方法。

(2)按照某种规则整理问题的方法，例如 ISM 方法(解释性构造模型法)。

具体方法如下。

(一)KJ 方法(川喜多二郎的方法)

这是一种将提取出来的要素，按照一定的规则进行构造化的、定性的方法。是一种为了使问题明确化，集结群体的知识的参加型体系，进而通过图解和图形等将结果进行视觉表示的方法。

土木规划中问题如山，规划主体不同，视点与目的截然不同。例如，交通项目主体有多种多样，其中，地方政府关注的是该项目给地区带来的效果，确保财源等有关公共福利的问题。居民则关心项目所带来的便利性，对居住环境的影响。事业主体关心的是项目的收支、效率性。

KJ 法尽可能把这些复杂的问题进行分组，以易于理解的形式来表示。进行 KJ 法时需要准备的用具包括：笔记用具(铅笔，彩色铅笔等)，卡片纸(名片大小的纸片)，曲别针，橡皮筋等，以及放置卡片的空间。

KJ 法的步骤如图 3-2 所示。

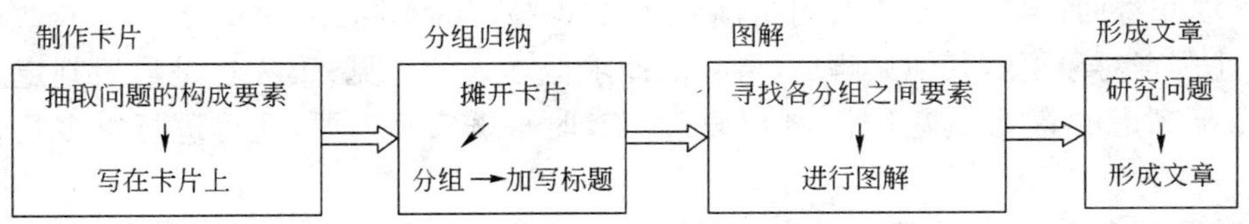

图 3-2　KJ 法的步骤图示

1. 制作卡片

将收集到的课题一个一个写到卡片上。

2. 分组归纳

阅读卡片，并将相似的卡片归类分组。这个分组过程通常是多阶段进行的。首先，将内容最为相似的卡片归类，分为小的组，并给其命名(用关键词，或是标题命名)。然后，把相似的小组归类为中组，再将相似的中组归纳为大组，或是做成单元。

3. 图解

在考虑关联性的同时，将各个组或是各个单元在桌子上排列，将各组之间的相互关联性、因果关系、对立性等用箭头表示，画在图中。

4. 形成文章(研究问题)

在获取的图解的基础上，加入思考，使问题明确化，同时做成规划课题的概括性的文章。

KJ 方法可以一个人单独进行，也可以由多名负责人员共同进行。土木规划通常是由政府部门多名成员集体进行的，多数情况下由集体通过利用 KJ 方法，进行规划课题的整理。

使用 KJ 法时有两点值得注意，即明确主题、充分发表意见。

(二)德尔斐方法(Delphi method)

德尔斐方法(Delphi method)，又称专家调查法[①,6]，是征集专家们意见据以判断决策的一种系统分析方法。它是一种反复进行问卷调查的方法。第一次调查的结果，作为中间报告给出，进行第二次调查。设问的方法以及中间报告的汇总方法十分关键。

德尔斐是古希腊城市，以阿波罗神而著名，传说中阿波罗常派人到各地收集聪明人的意见，德尔斐被认为是集中智慧和灵验的地方。德尔斐法是 20 世纪 40 年代美国兰德公司所提出的专家调查方法。60 年代以后，专家调查法被世界各国广泛用于评价政策、协调计划、预测经济和技术、组织决策等活动中。在土木规划中更是经常被使用。这种方法比较简单、节省费用，能把有理论知识和实践经验的各方面专家对同一问题的意见集中起来。它适用于研究资料少、未知因素多、主要靠主观判断和粗略估计来确定的问题，是较多地用于长期预测和动态预测的一种重要的预测方法。

德尔斐方法的步骤如下。

(1)确定主持人，组织专门工作小组。

(2)拟定调查提纲。所提问题要具体明确，选择得当，数量不宜过多，并提供必要的背景材料。

---

① 本部分编写中部分参照了下列网页的内容：http://100k.ccut.edu.cn/simple/index.php? t13746.html。

(3)选择调查对象。所选的专家要有广泛的代表性，他们要熟悉业务，有特长、一定的声望、较强的判断和洞察能力。选定的专家人数不宜太少也不宜太多，一般以 10～50 人为宜。

(4)轮番征询意见。通常要经过三轮：第一轮是提出问题，要求专家们在规定的时间内把调查表格填完寄回；第二轮是修改问题，请专家根据整理的不同意见修改自己对修改后问题的回答，即让调查对象了解其他见解后，再一次征求他本人的意见；第三轮是最后判定。把专家们最后重新考虑的意见收集上来，加以整理。有时根据实际需要，还可进行更多几轮的征询活动。

(5)整理调查结果，提出调查报告。对征询所得的意见进行统计处理，一般采用中位数法，把处于中位数的专家意见作为调查结论，并进行文字归纳，写成报告。

从上述工作程序可以看出，专家调查法能否取得理想的结果，关键在于调查对象的人选及其对所调查问题掌握的资料和熟悉的程度，调查主持人的水平和经验也是一个很重要的因素。

德尔斐方法的特点如下。

(1)函询。用通讯方式反复征求专家意见，调查人与调查对象之间的联系是通过书信(包括电子邮件)来实现的。

(2)多向。调查对象分布于不同的专业领域，在同一个问题上能了解到各方面专家的意见。

(3)匿名。调查对象通过调查组织者的整理，可以了解到其他专家的意见。但他们是背靠背的，不记名的，互不了解其他专家为谁。这有助于他们发表独立的见解。

(4)反复。有控制地进行反馈的迭代，使分散的意见逐步趋向一致，以发挥集体智慧。

(5)集中。用统计方法集中所有调查对象的意见，把每个专家的个人判断尽可能反映在最后归纳的集体意见中。

从上述特点可知专家调查法是比较科学的，有广泛的用途，但是信件传递耗费时间，专家不能面对面讨论，所提问题很难提得很明确，因此需要进一步解释，最后得出的一致意见具有一定程度的人为强制性。若与其他调查方法配合使用，德尔斐法就能取得更好的效果。

(三)ISM 方法(解释性构造模型法)

解释结构模型法(interpretive structural modeling method，简称 ISM 分析法)[2,7]是以图论中的关联矩阵原理来分析复杂系统的整体结构，将系统的结构分析转化为同构有向图的拓扑分析，继而转化为代数分析，通过关联矩阵的运算来明确系统的结构特征。解释结构模型法是用于分析和揭示复杂关系结构的有效方法，它可将系统中各要素之间的复杂、零乱关系分解成清晰的多级递阶的结构形式。当我们分析的各级规划课题不具有简单的分类学特征，或者其中的概念从属关系不太明确，也不属于某个操作过程或某个问题求解过程时，要想通过上面所述的几种方法直接求出各级规划课题之间的形成关系是很困难的，这时就要使用 ISM 分析法。这种分析方法应用到规划上包括以下几个操作步骤。

第一步：抽取规划课题的因素。

第二步：确定各个子课题之间的直接关系，做出目标矩阵。

第三步：形成可达矩阵。

可达矩阵(reachability matrix)是指用矩阵形式来描述有向连接图各节点之间，经过一定长度的通路后可以到达的程度。

第四步：获得要素集合。

得到可达矩阵后，就可获得对应某一课题要素的要素集合。

第五步：进行层级划分。

将各要素按层次划分开来，并确定其相互间的联系。

关于 ISM 方法的详细介绍，请参见第五讲第五节。

(四)DEMATEL 方法

DEMATEL 方法又称决策实验室方法，是 decision making trial and evaluation laboratory (DEMATEL)的简称。直译为决策试行与评价实验室，意译为“决策实验室分析法”[2,8]。决策实验室分析法用于因素识别，分析各管理问题间的复杂关系。

DEMATEL 方法为 1971 年在日内瓦的 Battelle 协会提出的方法，被用于解决科技与人类的问题，以及研究解决相互关联的问题群(如：种族、环保、能源问题等)，以探索问题本质。当初 DEMATEL 法的理想及目标是帮助收集世界问题，获得对于世界问题更好的解答，并希望由此促进世界各区域间有更好的知识交流。但是世界各国由于法律或风俗等因素的影响而使得各国所期待解决的问题并不一样。因此，为使得问题解答能够达到预期的目标，故需要对问题解答有所限制。瑞士的 DEMATEL 研究所利用这种构造模型对现在世界上人们共同关心的一些难以解决的问题进行了调查。调查内容主要是这些问题之间的关系以及阻碍其得到解决的原因究竟是什么。现在这个方法得到了更加广泛的应用。

人们用模糊思维模式解决复杂问题，对复杂的问题不进行解析而只作大致的理解，其方法之一就是构造模型，即先把复杂问题分成若干个小问题，然后再通过一组一组的比较来明确它们之间的关系，将有联系的同类问题用连线连接起来。其特征就是可以利用人的综合判断能力进行组合比较。此外，由于整体构造能用图表表示，比起数学模型具有更为直观和便于理解的优势。构造模型与数学模型不同，它不能做出数量上的解答，只能模糊地表示各个小问题之间是否有关联。所以，人可以随意地进行解释，也极富启发意义。不过，只要一旦了解了问题的全貌，找出问题的关键所在也就不那么困难了。

使用这一方法时，要遵循下述步骤。

第一步：对复杂问题进行抽样调查。

第二步：针对所研究的问题，采用系统诊断方法去确定系统的影响因素。

第三步：分析各因素之间直接关系的有无，来构造有向图，并用数字在箭头上表明因素之间关系的强弱，强、中、弱分别用 3、2、1 表示。

第四步：将上述有向图的内容表示成矩阵形式，称为直接影响矩阵，记为 X_{d}，直接影响矩阵中的元素 $X_{ij}=1$，即为因素 i 对因素 j 有影响，如果因素 i 对因素 j 没有影响，则 $X_{ij}=0$。

第五步：为分析因素之间的影响关系，求综合影响矩阵 T。

下面举例简单说明 DEMATEL 方法在土木规划领域的应用。针对城市基础设施中生活性道路以及下水道、公园、绿地等生活基础设施不完善，还有从长期的视点来看，生活基础设施建设的基本构想不明确的问题，利用此法来明确问题复合体的本质，得到共同的理解。

步骤一：利用已有的资料、专家委员会的讨论、预调查、面谈等方式，调查并提取出构成问题复合体的项目。

问题项目：生活性道路以及下水道、公园、绿地等生活基础设施不完善，还有从长期的视点来看，生活基础设施建设的基本构想不明确。

步骤二:在对问题项目进行简单解释的基础上,针对具体的下列三个问题进行问卷调查。

首先,针对各个问题项目,询问其现实性。然后,询问各个问题项目的重要程度。接着询问当这个问题项目得到解决时,直接受到影响的项目,以及受到影响的项目的影响程度。问卷调查内容示例如下。问题3的内容比较专业,调查者应尽可能地列出具体内容供被调查者选择,并力求设问内容简单易懂。

问题1:你认为上述问题项目的问题在现实中是这样的吗?

(1)是　　(2)不是

问题2:上述的问题项目,在我们城市的城市建设中重要程度如何?

(1)极为重要　　(2)重要　　(3)有一点重要　　(4)不重要

问题3:上述的问题项目得到解决的话,其他的有哪些问题项目会受到影响?选取你认为有影响的项目,并注出其影响程度。

是否有影响	影响程度
□加快产业基础设施的建设	大　中　小
□加快交通设施的建设	大　中　小
□有利于进行高质量的城市建设	大　中　小
□可以解决环境问题	大　中　小
□产业经济活动更加顺畅	大　中　小
□重新审视制约城市发展的限制条件,建立新的对策	大　中　小
□(　　)	大　中　小
□(　　)	大　中　小

步骤三:对于问卷调查的结果进行分析。

首先,对于问题1、问题2可以从中获得回答的频度的分布,并划归为3组:①不是实际问题,重要程度很低;②是实际问题,重要程度高;③虽然是实际问题,但是重要程度不高。然后分别对各组的特征及其共通的内容等加以解释。

第二,利用关于影响关系的个人的回答以及平均值,做成关系矩阵。影响大的设其值为1,否则为零。形成邻接矩阵后,接下来直接应用ISM方法。

最后,对于每个人的回答,可以定义其相似程度,或分离程度,可以利用聚类分析等方法进行分类,并绘图表示。

步骤四:将步骤三中获得的问题项目的重要程度进行分析,项目间的构造、项目以及回答者的分组等反馈给回答者,听取他们的意见。这主要是为了避免在步骤二中可能产生的误解或是其他问题。

这个方法由于原理简单,任何人在任何领域都可以应用。但是应该看到,也有不少难点值得注意,例如,随着问题项目的选择方法以及表现方法的不同,回答将会受到影响。还有,很难区别项目之间是直接影响还是间接影响,回答也需要花费很多精力等。

本讲参考文献

[1] 川北米良,榛沢芳雄. 土木計画学. 東京:コロナ社,1994.

[2] 樗木武. 土木計画学. 東京:森北出版株式会社,2001.

[3] 五十嵐日出夫,等. 計画論. 東京:彰国社刊,1976.

[4] 河上省吾. 土木計画学. 東京:鹿島出版社,1991.
[5] 群体提案评估法 nominal group technique (NGT). http://jen07070821. spaces. live. com/blog/cns! 616cc70dfad3f6d4! 184. entry.
[6] 专家调查法 Delphi method. http://100k. ccut. edu. cn/read. php? tid=13746.
[7] http://kaixinyueliang. blog. 163. com/blog/static/978799320071052649613/.
[8] 付蕴德. 世界性难题的模糊工程学诠释. 2007-9-29. http://www. chinavalue. net/Group/Topic/2792/.

第四讲　信息收集与现状分析

在规划的制定过程中，需要把握现状，进行需求预测，制定比选方案，因此首先需要进行对象区域的数据(data)收集。

土木规划中通常所需数据包括：市区街道等行政单位的人口，工业生产总额等统计资料，各种地形图，地理信息等已有的数据，交通量，事业实施地区的基础情况，居民对于土木事业的态度(评价)等。所需的各种数据需要通过搜集、观测、计量、社会调查来获取。

对于已有数据，需要知道其种类、所在、利用方法。对于地理信息，可以利用传统的地图资料，但现在更多地使用地理信息系统[geographical information system(GIS)]，或是遥感测量(remote sensing)等方法。

对于调查数据，根据需要，通过观测、计量和社会调查来获得。这时需要掌握调查方法、数据处理方法、精度的检验等统计学的方法。

对于居民与利用者的行为以及态度(评价)进行调查时采取的社会调查十分重要。所获的数据的正确与否决定了规划的正确性。

信息收集的目的是对于现状做出分析，发现问题。

第一节　统计资料的利用

一、统计资料的种类

统计数据是最为普通的基础数据，从国家到地方都有正式出版发行的各类的统计年鉴。在我国，统计年鉴主要由国家统计局来负责编纂与出版。此外，各个省、部，乃至大型企业也都有自己的统计年鉴、年报。这些数据都可以充分利用。

国家统计局的数据包括：月度数据、季度数据、年度数据、普查数据等。

月度数据包括：工业增加值增长速度，东中西部各地区(以省为单位)工业增加值增长速度，工业主要产品产量及增长速度，工业分大类行业增加值增长速度，全社会客货运输量，邮电业务基本情况，城镇固定资产投资情况，各行业城镇投资情况，各地区城镇投资情况，社会消费品零售总额，居民消费价格分类指数，各地区居民消费价格指数，商品零售价格分类指数，消费者信心指数。

季度数据包括：国内生产总值，城镇单位就业人员劳动报酬，分地区城镇单位就业人员，分地区城镇单位就业人员劳动报酬，农林牧渔业总产值，各地区农林牧渔业总产值，全国主要农产品生产价格指数，各地区农村居民家庭平均每人现金收入，各地区农村居民家庭平均每人现金支出，各地区城镇居民家庭收支基本情况，企业景气指数。

年度数据包括：综合，国民经济核算，人口，劳动工资与就业，固定资产投资，能源生产和消费，财政，物价，农村住户，城镇住户，环境保护，农业，工业，建筑业，运输和邮电，国内贸易，社会服务业，旅游，金融和保险，教育科技和文化，体育卫生和社会福利，城市概况，香港特别行政区主要社会经济指标，澳门特别行政区主要社会经济指标，台湾省主要经济指标。

普查数据包括：人口普查，工业普查，农业普查，三产普查，基本单位普查，R&D(研发)普查。

国家统计局的数据多以出版物的形式公表，包括了出版物和统计刊物。出版物包括：《中国统计年鉴—××××》(××××表示年份，如2007，后同)，《中国民政统计年鉴—××××》，《中国统计摘要—××××》，《中国区域经济统计年鉴—××××》，《中国经济普查年鉴—××××》，《中国大型工业企业年鉴—××××》，《中国工业经济统计年鉴—××××》，《中国人口和就业统计年鉴—××××》，《中国环境统计年鉴—××××》，《中国贸易外经统计年鉴—××××》等。

统计刊物包括：《中国信息报》，《中国统计》，《统计研究》，《中国国情国力》，《中国经济景气月报》，《中国统计月报》(英文版)等。

在我国，各个部委均有自己的统计数据。

如(原)交通部的统计数据有：公路货物运输量，公路旅客运输量，水路货物运输量，水路旅客运输量，港口货物、旅客吞吐量，运价指标等。出版的分析公报有《行业公报》、《经济分析》、《港口情况评述》、《海运市场评价》等。

铁道部统计的主要是各个时间段内铁路全行业主要指标的完成情况。统计报告是《××××年铁道统计公报》。

各个省市区县也有自己的统计年鉴。

省级政府的统计年鉴内容有：①行政区划和自然资源；②综合；③人口、就业人员和职工工资；④固定资产投资；⑤能源生产和消费；⑥财政、金融和保险；⑦物价指数；⑧人民生活；⑨城市概况；⑩农业；⑪工业；⑫建筑业；⑬交通运输、邮政和信息传输；⑭国内贸易；⑮对外贸易和旅游业；⑯教育、科技和文化；⑰体育、卫生及其他社会活动等。

市区县级的统计年鉴一般包括相同的内容，只是数据来源在市区县级，另外区县级的统计年鉴一般不包括城市概况。

各个大型企业也都有企业自己的统计数据。

各企业统计的数据主要是企业发展状况的数据的统计，比如企业利润的增长状况，经济产值，生产量的增长，总资产，负债等。

如供水企业的年鉴就包括：生产能力，供水总量，售水总量，产销差率，销售收入，利润总额等。

在国外发达国家，各种年鉴，或是各类统计数据更为齐全，更容易入手。例如，在日本，与土木规划相关的数据有多种。东京 Guideway Transit System 进行规划时，用到了下列相关数据资料，括号中为该数据资料的发布单位[1]：

(1)国势调查(总务厅统计局)；

(2)基于户口的人口、家庭统计(自治省行政局)；

(3)将来人口推定(厚生省人口问题研究所)；

(4)工业统计(通商产业省)；

(5)商业统计(通商产业省)；

(6)城市交通年报(运输省地域交通局)；

(7)个人出行调查(东京都市圈交通规划委员会);

(8)公害年鉴(环境保护协会)。

二、统计数据的获取

统计数据可以通过许多途径来获取,包括直接查阅统计年鉴,向有关部门咨询,听取相关部门意见,也包括上网搜索。对于已有资料可以进行如下分类。

(一)政府统计①,[2]

在我国最重要的统计数据来自国家统计局出版发行的国家统计年鉴,相关资料由国家统计局出版发行。《中国统计年鉴》、《中国民政统计年鉴－××××》、《中国统计摘要》、《中国区域经济统计年鉴××××》每年出版发行,是最为基础的数据来源。《中国经济普查年鉴—2004》、《新中国五十五年统计资料汇编》则为汇编资料,不定期出版。

《中国统计年鉴—2007》系统收录了全国和各省、自治区、直辖市2006年经济、社会各方面的统计数据,以及近三十年和其他历史重要年份的全国主要统计数据,是一部全面反映中华人民共和国经济和社会发展情况的资料性年刊。

《年鉴》正文内容分为25个篇章,即:1.行政区划和自然资源;2.综合;3.国民经济核算;4.人口;5.就业人员和职工工资;6.固定资产投资;7.能源;8.财政;9.价格指数;10.人民生活;11.城市概况;12.环境保护;13.农业;14.工业;15.建筑业;16.运输和邮电;17.国内贸易;18.对外经济贸易;19.旅游;20.金融业;21.教育和科技;22.文化、体育和卫生;23.其他社会活动;24.香港特别行政区主要社会经济指标;25.澳门特别行政区主要社会经济指标。同时附录2个篇章:台湾省主要社会经济指标和我国经济社会统计指标同世界主要国家比较。《年鉴》附有光盘,内含Excel文件和Html文件,使用十分方便。

可以看到,《年鉴》中的诸多宏观指标与土木规划有着密切的关系。如果我们研究国家级的规划,或是进行诸如东部、西部、中部等区域间的比较研究,或是各个省、自治区、直辖市的比较研究时,《中国统计年鉴》是必不可少的,但是当我们需要下一级的数据时,《年鉴》则无法满足我们的要求了。

《中国民政统计年鉴—2007》是一部全面反映中国民政事业发展的资料性年刊,全书由八个部分组成:第一部分是主要指标数据图;第二部分是专文,主要包括民政事业统计报告和有关的政策法规文件;第三部分是历史统计资料;第四部分是综合统计资料;第五部分是分地区民政事业统计资料;第六部分是分地区民政基本建设统计资料;第七部分是民政财务统计资料;第八部分是2006年全国行政区划变更情况。本书对民政系统的干部职工特别是民政计财工作者,各级政府的有关部门,从事社会工作研究和教学的人员,以及社会各界了解和研究民政事业的发展状况,提高政府管理和决策水平,具有重要的参考价值。

《中国民政统计年鉴—2007》也附带多媒体光盘,内含地级单位统计数据,资料更加详尽,使用起来会更加直观、方便。

《中国统计摘要》是为及时反映我国国民经济与社会发展情况而编辑的一本综合性简明统计资料性年刊。《中国统计摘要—2007》收录了2006年社会经济主要指标数据,同时简要列示了1978年以来的历史资料。正文内容具体分为综合,国民经济核算,人口,就业和职工工资,

---

① 本部分关于国家统计资料的介绍,参照了中华人民共和国国家统计局网站 http://www.stats.gov.cn/was40/gjtjj_outline.jsp?channelid=75029。

固定资产投资，财政和金融，物价指数，人民生活，农业，工业和能源，建筑业，运输和邮电，国内贸易，对外贸易和旅游，教育、科技、文化、卫生、体育和环境保护，香港和澳门特别行政区主要社会经济指标，台湾省主要社会经济指标及国际比较共17个部分。正文之后还附有主要统计指标解释。

《中国区域经济统计年鉴2006》是一部全面、系统反映中国区域经济与社会发展状况的大型统计资料书。全书收集了2005年全国，以及各经济区域、省级行政单位、地级行政单位和县级行政单位的主要社会经济统计指标。主要内容涵盖自然状况、人口与就业、国民核算、固定资产投资、财政、物价指数、人民生活、农业、工业、建筑业、运输邮电业、国内贸易、对外经济贸易、旅游、金融保险、教育、科技、文化、卫生、社会福利、环境保护和市政建设等社会经济发展的各个方面。全部资料来源于各级政府统计年报或相关的抽样调查资料，并经科学加工、整理，数据翔实可靠，且具有广泛的可比性。

《中国经济普查年鉴—2004》收录的是首次全国经济普查成果的核心内容。2004年第一次全国经济普查，其规模之大、范围之广、调查内容之丰富，为国内外经济界所罕见，备受中国社会各界及国际社会的关注。该年鉴由国务院第一次全国经济普查领导小组办公室依据此次普查的主要汇总数据汇编成册。

年鉴共分三卷四册，440余万字。综合卷为各类单位基本情况，第二产业卷(上、下册)为工业和建筑业情况，第三产业卷为第三产业企业和行政事业单位情况。它不仅涵盖了第二产业和第三产业各类单位的数量、就业人员、财务收支、资产状况、企业主要生产经营活动和生产能力、主要原材料和能源消耗、科技活动等情况，而且包括了行业、地区、登记注册类型和规模等各种分组资料。这些资料弥补了以往常规统计数据范围不全、内容不够详细等不足，挤掉了一些历史数据中存在的水分，更加客观、全面、详尽地反映了我国第二产业和第三产业的发展状况，为调整历史数据提供了重要依据。

本年鉴资料为首次公开出版，内容丰富翔实，是国家和地方各级政府掌握国情、制定国民经济和社会发展规划的重要基础信息。

《新中国五十五年统计资料汇编》是一部中英文对照的大型统计资料书，它以翔实、可靠和权威的数据，记录了1949～2004年全国和31个省、自治区、直辖市，以及回归以来香港、澳门特别行政区的国民经济和社会发展状况。

本书内容分为三大部分34个章节，第一部分为全国篇，第二部分为省区市篇，第三部分为港澳篇。全书共设置统计指标300多个，涵盖行政区划、自然资源、国民经济核算、人口、就业、固定资产投资、能源、财政、价格指数、环境保护、农业、工业、建筑业、运输和邮电、国内贸易、对外经济贸易、旅游、金融、教育、科技、文化、体育、卫生等方面。

该资料书的特点：数据既有全国的，也有分地区的；数据时间跨度大，从1949年一直到2004年；所列的统计指标涵盖面广、重点突出。

(二)民间统计

民间统计也是一个有效的收集数据的途径。我国目前民间统计相对较少，需要确认资料在何处。

听取相关意见，向有关部门咨询也是获取资料的一个重要途径。

随着互联网的飞速发展，上网获取各类资料变得越来越普及。但是，必须注意的是，网上的资料很多是没有得到证实的，有时，同样的内容会有不同的统计数字，其正确性往往无法判断，在使用时必须加以甄别和筛选，要注意网站的可信赖性等。

第二节　地理信息的利用

一、地理信息的种类

在土木规划中，地理信息是必不可少的，也可以说是各种信息中最基本的一种。地理信息包括地形、地貌、地质，以及道路、铁路等基础设施的分布状况等。

数据与信息是两个经常用到的术语，它们有共同点，也有区别。数据(data)是通过数字化或直接记录下来的可以被鉴别的符号，不仅数字是数据，而且文字、符号和图像也是数据。信息(information)是近代科学的一个专门术语，已广泛地应用于社会各个领域。信息是向人类或机器提供关于现实世界各种事实的知识，是数据、消息中所包含的意义，它不随载体的物理形式的各种改变而改变。信息与数据虽然有词义上的差别，但信息与数据是不可分离的，即信息是数据的内涵，而数据是信息的表达。也就是说数据是信息的载体，只有理解了数据的含义，对数据作解释才能得到数据中所包含的信息。地理信息系统的建立和进行，就是信息(或数据)按一定方式流动的过程，在通常情况下，土木规划领域并不严格区分地使用“信息”和“数据”两个术语。

地理信息是指表征地理系统诸要素的数量、质量、分布特征、相互联系和变化规律的数字、文字、图像和图形等的总称，是土木规划中必不可少的基本信息。从地理数据到地理信息的发展，是人类认识地理事物的一次飞跃。地球表面的岩石圈、水圈、大气圈和人类活动等是最大的地理信息源。地理科学的一个重要任务就是迅速地采集到地理空间的几何信息、物理信息和人为信息，并适时地识别、转换、存储、传输、再生成、显示、控制和应用这些信息。

地理信息属于空间信息，其位置的识别是与数据联系在一起的，这是地理信息区别于其他类型信息最显著的标志。地理信息的这种定位特征，是通过经纬网或公路网建立的地理坐标来实现空间位置的识别；地理信息还具有多维结构的特征，即在二维空间的基础上实现多专题的第三维结构，而各个专题型实体型之间的联系是通过属性码进行的，这就为地理系统各圈层之间的综合研究提供了可能，也为地理系统多层次的分析和信息的传输与筛选提供了方便。地理信息的时序特征十分明显，因此可以按照时间尺度将地理信息划分为超短期的(如台风、地震)、短期的(如江河洪水、秋季低温)、中期的(如土地利用、作物估产)、长期的(如城市化、水土流失)、超长期的(如地壳变动、气候变化)等。地理信息的这种动态变化的特征，一方面要求地理信息的获取要及时，并定期更新；另一方面要从其自然的变化过程中研究其变化规律，从而做出地理事物的预测与预报，为科学决策提供依据。认识地理信息的这种区域性、多层次性和动态变化的特征对建立地理信息系统，实现人口、资源、环境等的综合分析、管理、规划和决策具有重要意义。

作为地理信息的地图有：地形图、地盘地质图、道路地图、铁道地图、水道设施概要图、土地利用图、地价图，此外还有航空摄影、卫星图像、数字化信息等。土地利用状况等通过图示更易于理解。土木规划中最为关心的是土地利用的状况。

二、航空照片与卫星图像

(一)航空测量

航空摄影测量简称航测。它是从空中由飞机等航空器向地面摄取像片，以获取各种信息资料和测绘各种不同比例尺的地形图。所得地形图是线划图或影像图。由于像片能真实和详尽地记录出摄影瞬时地面上的各种信息和物体，因此，可将测量的大量外业工作转到室内，改善了工作条件，为测图工作机械化、自动化创造了条件，是目前测绘较大范围地形图的最主要、最有效的方法，尤其是近年来利用航测为城市建设测绘大比例尺地形图方面已取得良好的效果。为使取得的航空像片能用于在专门的仪器上建立立体模型进行量测，摄影时飞机应按设计的航线往返平行飞行进行拍摄，以取得具有一定重叠度的航空像片。按摄影机物镜主光轴相对于地表的垂直度，可分为近似垂直航空摄影和倾斜航空摄影。近似垂直航空摄影主要用于摄影测量目的。科学考察和军事侦察有时采用倾斜航空摄影。航测已广泛应用于森林、地质、铁路、水利、城市建设等部门的勘测工作中。

地面摄影测量是在地面对物体进行摄影，对所摄像片进行分析和量测，以提供所需的资料和绘制地形图。在水利工程建设中，不少水利枢纽地处山岭狭窄地区，用航测测绘地形图比较困难，常用地面摄影测量测绘所需地形图，作为航空摄影测量的补充。

(二)遥控传感技术(remote sensing)

遥控传感技术，简称遥感技术，它是 20 世纪 60 年代迅速发展的一门综合性探测新技术，它是利用光学、电子学和电子光学的传感器，远距离获取物体的电磁波信息，应用电子计算机或其他信息处理技术，加工处理成为能识别的图像，经分析判读，揭示被测物体的性质、形状和动态变化。事实上，航空摄影是早期的遥感技术，它利用航测仪作为传感器，以飞机为运载工具，对地面摄取可见光电磁波的像片。而近代遥感则是运用卫星或航天飞机为运载工具，对地面获取信息应用的电磁波范围，从可见光向短波(紫外线)和长波(红外线、微波)两个方向扩展，而且传感器也多种多样(有多摄影机、多镜头摄影机、多通道电视摄像机、多光谱扫描仪等)。遥感应用领域非常广泛，包括地质、地貌、地理、测绘，农业、林业、大气、海洋、陆地水文等。

(三)地球资源卫星(earth resources satellite)

地球资源卫星是用于勘探和研究地球自然资源的人造地球卫星，简称资源卫星。先进的资源卫星代表了 20 世纪 80 年代和 90 年代初期的卫星技术、遥感技术、数据传输与处理技术的综合性尖端技术。卫星利用所载多光谱遥感设备获取地物目标辐射和反射的多种谱段的电磁波信息。信息转换成电信号后，通过数据传输系统发送到地面站。在地面站接收范围以外时有两种办法：一是电信号存入卫星上数据存储器、在卫星飞经地面站时发送；二是由数据传输系统将无线电信息发送给中继卫星，再由中继卫星将信息送回地面站。遥感数据处理中心根据事先掌握的不同地物目标的波谱特性，对地面接收站所收到的数据进行处理和判读。美国 1972 年 7 月发射了陆地卫星 1 号，为地球资源卫星的早期应用试验卫星。1980 年前共接收到陆地卫星 1、2、3 号发送的图片 44 万幅，资源卫星遥感数据的实用价值得到了充分的验证和广大用户的积极支持。80 年代美国又发射了陆地卫星 4 号、5 号，法国 1986 年 2 月发射 SPOT1 号，均采用可见光多光谱遥感器(陆地卫星还采用红外多光谱遥感器)，代表了第二代地球资源卫星。1991 年 7 月欧洲空间局发射了 ERS-1 地球资源卫星，1992 年 2 月日本发射了 JERS-1 地球资源卫星，均采用合成孔径雷达和光学遥感器相结合的方式，具有全天候、全天时、高精度的特点，代表了第三代地球资源卫星。

随着互联网的快速发展，使我们获得卫星图片变得越来越便捷。最有代表性的就是使用 Gcogle earth。Google earth 从 2005 年起，在世界范围内公开了卫星地球照片，供免费阅览和下载。如果付费的话，可以获得精度更高的图像。

三、地图

地图是土木规划中获取地理信息时最常用的一种工具。地图也有多种多样的分类,需要根据需求选用。

地图分类,就是根据地图的某些特征,把它们分别归纳成一定的种类。分类的方法,通常按其比例尺、内容、用途、制图区域范围和使用形式等特征来划分。

地图按照比例尺大小分为:大比例尺地图(比例尺大于1∶1万)、中比例尺地图(比例尺介于1∶1万~1∶100万之间)和小比例尺地图(比例尺小于1∶100万)。

地图按其内容分为:普通地图和专题地图。

普通地图是一种通用地图,图上比较全面地描绘一个地区自然地理和社会经济一般特征的地图。其表示内容有:水系、居民地、道路网、铁路线、地貌、土壤、植被、境界线以及经济现象、文化标志等。普通地图又分为地形图和一览图。地形图,其比例尺大于1∶100万,它的突出的特点是详细而精确,投影变形小,可以在图上进行量测。它是国家经济建设,国防建设和军队作战、训练的重要地形资料。这种图一般是实测的或根据实测图编绘的。

专题地图又称“专门地图”或“主题地图”,是以普通地图为底图,着重表示某种或几种要素的地图,适用于某一专业部门的专门需要。专题地图通常分为:自然地图、人口图、经济图、政治图、文化图、历史图等。

地图按其用途分为:参考图、教学图、地形图、航空图、海图、海岸图、天文图、交通图、旅游图等。

地图按其制图区域范围分为:世界图、半球图、大洲图、大洋图、大海图、国家(地区)图、省区图、市县图等。

地图按其使用形式分为:挂图、桌面图、地图集(册)等。

此外,地图按其表现形式还可分为:缩微地图、数字地图、电子地图、影像地图等。

地图的分类方式还有很多,比如可以分为地形图、城市街道图、测量图等。

地形图是野外活动中较常使用的一种。主要是将山川地形、道路分布等情形一一表现出来,等高线是它最显著的特征。

城市街道图通常表示出街道分布、重要建筑位置等重点信息。另有专为观光客绘制的旅游街道图,特别标示观光景点、特色小吃等信息。

测量图通常为某些特殊规划设计使用,它能表现细微地景资料,包括灯柱或植物、农产分布等。

其他还包括气候分布图、海事图、航空图等。

四、地理信息系统数码信息

(一)数码信息

将地理信息进行数值化,利用计算机处理并保存,可以促进数据的有效利用。数值信息是地理信息系统的基础。数值信息中有网眼数据(mesh data)和多边形(polygon)两种表现形式。其中以网眼数据利用最为广泛。

mesh data可以分为若干等级,适用于不同比例尺的地图。第一级mesh:一个mesh相当于1/20万地图。第二级mesh:一个mesh相当于1/2.5万地图。第三级mesh:1km×1km,其他还有:10m,100m,250m,500m等。

polygon 数据则是将实际图像提炼成为线状进行表示。

以 polygon 形式做成的基本图为中心，把各种渠道获取的数据进行输入，更新，可以进行编辑、管理以及检索、分析的系统，称为地理信息系统(geographical information system, GIS)。

图 4-1 为 mesh 与 polygon 的比较图。

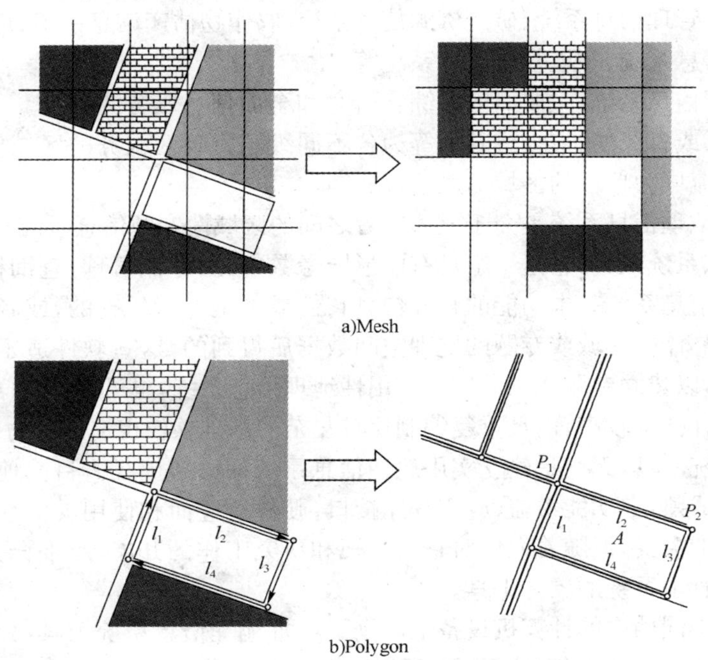

图 4-1　mesh 与 polygon 的示意图

(二)地理信息系统[3]

地理信息系统(geographical information system, GIS)是以地理空间数据库为基础，在计算机软硬件的支持下，对空间相关数据进行采集、管理、操作、分析、模拟和显示，并采用地理模型分析方法，适时提供多种空间和动态的地理信息，为地理研究和地理决策服务而建立起来的计算机技术系统。因此，地理信息系统具有以下三个方面的特征：

(1)具有采集、管理、分析和输出多种地理空间信息的能力；

(2)以地理研究和地理决策为目的，以地理模型方法为手段，具有空间分析、多要素综合分析和动态预测的能力，并能产生高层次的地理信息；

(3)由计算机系统支持进行空间地理数据管理，并由计算机程序模拟常规的或专门的地理分析方法，作用于空间数据，产生有用信息，完成人类难以完成的任务；计算机系统的支持是 GIS 的重要特征，使 GIS 得到快速、精确、综合地对复杂的地理系统进行空间定位和动态分析。

地理信息系统从外部来看，它表现为计算机软硬件系统；而其内涵确是由计算机程序和地理数据组织而成的地理空间信息模型，是一个逻辑缩小的、高度信息化的地理系统。信息的流动及信息流动的结果，完全由计算机程序的运行和数据的交换来仿真，使用者可以在 GIS 支持下提取地理系统不同侧面、不同层次的空间和时间特征信息，也可以快速地模拟自然过程的演变和思维过程，取得地理预测和实验的结果，选择优化方案，避免错误的决策。

GIS 是空间数据组成的客观世界的一个抽象模型，用户可以按应用的目的观测这个现实世界模型的各方面内容，也可以提取这个模型所表达现象的各种空间尺度指标，更为重要的是，它可以将自然发生或人为规划的过程加在这个数据模型上，取得自然过程的分析和预测的信息，用于管理和决策，这就是地理信息系统深刻的内涵。

地理信息系统按其内容可以分为三大类。

(1)专题地理信息系统：是具有有限目标和专业特点的地理信息系统。为特定的专门的目的服务，如水资源管理信息系统、矿产资源信息系统、农作物估产信息系统、草场资源管理信息系统、水土流失信息系统、环境管理信息系统等。

(2)区域地理信息系统：主要以区域综合研究和全面信息服务为目标。可以有不同规模，如国家级的、地区或省级的、市级或县级等为各不同级别行政区服务的区域信息系统，也可以是按自然分区或流域为单位的区域信息系统。

许多实际的地理信息系统是介于上述二者之间的区域性专题信息系统。

(3)地理信息系统工具：它是一组具有图形图像数字化、存储管理、查询检索、分析运算和多种输出等地理信息系统基本功能的软件包。它们或者是专门研究的，或者在完成实用地理信息系统后抽去具体的区域或专题的地理空间数据后得到的，这些软件适于用来作为地理信息系统支撑软件，以建立专题或区域性的实用性地理信息系统，也可用作教学软件。由于地理信息系统软件设计技术较高，而且重复编制比较复杂的基础软件也造成人力的极大浪费，因此采用地理信息系统工具，无疑是建立实用地理信息系统的一条捷径。目前地理信息系统工具的研究还不十分成熟，在功能覆盖、应用程序接口、硬件适应面和使用灵活性上还不能满足不同领域不同层次的需要，但随着人们对它的重视和研究工作的开展，水平会大大提高，成为类似商用的数据库管理系统的软件工具。

国内外已在不同档次的计算机设备上研制了一批地理信息系统工具，如美国环境系统研究所研制的 ARC/INFO 系统，美国耶鲁大学森林与环境研究学院的 MAP(map analysis package)系统，以及北京大学研制的微机地理信息系统工具 Spaceman 等。

在通用的地理信息系统工具支持下建立区域或专题地理信息系统，不仅可以节省软件开发的人力、物力、财力，缩短系统建立周期，提高系统技术水平，而且使地理信息系统技术易于推广。

第三节　通过调查获取数据

一、社会调查的方法

在规划制定过程中，通过调查获取信息是最为普通的做法。就学科分类而言，调查被划分为社会学的研究领域，称为社会调查。所谓社会调查，是指应用科学方法，对特定的社会现象进行实地考察，了解其发生的各种原因和相关联系，从而提出解决社会问题对策的活动。社会调查运用观察、询问等方法直接从社会生活中了解情况、收集事实和数据。调查数据获取之后，还要对其进行深层次的分析研究。由于抽样、问卷、统计分析三者是构成调查研究这种研究方式的关键环节和本质特征，因此，人们有时也将调查研究称为“抽样调查”、“问卷调查”或者“统计调查”。

社会调查是通过实地调查的手段，去了解特定的社会现象、社会问题和社会事件，用取得的第一手材料去说明所要了解的各种事实的产生原因及相互间的关系的一种科学方法。社会调查所获得的材料一般是数量性的，但常常也包括说明性的或描述性的。它不直接解决社会问题，但为社会问题的解决提供必要的线索和依据。社会调查是社会研究的最基本方法，社会调查的主要手段包括直接观察法、比较法、测验法、访问法、统计法以及系统分析、数学模拟、功能分析等方法，涉及的范围相当广，需要灵活运用调查的方法。调查的方式有亲自访问、派员调查、查阅档案文献记载和通信调查等。社会调查的历史与统计学的发展密切联系，统计学对社会调查的技术与材料分析的方法有很大影响。土木规划与社会、经济密不可分，因此也经常利用这种方法。

社会调查经常运用的方法中包括定量分析和定性分析。定量分析就是要掌握事物某个方面数量的情况，定性分析就是通过分析确定事物的性质。通常是在定量分析的基础上进行定性分析，需要应用到电子计算机技术和统计学的方法。

社会调查据其分析单位的不同，可分为宏观调查（如对国家、省、县或人口普查等大范围或大规模的调查）和微观调查（一般包括两三人或数人的小群体调查）。社会调查也可以分为普遍调查、抽样调查、典型调查（又称个案调查）。普遍调查即对调查范围内所包括的个别对象全部进行调查，这种方法所得的资料准确性高、价值大，但具体运用时往往受人力、物力的限制。因此，在土木规划中很少用到这种调查方法。从实用性上，抽样调查和个案调查则是社会调查中更为常用的重要方法。抽样调查即按照一定的原则，抽取若干单位进行调查，其中抽样的方法决定着调查的精度和可信度。典型调查即选择一个事件、一个单位进行解剖，由小见大的调查方法。抽样调查和典型调查都是由局部以推论总体的方法。比较起来，抽样调查主观因素少，调查面宽，能够取得较详细和近于实际的可靠数字，正确地反映事物全貌。而典型调查便于进行深入的质的方面分析，两者应该结合起来使用。

问询调查是为了把握利用者以及居民行动的实际状况以及评价的基准的最为常用的社会调查方法，在第三讲中已经做过介绍。问讯调查包括问卷式调查和访问式调查。问卷式调查（questionnaire）：在问卷上直接记入答案，明确简洁，适合于多人数调查对象。访问式调查（interview）：直接面谈，提出问题，缺点是费时间，提问方式对回答有影响，但一般认为，此种方法适合了解问题的背景和人的感受。问卷方式是一种常用的方式，其发放以及回收方式包括：邮送发放，邮送回收（mail-out/mail back）；邮送发放，电话问询（mail-out/telephone collection）；当面发放，邮送回收；上门发放，留置，过后回收。

二、调查表格的设计

问卷式调查需要采用调查表，事先需要进行调查表的设计准备。在调查表格的设计中，首先要注意文本要简洁、明确、易懂，充分地把问题传达给答题人；然后，要认真考虑用纸、文字的大小、设计等，以利于回答；此外，还要注意问题的顺序，避免发生答题人的思路被诱导；还有，调查项目尽可能少，使问题简洁，已知或是可获得的信息不要询问；最后，正式调查前通常需要通过预备调查，校核问卷。调查表设计中还需要注意的是，调查表要注明调查责任者的地址电话，便于联系；调查个人属性（如年龄、收入等）时尽可能不造成被调查者的反感。

调查表格的形式大致可以分为记述式与选择式两种。记述式就是提出问题，请被调查者直接填写自己的答案。选择式是把可能的答案列举出来，请被调查者选择。前者需要被调查者填写大量内容，负担较大，容易造成被调查者烦躁心理，粗糙填写，或是拒绝填写答案，难以获得应有的调查结果。后者，只需画勾，或是填写数字，负担小，但是需要在调查表格中把项目考虑齐全，出现漏项则会影响调查结果。大多数情况下，需要两者结合使用。

具体地可以把调查提问方法详细分为以下几种。

(1)计入法:把数值等简单的回答内容计入指定的位置,如填写年龄等。

(2)自由记述法:对于问卷中所提出的问题自由地记述回答。

(3)选择肢法:事先准备好若干个回答的选项让被调查人从中选择。

(4)顺序选择法:事先准备好若干个回答的选择肢,让被调查人从中选择并确定各个选择肢的顺序。

单计式:从中选择顺序最高的一个。

联计式:从中选择顺序最高的若干个,这时又可以分为对于选择数有限制和无限制两种情况。

(5)确定优先顺序法:把回答选项按照从高到低的顺序排列,或是分组。

(6)一对一比较法:把回答选项做成两个一对的形式,分别比较两者的优先顺序。

以下是一些问例。

(1)记述式举例

问题1:请将您对于××道路建设的意见填入下面的空行。

答:______

(2)选择式举例

问题2:请选择如下给出选项中与您对于××道路的建设意见最接近的,填入下面的空格中。

a. 改善道路通行条件,缩短通勤、上学时间;

b. 反对尾气和噪声增加;

c. 赞成土地价值随着交通方便性改善而上涨。

答:______

(3)5阶段评价式举例

5阶段评价式与一对(pair)比较方式。

问题3:您对××道路建设的意见进行评价:

A. 非常赞成　　B. 赞成　　C. 不赞成也不反对　　D. 反对　　E. 绝对反对

答:______

(4)比较分析的案例

问题4:在下述条件下对××道路的建设,您认为土地价格上涨多少合适?请将您认为合适的金额填入下面的空格:

条件:距离50米,噪音65分贝,到车站距离10分钟

答1:占地面积______平方米。

购入时的土地价格______万元。

希望的价格______万元。

答2:同样条件下距离25米的情况______万元。

同样条件下距离75分贝的情况______万元。

三、社会调查的抽样

土木规划中所采用的调查往往都是宏观的,调查的对象庞大,通常情况下,无法对全体对象进行普遍调查,需要选择样本,做抽样调查。社会调查中的标本选择是一个复杂的科学问题。这时需要大量用到概率与数理统计学的知识,详细内容请参阅相关专业书籍。

抽样总的可以区分为概率抽样和非概率抽样，各自又包括了多种类型。有代表性的标本抽样方法有以下几种：

(1)单纯任意抽样法(random sampling)：也称简单随机抽样，即从总体(母集团)中随机地抽出样本。

(2)分类抽样方法(cluster)：把总体进行分类，从每一类中进行随机抽出。

(3)分段抽样方法(multistage sampling)：也称多阶段抽样，即将总体先分为若干层，从中抽出一些层，进而从这些层中抽取标本的方法。

(4)偶遇抽样：又叫自然抽样、方便抽样或便利抽样，属于非概率抽样方法，是调查者将在一定时间、一定环境里所能遇见到或接触到的人作为样本的方法。

本节简单介绍抽样的基本概念和基本术语，解释抽样在社会调查研究中的作用，介绍不同种类的抽样方法，说明各种方法的适用范围和操作程序，并对它们做简要评价。同时，为了更好地应用抽样方法，还简要介绍样本规模和抽样误差问题。在实践中最重要的就是要联系实际认识和掌握各种抽样方法。图 4-2 所示为标本抽出与母集团的关系。

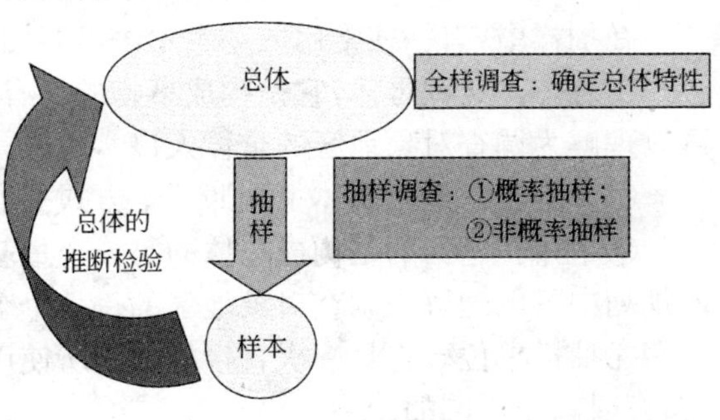

图 4-2　标本抽出与母集团的关系图

(一)抽样的概念和基本术语

社会调查中常用的最主要的调查类型就是抽样调查，它的前提条件就是抽样。因此，抽样是在许多社会调查研究的准备阶段必须完成的一项重要工作。

1. 抽样的概念

抽样指的是从组成某个总体的所有元素，也就是所有最基本单位中，按照一定的方式选择或抽取一部分元素的过程和方法，或者说是从总体中按照一定方式选择或抽取样本的过程和方法。

抽样存在的必要性是因为总体本身所具有的异质性。如果某个总体中的每一个成员在所有方面都相同，即具有百分之百的同质性，那么也就没有必要进行抽样了。

抽样存在的合理性是由辩证唯物主义个别与一般的理论，以及建立在概率论基础上的大数定律[①]和中心极限定律[②]决定的。这些理论与定律证明，尽管总体所包含的每一个个体都不

---

① 概率论历史上第一个极限定理属于贝努里，后人称之为"大数定律"，概率论中讨论随机变量序列的算术平均值向常数收敛的定律，概率论与数理统计学的基本定律之一，又称弱大数理论。在随机事件的大量重复出现中，往往呈现几乎必然的规律，这个规律就是大数定律。通俗地说，这个定理就是，在试验不变的条件下，重复试验多次，随机事件的频率近似于它的概率。

② 概率论中讨论随机变量序列部分和的分布渐近于正态分布的一类定理。概率论中最重要的一类定理，有广泛的实际应用背景。在自然界与生产中，一些现象受到许多相互独立的随机因素的影响，如果每个因素所产生的影响都很微小时，总的影响可以看做是服从正态分布的。中心极限定理就是从数学上证明了这一现象。最早的中心极限定理是讨论 n 重贝努里试验中，事件 A 出现的次数渐近于正态分布的问题。1716 年前后，A. 棣莫弗对 n 重贝努里试验中每次试验事件 A 出现的概率为 1/2 的情况进行了讨论，随后，P. S. 拉普拉斯和 A. M. 李亚普诺夫等进行了推广和改进。自 P. 莱维在 1919～1925 年系统地建立了特征函数理论起，中心极限定理的研究得到了很快的发展，先后产生了普遍极限定理和局部极限定理等。极限定理是概率论的重要内容，也是数理统计学的基石之一，其理论成果也比较完美。长期以来，对于极限定理的研究所形成的概率论分析方法，影响着概率论的发展。同时新的极限理论问题也在实际中不断产生。

中心极限定理，是概率论中讨论随机变量和的分布以正态分布为极限的一组定理。这组定理是数理统计学和误差分析的理论基础，指出了大量随机变量近似服从正态分布的条件。

能完全地反映总体的性质和特征，却都具有不同程度的总体的性质和特征的因素，所以一定数量个体的因素的集合，就可以等同或接近总体的性质和特征。

在社会调查研究中，抽样主要解决的是调查对象的选取问题，即如何从总体中选出一部分对象作为总体的代表的问题。关于抽样的作用，有两个相关的问题需要特别明确。

第一，抽样和抽样调查不能混为一谈。抽样只是抽样调查的前提和一部分，只解决抽样调查过程中的选取调查对象这一个问题，抽样调查的其他所有问题都是靠另外的方法来解决的。

第二，抽样只是抽取样本的方法，而不是调查方法或者资料收集方法。

2.抽样的基本术语和抽样的基本程序

(1)基本术语

在抽样中，有一些常用的基本术语需要加以明确。

①总体。又称母体，它是构成事物的所有元素，也就是最基本单位的集合。在土木规划中可以理解为调查对象地区的全体人口。

②样本。它是从总体中按照一定方式抽取出的一部分元素的集合。

③个体。它指的是构成总体的每一个最基本单位，也称“抽样分子”或“抽样元素”。在土木规划中可以理解为调查对象地区的每一个个人。

④抽样单位。它是一次直接的抽样所使用的基本单位。抽样单位与抽样元素有时是相同的，有时又是不同的。

⑤抽样框。它又称作抽样范围，指的是一次直接抽样时总体中所有抽样单位的名单。抽样框是代表调研总体对象的样本列表。完整的抽样框中，每个调研对象应该出现一次，而且，只能出现一次。但大部分情况下，调研人员无法获得完整的抽样框，只能用别的代替，如黄页簿、工商局企业登记库、行业年鉴等。抽样框的不完整，导致了抽样框误差的产生，但我们可以通过保证样本的代表性，使误差在合理的范围之内。

⑥参数值。它也称为总体值，是关于总体中某一变量的综合描述，或者总体中所有元素的某种特征的综合数量表现。在统计中最常见的参数值是某一变量的平均值。

⑦统计值。它也称为样本值，是关于样本中某一变量的综合描述，或者说是样本中所有元素的某种特征的综合数量表现。

⑧抽样误差。它是用样本统计值去估计总体参数值时所出现的误差。

(2)基本程序

虽然不同的抽样方法具有不同的操作要求，但它们通常都要经历以下几个步骤。

①界定总体

界定总体就是在具体抽样前，明确从中抽取样本的总体的范围与界限。

②决定抽样方法

各种不同的抽样方法都有自身的特点和适用范围。因此，在具体实施抽样之前，应依据调查研究的目的，界定的总体范围，要求确定样本的规模和要求量化的精确程度来决定具体采用哪种抽样方法。

③设计抽样方案

抽样方案是指为实施抽样而制定的一组策划，在内容上包括了抽样方法、抽样数量和样本判断准则等。

④制定抽样框

制定抽样框就是依据已经明确界定的总体范围，收集总体中全部抽样单位的名单，并统一编号。

⑤实际抽取样本

实际抽取样本就是在上述几个步骤的基础上，严格按照所选定的抽样方法，从抽样框中抽取一个个的抽样单位，构成样本。

⑥样本评估

样本评估就是对样本的质量和代表性进行检验，其目的是防止因样本的偏差过大而导致的失误。一般认为样本的代表性检验是很主观的，没有很好的量化指标。有一种检验方式是比较样本均值和总体均值的差距，或者比较在某一个辅助变量上，样本的分布和总体的分布是否相似。

(二)抽样的类型

根据抽取对象的具体方式，可以把抽样分为许多不同的类型。总的来说，各种抽样都可以归为概率抽样与非概率抽样两大类。这是两种有着本质区别的抽样类型。概率抽样是依据概率论的基本原理，按照随机原则进行的抽样，因而它能够避免抽样过程中的人为误差，保证样本的代表性；而非概率抽样则主要是依据研究者的主观意愿、判断或是否方便等因素来抽取对象，它不考虑抽样中的等概率原则，因而往往产生较大的误差，难以保证样本的代表性。

概率抽样与非概率抽样又各自包括了许多具体类型，分别适用于不同调查对象。联系实际认识概率抽样的不同类型及其适用性是掌握抽样方法的关键。

1.概率抽样

概率抽样又称随机抽样，是指总体中每一个成员都有同等的进入样本的可能性，即每一个成员的被抽概率相等，而且任何个体之间彼此被抽取的机会是独立的。概率抽样以概率理论为依据，通过随机化的机械操作程序取得样本，所以能避免抽样过程中人为因素的影响，保证样本的客观性。虽然随机样本一般不会与总体完全一致，但它所依据的是大数定律，而且能计算和控制抽样误差，因此可以正确地说明样本的统计值在多大程度上适合于总体，根据样本调查的结果可以从数量上推断总体，也可在一定程度上说明总体的性质、特征。正是因为如此，现实生活中绝大多数抽样调查都采用概率抽样方法来抽取样本。

概率抽样依照具体抽样方法的不同，分为以下类型。

(1)简单随机抽样

简单随机抽样又称纯随机抽样，是指在特定总体的所有单位中直接抽取 n 个组成样本。它是一种等概率抽样和元素抽样方法，最直观地体现了抽样的基本原理。简单随机抽样是最基本的概率抽样，其他概率抽样都以它为基础，可以说是由它派生而来的。

简单随机抽样分为重复抽样和不重复抽样两类。常用的简单随机抽样方法有直接抽样法、抽签法和随机数表法。其中直接抽样法、抽签法适用于总体规模稍小的抽样；随机数表法是用随机数表来抽样的方法，适用于总体规模稍大的抽样。

简单随机抽样没有人为因素的干扰，简单易行，是概率抽样的理想类型，但是它也有很大局限性。

第一，这种抽样方法，在总体同质性较高时，比较准确有效，但在总体异质性较高时，则不一定效果好。这是因为当构成总体的个体差异较大时，用简单随机抽样方法抽出的样本由于在总体中的分布不一定均匀，所以很可能误差较大，不能很好地说明总体的性质和特征。

第二，当总体所含个体数目太多时，采用这种抽样方式不仅费时、费力、费钱，而且很难操作。

(2)系统抽样

系统抽样也称等距抽样或机械抽样，是按一定的间隔距离抽取样本的方法。其做法是先编制抽样框，将总体的所有单位都按一定标志排列编号；再用总体的单位数除以样本的单位数，求得抽样间距；然后，在第一个抽样间距内随机抽出第一个样本单位，作为抽样的起点；接着，按照抽样间距依次抽取样本单位，直到抽足样本的单位数为止。

同简单随机抽样相比，系统抽样有明显的优点。

第一，当总体规模较大时，系统抽样比简单随机抽样中的随机数表法易于实施，工作量较少。它不需要反复使用随机数字表抽取个体，而只需按照间隔等距抽取即可。

第二，系统抽样的样本不是任意抽取，而是按照间隔等距抽取，所以在总体中的分布更均匀，抽样误差一般也要小于简单随机抽样，也就是说精确度更高，代表性更强。

系统抽样的局限性与简单随机抽样一样，也是仅适用于同质性较高的总体。当总体内不同类别个体的数量相差过于悬殊时，采用此法所抽出的样本代表性可能较差。另外，总体单位的排列不能呈有规律分布的状态，否则会使系统抽样产生很大误差，降低样本的代表性。

(3)分类抽样

所谓分类抽样也叫类型抽样或分层抽样，就是先将总体的所有单位依照一种或几种特征分为若干个子总体，每一个子总体即为一类，然后从每一类中按简单随机抽样或系统随机抽样的办法抽取一个子样本，称为分类样本，再把它们集合起来即为总体样本。

按照确定分层样本数量的不同方式，分类抽样分为比例分类抽样和非比例分类抽样两种。比例分类抽样是指分类样本在总体样本中所占比例与该类所有单位在总体中所占比例相同；非比例分类抽样则比例不同。

分类抽样有着突出的优点。

第一，分类抽样能够克服简单随机抽样的缺点，适用于总体内个体数目较多，结构较复杂，内部差异较大的情况。

第二，精确度较高。

第三，便于对不同层面的问题进行探索。

第四，便于分工，使工作效率提高。

分类抽样的缺点是，如何分类通常由人们主观判定，因此要求调查者具备较高的素质与能力，并且必须事先对总体各单位的情况有较多的了解，而这些在实际工作中有时难以完全实现，这就会影响分类的科学性和精确性。

(4)整群抽样

整群抽样又称聚类抽样或集体抽样，是将总体按照某种标准划分为一些群体，每一个群体为一个抽样单位，再用随机的方法从这些群体中抽取若干群体，并将所抽出群体中的所有个体集合为总体的样本。整群抽样分为等规模整群抽样和不等规模整群抽样，前者总体内所有群体的规模都大致相同，后者总体内各群体规模则不等，在社会调查研究中以后一种情况居多。这种差异如果较大，就会对抽样成本预算与精确度测算以及实地调查工作造成不利影响，同时还容易产生抽样偏差。为了解决这一问题，人们往往采用概率与元素的规模大小成比例的抽样方法，简称 PPS 抽样(probability proportionate to size)，就是根据每个群体所包含的最终抽样单位(如家庭)的规模来决定各自抽取样本的比例大小，规模大则抽取样本比例相对小，规模小则抽取样本比例相对大，从而保证每个群体中的最终抽样单位都具有被抽中的同等机会。

整群抽样与分类抽样都是将总体分为一些子群，但它和分类抽样的区别在于不是按性质和特征而是按集群性划分抽样对象。而且分类抽样中所有子群均要抽取一个样本，总体样本是各分类样本的集合，即总体样本在各类中均有分布。整群抽样则不然，它是抽取若干子群，并将这些子群的全部个体集合为总体样本，因此，总体样本只分布在部分子群之中。整群抽样对于个体单位之间界限不清的总体，能够充分发挥其作用，却并不适用于总体单位界限分明的情况。对于后者，一般还是以采用分类抽样等方法为宜。

另外，整群抽样对于所含子群总数较少的总体也不大适用。

(5)多阶段抽样

多阶段抽样又称多级抽样或分段抽样，就是把从总体中抽取样本的过程分成两个或多个阶段进行的抽样方法。它是在总体内个体单位数量较大，而彼此间的差异不太大时，先将总体各单位按一定标志分成若干群体，作为抽样的第 1 阶段单位，并依照随机原则，从中抽出若干群体作为第 1 阶段样本；然后将第 1 阶段样本又分成若干小群体，作为抽样的第 2 阶段单位，从中抽出若干群体作为第 2 阶段样本，依此类推，可以有第 3 阶段、第 4 阶段……直到满足需要为止。最末阶段抽出的样本单位的集合，就是最终形成的总体样本。

在进行大规模社会调查时，如果抽样单位只有一级，而且样本的分布极其分散，所需调查费用与人力物力就巨大。多阶段抽样采用从高级抽样单位到低级抽样单位逐段抽样的方法，能够较好地解决这些问题。因此，多阶段抽样的最大优点就是可以达到以最小的人财物消耗和最短的时间获得最佳调查效果的目的，特别适用于调查范围大、单位多、情况复杂的调查对象。此外，多阶段抽样由于在各阶段抽样时可根据具体情况灵活选用不同的抽样方法，所以能够综合各种抽样方法的优点，有利于提高样本质量。

多阶段抽样的不足之处是抽样误差较大。由于每次抽样都必然产生误差，所以抽样阶段越多，抽样误差就越大。因此，为了降低抽样误差的程度，必须避免不必要的分段。

2.非概率抽样

非概率抽样又称为不等概率抽样、非随机抽样或主观抽样，就是调查者根据自己的方便或主观判断抽取样本的方法。它不是严格按随机抽样原则来抽取样本，所以失去了大数定律的存在基础，也就无法确定抽样误差，无法正确地说明样本的统计值在多大程度上适合于总体。虽然根据样本调查的结果也可在一定程度上说明总体的性质、特征，但不能从数量上推断总体。

非随机抽样的具体方法很多，其中常用的有以下几种。

(1)偶遇抽样

偶遇抽样又叫自然抽样、方便抽样或便利抽样，是调查者将在一定时间、一定环境里所能遇见到或接触到的人作为样本的方法。具体说就是调查者根据自己的方便，任意抽取偶然遇到的人或者选择那些离自己最近的、最容易找到的人作为样本。

(2)判断抽样

判断抽样又叫目标抽样或立意抽样，是调查者根据研究的目标和自己主观的分析，来选择和确定样本的方法。它又可分为印象判断抽样和经验判断抽样两种。

(3)定额抽样

定额抽样又叫配额抽样，是先根据总体各个组成部分所包含的抽样单位的比例分配样本数额，然后由调查者在各个组成部分内根据配额的多少采用主观的抽样方法抽取样本。

定额抽样与概率抽样中的分类抽样、整群抽样都是依据某些特征对总体进行分类，但定额抽样注重的是样本与总体在结构比例上的表面一致性而不是本质特征上的内部一致性。所以往往照顾不到总体单位之间的差异性。对于那些单位众多、错综复杂、情况不断更新的调查总体而言，定额抽样的样本很可能出现较大的误差，因此，根据定额抽样样本调查的结果是不能推论较大总体的，即使在较小的调查研究中，要用定额抽样调查的结果推论总体，也应谨慎从事。它一般不是用于说明总体状况，而是用于检验理论、说明关系、比较不同等。

(4)滚雪球抽样

滚雪球是一种形象比喻的说法，它是指先找少量的，甚至个别的调查对象进行访问，然后通过它们再去寻找新的调查对象，以此类推，就像滚雪球一样越来越大，直至达到调查目的为止。

滚雪球抽样适用于总体的个体信息不充分或难以获得，不能使用其他抽样方法抽取样本的调查研究。

滚雪球抽样用于某一特殊群体的调查往往可以收到奇效。但是，当总体规模较大时，有许多个体就无法找到；有时调查对象会出于某种考虑故意漏掉一些重要个体，这都可能导致抽样样本产生误差，无法正确反映总体状况。

总之，非概率抽样不是按照概率均等的原则，而是根据人们的主观经验和便利条件来抽取样本，每个个体进入样本的概率是未知的，无法说明样本是否重现了总体的结构，所以，其样本的代表性往往较小，误差有时相当大并且无法估计，用这样的样本推论总体是不可靠的。

但是非概率抽样也有其优势：一是在很多情况下，严格的随机抽样无法进行或没有必要，例如，在人流涌动的车站、商店、广场、街道等许多场合，不允许调查者从容地随机抽样；对特殊社会群体(诸如吸毒者之类的)无法确定调查总体，也就无法随机抽取样本；有时调查的目的只是要对总体作最一般的了解和接触或做某些片面的研究，没必要采用随机抽样；由于调查者的时间、人力、物力不足，无力进行随机抽样，等等。在这些情况下，就只能采用非概率抽样。二是随机抽样为了保证概率原则，对抽样的操作过程要求严格，实施起来比较麻烦，费时费财费力，而非概率抽样操作便捷，省钱省时省力，统计上也远较概率抽样简单，因此如果调查的目的允许，而且调查者对调查总体有较好的了解，那么采用非概率抽样就不失为一种更好的选择。

四、调查资料的整理[4]

信息收集以及数据整理，已经成为一个研究分野，被体系化。

资料整理的阶段，是社会调查研究深化、提高的阶段，是由感性认识向理性认识飞跃的阶段，社会调查结果的可靠与否与质量优劣，很大程度上都取决于这个阶段。

(一)资料整理的概念和原则

所谓资料整理主要是指对文字资料和对数字资料的整理。它是根据调查研究的目的，运用科学的方法，对调查所获得的资料进行审查、检验、分类、汇总等初步加工，使之系统化和条理化，并以集中、简明的方式反映调查对象总体情况的过程。

为保证质量，在资料整理过程中，应该坚持以下原则。

1. 真实性

真实性是资料整理最根本的要求。所谓真实性，是指调查资料必须是从真实的社会调查中得到的，而不能是弄虚作假、主观臆测，甚至杜撰的。只有真实资料才可以客观地反映社会现象，指引我们得到正确的研究结论。错误的资料，则会误导视听，导致对社会认识上的偏失，不真实的资料，比没有资料更可怕。

2. 准确性

准确性是指整理所得的资料，事实必须准确，尤其是统计数据，必须做到严谨。如果整理出来的数据含糊不清，模棱两可，甚至自相矛盾，那么是肯定不能得出科学结论的。

3. 完整性

完整性是指资料应当尽可能全面、完整，以便真实地反映社会调查对象的全貌。如果资料残缺不全，就有可能犯以偏概全的错误，甚至失去研究价值。

4. 系统性

系统性是指整理后的资料应尽可能条理化、系统化。整理后的资料和未加工整理的资料相比，最直观的特点就是整理后的资料条理清晰，一目了然。

5. 合格性

合格性是指整理后的资料必须是能够充分说明调查课题的、有用的资料。假如调查资料对调查目的而言完全没有用处或用处不大，那么资料再丰富、再真实，也是无效的，调查也等于无意义。

6. 统一性

统一性是指在整理资料时，对各项指标的统计应当有统一的解释，对于各个数值，其计算方法、精度要求、计量单位等，也应该是统一的。就像对山峰的高度，我们是使用"米"这个统一的单位，从"海平面"这个统一的基础标准出发来衡量的，社会调查也是一样，必须要有一个统一的基准和尺度，才能够使得各项数据有可比性。

7. 简明性

简明性是指在真实、准确、统一、完整的基础上，整理后的调查资料，应当尽可能简洁、明了，力求用最短的篇幅达到系统化、条理化的要求，以集中的方式反映调查对象的总体情况。我们要尽可能"把复杂的事情简单化"，而不要相反。

(二)文字资料的整理

在社会调查研究中，定性资料基本上都是文字资料，因此一般也把文字资料整理称作定性资料整理。由于文字资料在来源上存在差异，所以其整理方法也略有不同。但是通常情况下可划分为审查、分类和汇编三个基本步骤。

1. 审查

资料的审查工作，一部分是实地审查，就是在调查的过程中边搜集资料边进行审核；一部分是系统审查，就是在资料收集完毕后集中进行的审核，而通常是以后者为主。对于文字资料的审查，主要解决其真实性、准确性和适用性问题，即主要是仔细推敲和详尽考察资料是否真实可靠和准确适用。

真实性审查也称信度审查，即判断资料本身是否是真品以及它是否真实可靠地反映了调查对象的客观情况。准确性审查也称效度审查，一方面是审查资料是否符合原设计的要求，资料的指标、计量、计算公式等是否与调查相匹配以及是否有效用，另一方面是审查资料对事实的描述是否准确无误。

适用性审查，也就是考察资料是否适合于对有关问题的分析与解释，主要包括：资料的分量是否适中，资料的深度与广度是否满足需要，资料是否集中、紧凑、完整等。

2. 分类

分类就是指根据资料的性质、内容以及研究要求对其进行归类。资料的分类有双重意义，对于全部资料而言是"分"，即将不同的资料区别开来；对于单个资料而言是"合"，即将相同或相近的资料合为一类。所以分类就是将资料分门别类，使得繁杂的资料条理化、系统化，为找出规律性的联系提供依据。

对资料进行分类的方法有两种，即前分类和后分类。

前分类，就是在设计调查提纲、调查表格或调查问卷的时候，就按照事物或者现象的类别，设计调查指标，然后再按照分类指标搜集资料，整理资料。后分类，是指在资料收集起来之后，再根据资料的性质、内容或特征，将它们分别集合成类。后分类适合于那些实在无法对可能的答案进行预测的问题，比如说问卷中的开放式问题等。

3.汇编

资料的汇编主要是指根据调查研究的实际要求，对分类完成之后的资料进行汇总、编辑，使之成为能反映调查对象客观情况的系统、完整的材料。资料的汇编既可以按人物，也可以按事件发生的时间顺序或者按事件发生的背景以及按分析的要求进行。

(三)数据资料的整理

数据资料是社会调查中最具价值的重要资料，主要是指所收集到的数字及其组成的图文、图表资料。另外，很多文字资料，在经过了审核、分类并赋予一定数值之后，也转化成了数据资料。数据资料是调查研究中定量分析的依据，因此数据资料的整理也叫定量资料的整理。

数据资料整理的一般程序包括数字资料检验、分组、汇总和制作统计表或统计图几个阶段。

1.检验

检验，主要是对数字资料的完整性和正确性进行检验，以确保更加准确的研究结果。

对完整性的检查主要包括两个方面：一是检查各个应当填报的表格是否齐全，是否已经被合乎要求地填写；二是检查各表内容填写是否完整，是否有缺报或者漏填的内容。

数字资料正确性的检验，主要是看资料是否符合实际和计算是否正确。

2.分组

为了了解各种事物或现象的数量特征，考察总体中各种事物或现象的构成情况，我们需要把调查的数据按照一定的标志划分为不同的组成部分，这就是数字资料的分组。它类似定性资料整理中的分类。分组的原则和文字资料的分类原则一样，是穷举和相斥。

对数字资料进行分组一般有三个步骤。

(1)选择分组标志

分组标志就是分组的标准或者依据。根据调查的目的和调查对象的差异等因素，可以有多种多样的分组标志。一般作法是按照质量、数量、空间、时间这四个指标进行分组。

(2)确定分组界限

分组界限是指划分组与组之间的边际。分组界限包括组数、组距、组限、组中值等内容。

组数是指分组之后组的个数。组距是指各组中最大值和最小值之间的差距。组限是指各组两端的界点。组中值是指中间量，在很多情况下，组中值可以作为该组的代表值。

(3)编制变量数列

在统计中我们把各个标志的具体数值叫做变量。编制变量数列实际上就是把各数值归入适当的组内。分组完成后，就可以按照质量、数量、空间、时间这四个指标编制变量数列。

3.汇总

汇总就是根据调查研究目的把分组后的数据汇集到有关表格中，并进行计算和加总，集中、系统地反映调查对象总体的数量特征。数据的汇总可以分为手工汇总和机械汇总。前者适用于数量较少、答案不易统一的资料；后者则适用于数量较大、答案比较整齐的资料。

当前，计算机汇总已成为机械汇总的代名词。现在，为了减少录入误差，也为了提高数字资料整理的效率，人们发明了许许多多专门用于资料整理的电脑软件。

4. 制作统计图表

经过了汇总的数字资料，一般要通过表格或图形表现出来，最常见的方式就是统计表和统计图。统计表和统计图为我们的社会调查得到的纷繁数据提供了一种相对直观的表示方法。

统计表是以二维的表格表示变量间关系的一种形式。它的优点在于系统、完整、简明和集中。从广义上讲，统计调查过程中的调查表、汇总表、整理表、分析表以及公布统计资料所用的表，都可以归入统计表的范畴。我们这里所讲的统计表是指其狭义定义，即仅仅指记载汇总结果和公布统计资料的表格。

按照主词的结构，统计表可以分为简单表、分组表和复合表。

统计图是表现数字资料对比关系的一种重要形式。它的主要优点是形象生动、直观，具有较大的吸引力和说服力。不过，统计图其实更侧重于反映总体中各个部分之间的比较，但是在对某一个个体的指标数据的表现上，却并没有什么优势，在一般情况下，甚至并不将个体的统计数值反映出来。

统计图的形式是多种多样的，就最常见的形式来说，可以分为三大类：几何图、象形图和统计地图。

五、调查的实施①,[5-6]

（一）社会调查的准备

社会调查是目的性强、内容丰富、过程复杂的社会活动。要使之顺利进行，达到预期效果，就要做好充分的准备。社会调查需要有调查的组织者和实施者，组织者必须做好各种准备，对于实施者——调查员要进行培训。

1. 思想上和心理上的准备

在调查前的培训过程中首先要注意思想上和心理上的准备。社会的发展是复杂多变的，每一层次和环境都受到当时当地的政治、经济、文化、历史等因素的影响，这决定了在进行社会调查活动中，要有一个科学的认识论做指导，才能正确地把握、认识社会，真正透视社会的本质。因此，进行社会调查要做好思想上的准备。要培养实事求是的实践作风，尊重客观实际，在掌握全面、准确的材料的基础上，形成正确的观点和认识，而不是采取先入为主的态度来对待调查活动。

调查活动中要把握自己，认识社会，就要注意培养和训练良好的个性心理。首先，应培养开放性的心理。将自己置于社会当中，敢于表现自己的言行，敢于负责。其次。注意培养知难而进的顽强的创造型心理。

2. 物质上的准备

要搞好社会调查活动，还应在物质上做准备工作。人力和财力往往是调查的约束条件。第一，要做信息、材料上的准备。对调查活动的内容、论题、工作及其相关的信息和材料，要尽可能地多收集、整理、归类，便于调查活动中能捉住重点，突出主题，提高效率。第二，社会调查活动往往流动性大，跨地域广，有一定的时间性。这要求调查人员要做人力和财力的准备。要

---

① 参照参考文献[5-6]编写。

量力而行做好计划，从实际出发，以较少的人力，做更多的事情，以较少的财力，开展更多的活动，卓有成效地完成调查任务。一般情况下，财力较宽裕，则适宜组织范围广、内容多、有一定规模的调查活动；如果财力有限，则适宜进行个人或小组的、范围小、内容单一、就近就便的调查活动。

（二）社会调查的实施方法

社会调查活动因人因事因时而定，没有统一的模式。但从调查活动的本身来说，还是有一定的规律可循的。一般的调查活动可分为三个步骤进行。

1. 明确调查任务

调查任务包括调查的目的、对象、内容和要求。调查活动的目的是指调查人员要实现什么愿望，要收获什么。调查人员不明确这一点，是很难调动积极性，自觉地为实现调查目的主动性地开展一系列工作的。社会是丰富多彩的，要实现调查的目的，就不能不选择调查的突破口，这个"突破口"，就是调查的目标，也叫对象。而调查的内容则是指了解、认识对象自身发展及其外部联系、相互影响、作用等诸方面的因素。为搞好社会调查，还要对调查人员提出各类要求，如加强组织纪律，搜集材料要注意真实性、可靠性，拟订的调查提纲要符合实际，注意可行性等，以保证调查活动的顺利完成。

2. 实施调查任务

要完成调查任务，关键是掌握有效的方法。搞好社会调查应注意以下两大方面。

（1）调查方法的确定

这是由社会的多样性决定的。依据不同的对象、不同的人或事，采取不同的方法，例如，访问法、问卷法、比较法、材料统计法和实地考察法等，这样才有针对性，才能收到实效。

①访问法：是指对所要调查的人或事进行定向访问，通过专访和询问来了解实际情况。

②问卷法：根据调查需要，拟定各种问题，对调查对象进行抽样问卷调查。通过个别问卷调查，找出事物一般的共同规律。

③比较法：是指对两个或两个以上的同类或不同类的人和事进行比较调查。通过比较、鉴别来把握事物的真相。

④材料统计法：即对所了解和掌握的材料，通过数字和报表的形式进行统计，掌握和分析材料的可靠性和准确性，以保证社会调查材料的权威性。

⑤实地考察法：对调查的问题作实地的勘察和研究，以掌握真实的第一手资料。对重大的社会事件常采用这种方法，能使我们获得更及时、准确的信息，对事件做出更有价值的分析和判断，增强调查报告的真实性。

（2）调查报告的撰写

调查报告的撰写是对调查工作进行系统条理化的综合分析过程。通过对调查所掌握的情况进行去粗取精、去伪存真、由表及里的分析，形成符合客观规律的实事求是的观点和思想，最后通过文字将其表述出来。

3. 总结社会调查成果

社会调查活动后，要认真总结经验教训，以便扬长避短，为将来更好地进行调查活动积累经验，打下基础。

总结调查活动应注意以下几点。

（1）全面检查调查任务的完成情况。对已经进行的调查活动的内容、时间安排、钱物使用及进行情况等，进行全面检查。

（2）认真积累资料。在检查中搜集到的情况，包括调查活动本身的情况，都要认真记录，积累资料，以作为写调查报告和写调查总结的依据。

(3)要一分为二地看调查。对调查活动的检查和总结都应用一分为二的观点，既看到成绩、经验，又要看到缺点和问题，以利于改进以后的调查研究活动。

(4)写好调查总结。在检查和分析材料的基础上，写好调查总结。

第四节　交通调查概述①,[7]

一、交通调查的分类

(一)交通调查的作用

交通调查是进行城市综合交通规划、道路网络系统规划、城市道路交通管理规划、交通安全规划等专项规划，以及道路设计的基础。通过对包括交通基础设施、交通使用状况等交通现状的调查，可以掌握交通的发生与集中，交通的分布、分担方式，在路网上的分布与负荷，运行规律以及现状存在的问题。

交通调查作为基础调查得到实施。调查的结果不仅应用于综合城市交通规划等的制定、个别的设施建设，以及改良方案的制订，而且还应用于国土规划、地域规划，乃至城市水平的基本构想、基本规划等的制定。交通调查可以有许多种分类方式，通常可以分为对于交通设施的调查和对于交通量的调查两大类。调查目的不同，调查内容、方法也不同，既有以观测为主的针对通过交通量的路段交通量调查，或是针对交叉口交通实态，以及地区的停车状态的调查，也有对于把握全体的交通总量，以及地域间的移动总量等以问卷调查为主的调查。

交通设施的调查包括了道路现状调查、公共交通方式调查、停车调查和枢纽调查。道路现状调查包括：各条道路的种类、级别，道路功能分类，延长、幅宽(或是车道数)，纵断，曲率等几何构造信息，道路通行能力，预定改建计划，交叉口状况，各种管制状况等。公共交通方式调查包括轨道设施现状调查、普通公交调查、港湾设施调查。停车场调查分为路内、路外停车调查。路内包括：交通管制状况，停车可能区间延长、可能车辆数等。路外包括：停车场面积，构造，停车可能车辆数等。枢纽调查包括：站前广场，公交枢纽，货运枢纽等。

交通量的调查可以说是交通调查的基础部分，包括了对于地点、断面，以及OD走向调查等多项内容。作为注目于某个“地点”的交通量调查，包括了利用人工在路边观测计量路线上某一地点的通过交通量的一般交通量调查以及依靠路上所设机械设备所做的常时交通量观测调查，交叉路口的交通流态的交叉口交通量调查。注目于“地域的断面”的调查有通过交通量调查，即假想一条切断对象地区的断面，对于通过这个断面的交通量进行调查，通常称为核查线(screen line)调查，核查线通常可以选定通路固定的河流或是铁路线。由于边界线(cordon line)调查多用于汽车牌照的调查，这种调查方法有时又称为车牌调查。边界线可以是一条把对象地区封闭起来的闭合曲线。对于“地域”的调查有通过对调查对象实行问卷调查以获得交通行动的起止点的OD(origin & destination)调查为代表的调查。

(二)城市交通调查的种类与特征

关于城市交通的调查有多种多样，其目的不外乎是掌握城市的交通状况，为制定城市交通

---

① 本节内容根据作者本人著《城市道路交通规划设计与运用》一书修改而成。

规划，以及制定交通基础设施的建设或是改善规划等提供数据基础。

城市交通调查的内容可以大致分为对于交通设施的调查和交通量的调查两大类。对于交通量的调查又可以分为客运与货运，也可以分为对于人的出行的调查和车辆的调查。着眼于人的调查有个人出行调查。

由于我国在交通调查领域进展缓慢，没有形成完整的调查体系，本章中主要以在日本进行的交通调查为例进行介绍。表 4-1 列出了目前在日本进行的与城市相关的交通调查的种类和各自的特征。

城市交通统计调查的特征（以日本为例）　　表 4-1

	道路交通情势调查	城市 OD 调查	个人出行调查	大城市交通调查	国势调查
实施周期	每 5 年	不定期	不定期（大约每 10 年）	每 5 年	每 5 年
对象地区	全国	大约 50 万人以下的都市圈	大约 50 万人以上的都市圈	首都圈、中京圈、近畿圈	全国
调查对象	车辆的运行（一天）	人的流动或是车的运行（一天）	人的流动（一天）	轨道、公交利用，乘客的移动（一天）	人的通勤、通学流动（通常的行动）
流动性质	总流动	总流动	纯流动	月票调查或是纯流动	纯流动
抽样以及调查方法	从汽车登录数据中随机抽取的机动车。 出租车、租赁车在记录中追加计人起止地点。 普通公交可以抄录运送实绩报告书——均为上门访问，留下调查表日后回收	机动车抽样（与道路交通调查同样），或者是从户籍记录抽样（与个人出行调查同样）——上门访问，留下调查表日后回收	从户籍记录随机抽样，以家庭中 5 岁以上成员为对象进行调查——上门访问，留下调查表日后回收	轨道、公交的利用实态调查，对象为月票使用者全员，轨道一般车票调查（OD 调查），公交利用调查——事业者调查	家庭构成全员调查——上门访问，留下调查表日后回收
调查精度，抽样率	2%～3%	平日 10%～20%；休息日 2%～3%	大都市圈2%～3%； 地方都市圈 5%～10%	月票调查：5%～6%。 普通票调查：全数调查	全数
OD 表分区单位	B zone（中分区）	C zone（小分区）	规划基本 zone	基本 zone	市区町村
特征：时间段	○	○	○	○	×
特征：休息日	○	○	×	×	×
主管单位	国土交通省	国土交通省	国土交通省	国土交通省	总务厅

注：OD 表分区单位通常为 A、B、C 三级，A 级最大，C 级最小。○表示对应，×表示非对应。

在日本目前进行的与城市相关的交通调查主要有 5 种，分别为道路交通情势调查、城市 OD 调查、个人出行调查、大城市交通调查和国势调查。其中道路交通情势调查的调查对象为车辆的运行，城市 OD 调查的对象为人的流动或是车的流动，后 3 种则以人的流动为对象，而国势调查主要调查人的通勤、通学这样的日常行动。

除了表 4-1 所列的调查之外，物资流动调查也是与城市关系密切的调查，主要是调查物资的发生、集中等流动的实态。

二、关于人的出行与物资流动的调查

在表 4-1 中可以看到介绍的 5 种调查中城市 OD 调查、个人出行调查、大城市交通调查、国势调查都是有关人的流动的调查。上述的调查除了能够获得人的一天的行动信息，还可以获得交通方式利用的信息。关于物资的流动的调查有与个人出行调查相近似的物资流动调查。本节将重点介绍个人出行调查和物资流动调查。

(一)个人出行调查(PT 调查)

个人出行调查(person trip survey，以下简称 PT 调查)是通过对抽样选定市民的全天 24h 的行动进行调查，再将其进行样本扩大来把握城市圈的交通的整体。PT 调查是针对人的调查，通过问卷形式需要搞清城市居民的基本信息和一天的出行情况。

美国在把州际公路引入到都市圈时，为了研讨州际公路对于都市圈的影响，在政府的资助下开发并使用了个人出行调查的调查方法。之后许多国家使用了这个方法，至今已经积累了许多的经验和成果。

PT 调查的数据本来是为了制定都市圈的交通基本规划为目的的，现在被用在各种交通规划的制定，以及调查研究中，包括综合城市交通规划，道路网规划，停车场规划，交通影响评价，城市单轨、新交通系统等公共交通方式规划，站前广场规划，环境影响评价等。总之，PT 调查数据被广泛地得到应用。

1. PT 调查的内容

随着 PT 调查的广泛开展和普及，调查的标准化得到实施，其中包括了调查项目的标准化，数据处理的标准化等。

标准的 PT 调查的调查项目，如表 4-2 所示。调查项目可以分为个人与家庭的基本信息、出行特性两大部分。基本信息包括了住址、工作单位、性别、年龄等个人属性和家庭属性；出行特性则包括了出发地、到达地等出行端的特性，以及目的、方式等出行属性。通过把这些项目相互交叉，或是与交通服务的现状、人口等社会经济数据相组合，可以获得多种多样的信息。

调查项目 表 4-2

分类			调查项目
基本信息	个人属性家庭属性		·住址 ·工作单位、学校住址 ·性别、年龄 ·职业 ·工作性质 ·有无驾驶执照 ·有无可以平时使用的机动车 ·是否保有机动车(家庭保有)
出行特性	出行端(trip end)属性	出发地状况	·出发地的划分及其住址 ·出发设施 ·出发时刻
		到达地状况	·到达地的划分及其住址 ·到达设施 ·到达时刻

续上表

分类			调查项目
出行特性	出行属性	全体	·目的 ·交通方式 — 各种方式所要时间 — 换乘地点
		其他	·同伴人数 ·是否驾车 ·停车场所 ·是否利用收费道路以及利用的出入口

2. PT 调查的特征

(1)PT 调查自身的特征

PT 调查具有两个最为基本的特征:其一是,PT 调查不仅仅是为了把握现状所进行的统计调查,而且还是为了制定交通规划所进行的规划调查。其第二个特征可以用“综合”一词来表现,但要注意,这里讨论的不是狭义的把握人的行动的 PT 调查,而是包含了 PT 调查之后的数据处理、分析、规划作业等一系列过程。“综合”包含了以下几个含义。①交通方式间的综合。交通方式之间有机的关系研究是缓解交通问题和开展交通政策的重要部分,而 PT 调查正是揭示所有交通方式的利用实态与分担关系的唯一调查。②土地利用与交通,以及与环境间的综合。交通负荷小的城市规划的制定需要在多种土地利用以及人口的框架下,认真探讨适合该土地利用以及人口框架的交通规划方案的效果与影响。③硬的措施与软的措施的综合。以交通设施建设为中心的硬的措施与 TDM 等软的措施如果不同时考虑,在空间、环境、财政制约极为严格的现代城市中使交通问题得到缓和,实现更为有效的交通系统都是非常难的。④各种利害关系的调整与综合。由于交通是城市以及地域各种活动的支撑,交通政策影响大,持续时间长,这些影响以及效果在不同的主体身上以不同的方式显现出来。这时事先对这些利害关系进行预测,进行调整的机能十分重要。⑤行政机关间的协调与综合。交通的发达带来了生活活动的广域化和活性化,带来了日常生活圈(交通圈)与行政区域的偏离,为了更好地提供交通服务,各地区之间的协调与互动十分重要。

(2)PT 调查数据的特征

PT 调查数据具有一些其他调查所没有的特征,当然也存在着起因于数据特性的界限性。

PT 调查数据的第一个特征是可以综合地把握城市中人的移动。也就是说因为调查居住在都市圈内所有人的行动,不限于某种特定的交通方式,而是连续地把握所有人的移动。在对人的交通行动中,把握住交通方式分担特性可以说是一大特征。

另一个特征是可以掌握与家庭以及个人属性相交叉的交通实态的信息。据此可以捕捉到交通的发展、老龄化社会的进展,与家庭汽车保有状况的关系。

另一方面,PT 调查由于是对于个人的行动的调查,缺乏对于营业用机动车等法人保有的机动车的调查数据,还有通常为平日的调查,无法掌握休息日交通的状况。

3. PT 调查数据的应用

PT 调查的数据主要应用于制定都市圈的交通基本规划,同时也被作为研究制定其他交通规划的基础数据灵活使用。

(1)调查数据用于现状分析

为了捕捉到都市圈的现状与问题、课题，需要从不同的视点进行现状分析。表 4-3 所示为现状分析的具体项目。

现状分析的具体项目 表 4-3

分　类	分 析 项 目
一般课题	城市交通的概况
	对于机动车交通的分析
	对于轨道交通的分析
	对于公交交通的分析
	对于停车的分析
	对于市中心行人交通的分析
	对于交通事故的分析
	基于防灾视点的分析
特定课题	对于交通服务与规划目标的分析
	对于促进广域交流的交通规划的分析
	关于土地利用、交通服务的分析
	关于通勤交通政策的分析

(2)调查数据应用于将来交通量预测

将来交通量是按照生成交通量，发生、集中交通量，分布交通量，交通方式的分担交通量，分配交通量的顺序进行预测。为了建立各个阶段的预测模型，需要使用 PT 调查的数据，见表 4-4 所示。交通量按照个人属性等的分类区分使用。

交通量预测模型建立时所需要的数据 表 4-4

模　型	必要的交通数据	类 别 区 分
生成模型	各个出行目的的生成交通量	出行目的，性别，年龄，有无驾照
发生集中模型	各个出行目的的发生、集中交通量	出行目的
分布模型	各个出行目的的分布交通量	出行目的
交通方式的分担模型	各个出行目的代表交通方式的交通量	出行目的，交通方式
分配模型	机动车出行分布交通量	车种

(3)数据的各种应用

PT 调查的数据除了应用于制定都市圈的各种交通基本规划之外，还在市区甚至更小单位的各自的特定区域或是设施的规划中得到应用。

表 4-5 为日本东京都市圈 1995 年为止第三次 PT 调查数据使用情况的统计。可以看到 PT 调查的数据多次被应用于各种目的。

各个目的数据利用件数 表 4-5

利用目的	综合城市交通规划	道路网规划	停车场规划	大规模开发相关规划	公共交通方式研讨	环境影响评价	其　他	合　计
件数	37(10.5%)	53(15.0%)	47(13.3%)	95(26.9%)	44(12.5%)	12(3.4%)	65(8.4%)	353(100%)

综合城市交通规划、道路网规划、与都市圈的综合交通体系规划同样应用了 PT 调查的数据。停车场规划应用了市、区等行政单位的停车场建设规划的数据，停车需求的计算，将来预

测中都使用了PT调查的结果。大规模开发相关规划是在大规模的城市开发项目实施之前，对于周围交通的影响进行评价，制定出适当的交通规划。交通量预测中，各种设施的交通方式之间的分担率预测需要利用PT调查的数据。公共交通方式的研讨中城市轻轨、新交通体系的规划制定，站前广场规划时所需的交通需求预测都需要使用PT调查的数据。环境评价中为了计算分配交通量也需要使用PT调查的OD交通量等数据。

4. PT调查数据相关的课题

PT调查在发达国家已经得到了广泛的应用，取得了许多成果，并积累了许多经验。由于成本问题、技术问题等原因，PT调查在我国还没有得到普遍开展。PT调查必须结合当地的特点去制订方案，进行调查。并且，随着社会经济形势的不断变化，PT调查出现了一些新的课题，需要做一些改善。

(1)调查项目的扩充

近年来为了对应交通规划需求的变化以及多样化，需要追加一些新的调查内容。近年来实施的PT调查中，追加了不少标准化的调查项目以外的调查内容。

①家庭属性的信息

为了研讨对应于老龄化的进展和机动车保有构造的变化等社会经济形势变化的交通规划，需要准确把握家庭构成的属性以及家庭保有机动车的信息。

②研讨交通需求管理措施所需的生活行为信息

为了研讨交通需求管理措施，除了交通之外还需掌握与所有生活行为相关的信息。比如包括自由选定出勤时间(flextime)等作息时间的信息，对于汽车保有产生影响的住居信息、停车场信息等需要增加。

③费用与负担的信息

对于拥挤收费等的研讨中费用相关的措施进行评价变得越来越重要，交通费用的实际情况(月票，多次优惠等车票的种类)以及对于通勤费用补贴的掌握也十分重要。

④不同时间段的小时交通量数据

为了把握交通服务水平等的需要，需要掌握不同时间段的小时交通量。但是实际的PT调查中很难获得精度高的调查数据。对于这些信息，需要与观测数据相结合，利用模型进行推测等方法通过抽样调查掌握实际数据。

(2)PT调查相关数据的收集

在PT调查获得的一天的交通实际状态的基础上需要加入一些相关的信息，这需要通过附加调查以及行政信息的整理来掌握。

①供给一方的数据

为了制定充分考虑了社会的经济效益、费用合理的规划并做出投资决定，不仅在交通的数量方面，而且在质量方面也应加以重视。因此，用于评价服务水平、交通设施的建设水准以及营运服务的情况等交通设施供给一方的数据变得十分必要。

②对应于规划对象的数据收集

过去的交通规划主要都是以平常的一天的交通量为基础进行制定的。近年来，随着休息日观光等的不断增加，对这些交通也需要加以重视。因此，交通调查中也应该注意把休息日交通、观光交通、季节性交通作为对象。

③规划方案评价所需的数据

为了顺利进行规划方案的制定与保证其实施，应该在捕捉交通实态进行分析的信息中，追加一些意向调查等以获得进行多种评价所需的信息。

对于规划目标以及相关措施的方向性的意见，对于现状的满意程度等意向数据从交通需求与供给两方面进行收集十分必要。另外，为了正确评价规划方案，比如，机动车排出的环境负荷物质的排出原单位以及为了计量其社会经济效益所需的货币价值转换系数等的数据是必要的。这些数据不是从过去的交通统计数据中获得，应该注意今后为了获得这些数据从现在起应该注意获得相关数据的调查。

(3)有关实态调查实施的课题

PT 调查一直是以从居民的户籍登录中随机地抽选出被调查对象，利用家访发放调查表，然后回收的方式进行调查。近年来，人们对于隐私权越来越重视，居民特别是大城市居民对于调查的配合程度越来越低。因此在考虑扩充收集信息内容的同时，有必要考虑减轻给调查对象造成的负担。

(4)关于调查数据的提供

进行合理的调查，收集相关数据的同时，如何有效地利用收集到的数据变得非常重要。为此，不仅调查实施的主体将其应用于自己的规划制定之中，也应该促进研究机构、市民、企业以及直接有关的单位对于调查数据的使用。

(5)实态调查的概要和新的尝试

随着 PT 调查的内容的不断扩充，PT 调查近年来又被称为交通实态调查，并且逐渐形成了新的体系。如图 4-3 所示，实态调查体系中包括了交通实态调查和交通意识调查两大部分。

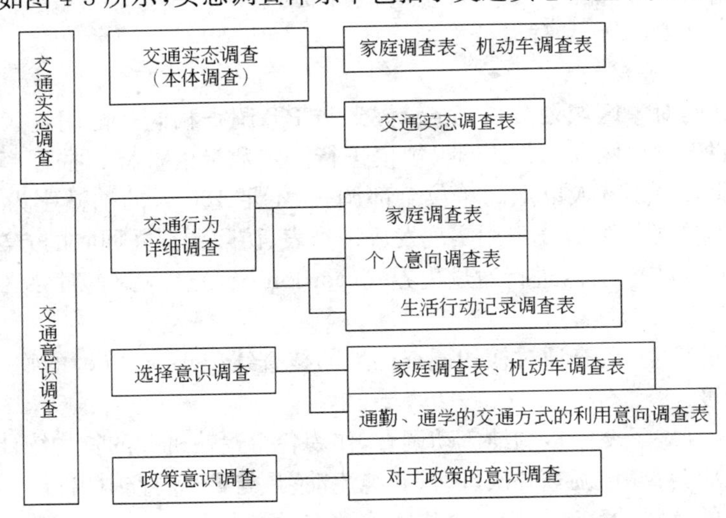

图 4-3 实态调查体系

1998 年日本东京都市圈进行了第四次东京都市圈交通实态调查(PT 调查)，调查按照图 4-3 所示的调查体系进行。其中包括了交通实态调查与两个意识调查。

本体调查中，为了掌握家庭全员的个人属性与家庭中保有机动车的特性，以及对家庭构成和机动车保有构造进行详细的分析，把家庭调查表和机动车调查表分开。

另外，作为本体调查的补充，分别进行了老龄人口再就业的意向、继续驾驶行为的意向，以及对于交通服务的希望与要求等个人意识调查，关于平日、周六、周日的行动的生活行动记录的调查，关于选择交通方式与出勤时刻的选择意向调查。

采用的调查方法是：调查员通过上门访问，把问卷调查用表发给各个作为调查对象的家庭，日后再次访问进行回收；对于政策意识调查则采用了家庭访问；对于都县市行政代表的调查，政府服务窗口发放附带调查表的小册子；利用网页进行问卷调查 4 种方法。

调查对象为东京都在住的通过随机抽样选出的家庭，大约有 88 万人。意识调查与政策意识调查各有约 1 万人作为对象接受了调查。

(二)物资流动调查

物资流动调查简称物流调查。这一调查利用问卷调查方式调查商店、企事业单位物资的发出、到达量等流动情况，目的在于掌握物资流动的数量、品种、起终点、运输方式等内容。物流调查本来是与把握人的移动的个人出行调查一起被用来综合地把握城市的交通状况，应用于综合交通规划的制定，但是近年来随着社会经济状况的变化而进行的大规模的物资流动调查越来越少，与政策课题相关的新的调查越来越受到重视。

调查目的：物流调查是与个人出行调查成双成对的，着眼于物资的流动的调查。由于调查的对象是物流，因此除了把握货车等的交通量以及将来预测这样的目的外，也可将调查用于枢纽、物流中心等的综合规划的基础资料。

调查内容：物资流动调查以到单位访问调查为主体，结合进行枢纽调查、交通设施调查、边界线(cordon line)调查、核查线(screen line)调查等。

单位访问调查又分为一般单位访问调查与运输业者访问调查。调查的项目如下。

(1)单位的业务内容(业务种类，从业人员规模，产品数额，机动车车辆数等)。

(2)物资的动向(各种产品的 OD 以及重量、运输方式)。

(3)货车的动向(OD，运输品种以及重量等)。

(4)其他(设施状况等)。

调查方法：调查的对象区域划分(zoning)大致与 PT 调查相同。把调查区域内所有单位作为调查对象，按照不同分区(zone)、行业、规模进行一定数量的抽样。抽样率根据单位的规模不同而不同，从业人员 100 人以上的单位全部调查，不足 100 人的抽样率为 1%～20%，平均为 5%～10%。调查数据的收集采用实现发放调查表、访问调查并回收的方法。

补充调查：与 PT 调查同样，进行通过边界线(cordon line)进入调查对象区域的物资的流动的调查。

检验调查精度的调查：调查通过横切调查区域的核查线(screen line)的物资流动量，检验问卷调查结果的精度。

另外，在日本还开展了全国货物纯流动调查，作为各个运输机关的货物统计的补充。该调查与国势调查相呼应，每 5 年调查一次。所谓“纯流动”是与 PT 调查中出行链的概念相似，把从出发地到目的地的货物的移动作为一个货物移动交通来考虑。

三、关于车辆的调查

道路交通调查包含了与道路相关的各种内容，例如道路交通量调查、道路设施调查、道路使用状况调查等。

道路交通调查的主要部分是关于车辆的调查，它是城市交通调查中极为重要的组成部分。它包括了路段、路口机动车交通量调查和机动车 OD 调查，车速调查等。关于车辆的调查需要搞清机动车流的来龙去脉，也就是发生、吸引的地点和强度，分布情况，车种构成，拥堵情况等。机动车的调查是道路规划、设计的基础。

道路交通调查的代表是道路交通情势调查(traffic census)，本节以在日本进行的道路交通情势调查为例进行介绍。

(一)道路交通情势调查概况

在日本进行的道路交通情势调查,也称全国道路、街路交通情势调查,是关于全日本道路交通的全面调查,目的在于把握全国机动车的活动情况。

图 4-4 中表示了道路交通情势调查的构成。在日本,道路交通情势调查由国土交通省,以及地方公共团体等负责实施,其内容包括了利用问卷形式抽样调查机动车一天之内的活动的机动车 OD 调查,和包括道路状况调查、12h 或 24h 的断面交通量调查、高峰时间行车速度调查在内的一般交通量调查。近来调查中还增加了有关停车场实际状态的停车调查,以及为了把握道路的功能而进行的有关医院等道路沿途设施的"功能调查"。道路交通情势调查每 5 年进行一次包括机动车 OD 在内的大型调查,5 年中的第 3 年上补充一次不含机动车 OD 的调查。其目的就是在于准确、及时地掌握道路交通的基本状况,把调查结果尽快地反馈到道路交通规划与管理中去,最大限度地保证城市道路交通的最大效率。

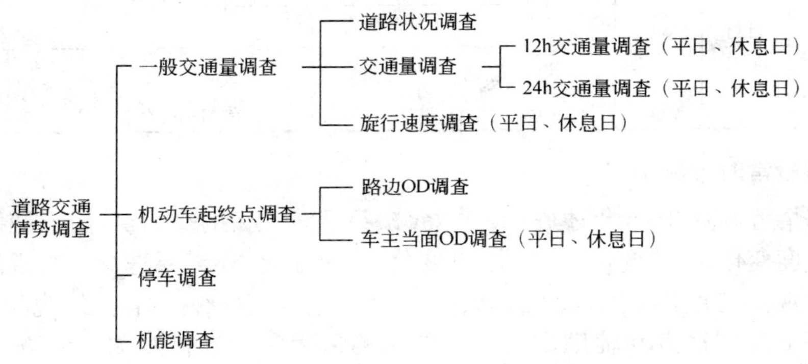

图 4-4 道路交通情势调查的构成

(二)机动车起终点调查

机动车 OD 调查是道路交通调查的另一大内容。机动车 OD 调查的结果是现状机动车 OD 表。调查机动车 OD 时与个人出行调查一样需要把调查对象区域划分为若干个分区(zone),通过调查可以获得多车种的现状机动车 OD 表。现状机动车 OD 表则是预测将来机动车 OD 表的基础。机动车 OD 调查的构成如图 4-5 所示。

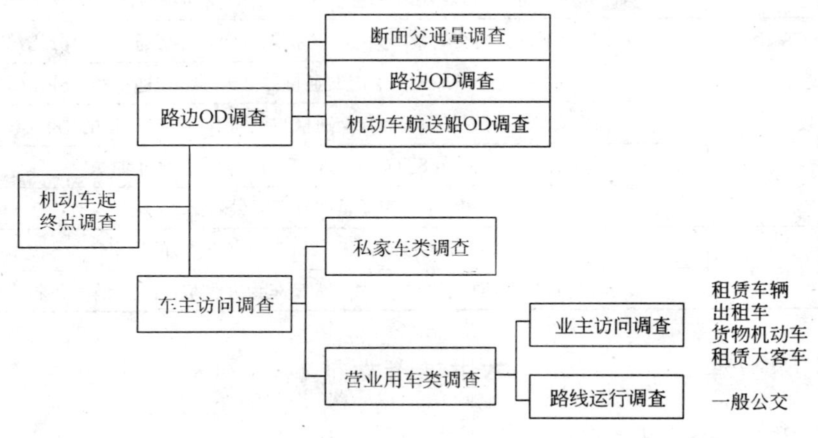

图 4-5 机动车 OD 调查的构成

(三)一般交通量调查

道路交通调查中关于路段交通量调查包括机动车流量、非机动车流量和行人流量及其流向的调查,速度的调查,交通事故和道路等级、设施状况的调查。

交通量是道路交通最为基础的数据,被应用于把握道路交通状况和应用于道路规划。交通量调查又可以分为计量单位时间内通过的机动车数的道路交通量调查、调查机动车的出发地和目的地的机动车OD调查、旅行速度调查等多种。

交通量调查通常为调查早7点到晚7点之间的交通,按照各个车种,每个小时进行统计。对于主要地点则需进行24h的观测。车种根据需要可分为多种,如在日本调查对象共划分为12种,如表4-6所示。行人也作为其中之一进行观测。汽车类分为客货两大类,计8种。观测时主要是依照汽车牌照的号码和颜色进行区分。

车种分类 表4-6

分类	行人类	自行车类	人力、畜力车	摩托车	汽车类							
					客车类			货车类				
					轻型小轿车	小轿车	大客车	轻型货车	小型货车	货客两用车	普通货车	特殊车辆

(四)交通量常时观测调查

由于道路情势调查3～5年才进行一次,每次只观测一天的交通量,为了把握交通量以及车种构成的年度变化、季节变化、月变化、日变化、小时变化,还需要进行常时观测。常时观测调查包括常时观测交通量的基本观测地点,和作为补充的,春秋两季各连续观测一周的辅助观测地点。在基本观测地点和辅助观测地点的观测采用利用器械观测与调查员观测结合的方法。

常时交通量调查的对象为全国的一般国道,或是主要城市的主要地点,调查结果以年报的形式公布。其主要的观测统计项目如表4-7所示。

交通量常时观测调查统计项目 表4-7

项　目	解　释
年平均日交通量	一般写作 $AADT$,为年总交通量用一年的天数去除得到的数值,其单位为“辆/天”
K值	年第30位小时交通量占年平均日交通量的百分比(%)
D值(方向不均匀系数)	上下行方向交通量中大的一方占双方向合计交通量的百分比(%)
高峰小时系数	一天中交通量最大的小时交通量占全天24h交通量的百分比(%)
星期系数	一周中某一天的日交通量与该周平均日交通量的比值
饱和小时数	一年8 760h中超过小时交通容量的小时数
小时系数	小时交通量占日交通量的比率(%)
昼夜率	24h交通量对白天12h(7点～19点)的比率(%)
大型车混入率	大型车占机动车总量的比率(%),大型车为大客车、普通货车、特殊车辆的合计

本讲参考文献

[1] 川北米良,榛沢芳雄. 土木計画学. 東京:コロナ社,1994.

[2] 中华人民共和国国家统计局网站. http://www.stats.gov.cn/was40/gjtjj_outline.jsp?

channelid=75029.
[3] 张超,陈丙咸,邬伦. 地理信息系统. 北京:高等教育出版社,1995.
[4] http://www.jxtvu.com.cn/jxdd_kczy_072/upload/2007_12/07121322579313.doc.
[5] http://www.fi007.com/1/1_15177.htm.
[6] 张彦,吴淑凤. 社会调查研究方法. 上海:上海财经大学出版社,2006.
[7] 石京. 城市道路交通规划设计与运用. 北京:人民交通出版社,2006.
[8] 樗木武. 土木計画学. 東京:森北出版株式会社,2001.
[9] 新谷洋二. 都市交通計画. 東京:技報堂出版,2003.
[10] 石田東生. 都市圏交通マスタープランとパーソントリップ調査. 東京:都市計画,2000,49(2):5-8.
[11] 北村隆一. 都市圏交通調査の新たな展開. 東京:都市計画,2000,49(2):23-26.
[12] 越智健吾. 東京都市圏総合交通体系調査における実態調査結果概要と新たな試み. 東京:都市計画,2000,49(2):18-22.
[13] 原田昇. 人の動きを捉える都市交通調査のあり方. 東京:都市計画,2000,49(2):9-12.
[14] 中野敦. パーソントリップ調査データへのニーズと活用. 東京:都市計画,2000,49(2):13-17.
[15] 長瀬龍彦. 都市圏交通調査の新技術と展望. 東京:都市計画,2000,49(2):31-34.
[16] 刘学军,徐鹏. 交通地理信息系统. 北京:科学出版社,2006.

第五讲　调查数据处理的方法

第一节　现状分析的内容

为了实现土木规划的目标，需要掌握与将来预测密切相关的复杂的社会经济现象。具体地说，需要对从过去到现在的社会经济现象变化等数据进行详细的分析，为预测打下基础。现状分析的一般步骤中包括：①确定分析对象，弄清需要把握什么现象；②拟定因果关系，搞清是什么在产生影响；③因果关系的分类、整理，明确是何种构造。

用于现状分析方法很多，主要方法有多元分析（multivariate analysis）。多元分析中包括了重回归分析、相关分析、判别分析、数量化方法、主成分分析、因子分析、层次分类分析等。在使用方法的选择上，首先需要判别作为分析对象的数据是属于有目的变量的多元分析，还是无目的变量的多元分析。其次，还需判别作为对象的分析数据是数量数据还是非数量数据。本章简要介绍其中一些主要的方法。常用的可供选择的方法可以参见表 5-1。

土木规划学中调查数据的处理方法　　表 5-1

用　途	方 法 名 称	概　　要	其　他
数据整理	单纯做表分析 (simple tabulation)	将调查的数据整理成表格，通常可以使用 Excel，或是用数据库软件来整理、列表，之后可以绘制更为直观的图，如柱状图、饼状图等	
	交叉列表分析 (cross tabulation)	社会学调查中对“定性”的信息作分析时，交叉表分析是较为有效的方法之一。通过列表直观地表示出两种变量直接的关系。这种方法用作初步的分析，是数据分析的一个部分、一个过程	
	时序图表分析 (time series tabulation)	在土木规划中，许多现象是随着时间变化的，因此需要以时间序列的方式考察现象的发展。时序图表分析就是把现象变化按时间序列制成图表进行展示	
	直方图（频率分布）分析 (histogram)	当分析对象的变量较大时，可以将变量分为若干个区间，获取各个区间变量值的频率分布，以及累积频率分布。在人口调查，以及交通量调查中应用最为普遍。具体可以直方图的形式表示	
问题分类	判别分析 (discriminate analysis)	标本的分类方法。判别分析是指目标函数为非量化变量（定性数据），说明变量为量化数据的分析方法	有外部基准
	数量化理论 II 类方法	标本的分类方法。是从样本的种种特性中，判别这个样本属于哪一组群的方法，与判别分析不同的是这里的自变量为定性数据	有外部基准

续上表

用 途	方法名称	概 要	其 他
问题分类	聚类分析法 (cluster analysis)	寻找个体与个体之间的类似性，将分析对象按照其属性的特征进行简化，以便简单容易地掌握其中的区别和特性的一种方法。通常分析对象的列为聚类分析的评价对象，行是指分析对象的属性。在被分析的行和列都不大的情况下，就没有必要进行聚类分析	无外部基准
	树形图 (dendrogram)	列举法的一种。求概率时使用	
	多维尺度法	多维尺度法是一种将多维空间的研究对象（样本或变量）简化到低维空间进行定位、分析和归类，同时又保留对象间原始关系的数据分析方法	
回归预测	方差分析 (analysis of variance)	发现数据的变动要因	有外部基准
	相关分析 (correlation analysis)	探讨变量、个体之间的相互关联	无外部基准
	回归分析 (regression analysis)	有简单回归、多重回归，利用此方法发现关系式、预测公式	有外部基准
	数量化理论 I类方法	把目标函数与可能对其产生影响的说明变量表示为关系式，并利用该式进行预测的方法。基本上与回归分析相同。但是多元回归分析中的自变量为定量数据，这里使用的是定性数据。发现关系式、预测公式，非数量数据，与数量数据的回归方法相对应	有外部基准
主元素提取	主成分分析 (principal component analysis)	从复杂的因素或是变量中发现合成变量，对个体、变量进行分类	无外部基准
	因子分析 (factor analysis)	发现共通因子，对个体、变量进行分类的方法。通过研究各个被测变量相互间的关系，寻找其间存在的一种新的、概括性的、让人更容易理解和掌握的关系属性，即因子	潜在
其他	ISM模型	寻找AHP方法中阶层构造最有效的方法之一。本方法通过因素间的关系矩阵、可达矩阵及构造化矩阵达到阶层构造图形化的目的	
	产业关联分析 (input/output analysis)	投入产出法，作为一种科学的方法来说，是研究经济体系（国民经济、地区经济、部门经济、公司或企业经济单位）中各个部分之间投入与产出的相互依存关系的数量分析方法	
	计量经济模型 (econometric analysis)	计量经济模型是根据经济行为理论和样本数据表示出变量间的关系的数学表达式。选择模型数学形式的主要依据是经济行为理论	
	AHP方法	在从多个方案中选择确定最合理方案时，当这种“决定”无法在全部数量化的情况下进行比较分析时，采用AHP是非常有效的方法之一	

多元统计分析是统计学中内容十分丰富、应用范围极为广泛的一个分支。在自然科学和社会科学的许多学科中，研究者都有可能需要分析处理有多个变量的数据的问题。能否从表面上看起来杂乱无章的数据中发现和提炼出有规律性的结论，不仅对所研究的专业领域要有很好的了解，而且要掌握必要的统计分析工具。对土木规划领域中的研究者和高等院校的本科生和研究生来说，要学习掌握多元统计分析的各种模型和方法，需要有一本"浅入深出"的，既可供初学者入门，又能使有较深基础的人受益的专业化的参考书。这本书应该是既侧重于应用，又兼顾必要的推理论证，使学习者既能学到"如何"做，而且在一定程度上了解为什么这样做。还有这本书应该是内涵丰富、全面的，不仅要基本包括各种在实际中常用的多元统计分析方法，而且还要对现代统计学的最新思想和进展有所介绍、交代。本章正是基于这样的指导思想进行编写，力求做到易学、易懂，并且实用。为此，本章中增加了大量与土木规划有一定关系的例题，希望能对读者的理解有所帮助。

第二节　问 题 分 类

一、判别分析[1]

判别分析(discriminate analysis)是判断样本所属类别的统计分析方法。一般用于通过把现象分类、归纳成群，然后分析对于分类的现象有影响的项目，来说明该现象的构造。例如，用于分析住宅的类别(购买，还是租赁)与收入、通勤距离的关系等。又如，根据层数指标把住宅建筑分为低层住宅、多层住宅、中高层住宅、高层住宅等。再比如，根据使用任务、功能和适应的交通量等指标将公路分为高速公路、一级公路、二级公路、三级公路、四级公路五个等级。

判别分析的任务是根据已掌握的一批分类明确的总体(或样本)，建立较好的判别函数，使产生错判的事例最少，进而对给定的一个分类未知的新样本，判断它来自哪个总体。分类明确的样本称为"训练样本"。判别分析根据资料的性质，分为定性资料的判别分析和定量资料的判别分析；根据判别类数分为二类判别和多类判别；根据判别时所处理的变量方法不同分为逐步判别和序贯判别；根据区分不同总体所用的数学模型分为线性判别分析和非线性判别分析；根据判别准则的不同，又分为费歇(Fisher)判别、贝叶斯(Bayes)判别、马哈拉诺比斯(Mahalanobis)距离判别。

费歇判别思想是利用线性投影，使多维问题简化为一维问题来处理。选择一个适当的投影轴，使所有的样本点都投影到这个轴上得到一个投影值。对这个投影轴的方向的要求是：使每一类内的投影值所形成的类内离差(离差也叫差量，即单项数值与平均值之间的差)尽可能小，而不同类间的投影值所形成的类间离差尽可能大。

贝叶斯判别思想是根据先验概率求出后验概率，并依据后验概率分布做出统计推断。所谓先验概率，就是用概率来描述人们事先对所研究对象的认识程度；所谓后验概率，就是根据具体资料、先验概率、特定的判别规则所计算出来的概率。它是对先验概率修正后的结果。

距离判别思想是根据各样品与各母体之间的距离远近做出判别。即根据资料建立关于各母体的距离判别函数式，将各样本数据逐一代入计算，得出各样本与各母体之间的距离值，判别样品属于距离值最小的那个母体。

判别分析与聚类分析同属分类问题，所不同的是，判别分析是预先根据理论与实践确定等级序列的因子标准，再将待分析的样本安排到序列的合理位置上的方法。聚类分析将在后面介绍。

在此就费歇二类线性判别分析进行简单说明。

具有 n 个样本 m 个说明变量的数据模型如表 5-2 所示。

数 据 模 型 表 5-2

变　量		X_1	X_2	……	X_j	……	X_m	Z
样本	1	X_{11}	X_{12}	……	X_{1j}	……	X_{1m}	Z_1
	2	X_{21}	X_{22}	……	X_{2j}	……	X_{2m}	Z_2
	i	X_{i1}	X_{i2}	……	X_{ij}	……	X_{im}	Z_i
	n	X_{n1}	X_{n2}	……	X_{nj}	……	X_{nm}	Z_n

假定目的变量为 Z,说明变量为 X_1、X_2…… X_m,此时,其判断方程为:

$$Z = a_0 + a_1X_1 + a_2X_2 + \cdots + a_mX_m \tag{5-1}$$

为了求得上式中的常数项(a_0)和系数($a_1,a_2,\cdots,a_m$),需要计算各个变量的偏差平方和与乘积和,形成矩阵$[S_{jk}]$。

$$[S_{jk}] = \begin{bmatrix} S_{11} & S_{12} & \cdots & S_{1k} & \cdots & S_{1m} \\ S_{21} & S_{22} & \cdots & S_{2k} & \cdots & S_{2m} \\ \vdots & \vdots & \vdots & \vdots & \vdots & \vdots \\ S_{j1} & S_{j2} & \cdots & S_{jk} & \cdots & S_{jm} \\ \vdots & \vdots & \vdots & \vdots & \vdots & \vdots \\ S_{m1} & S_{m2} & \cdots & S_{mk} & \cdots & S_{mm} \end{bmatrix}$$

$$S_{jk} = \sum_{l=1}^{n}\sum_{i=1}^{n_i}(X_{ij(l)} - \overline{X}_{j(l)})(X_{ik(l)} - \overline{X}_{k(l)}) \tag{5-2}$$

由于对象只有两类,上式中的下标则为 $l=1,2$。假定第一类的平均值为$\overline{X}_{1(1)},\overline{X}_{2(1)},\cdots,\overline{X}_{m(1)}$,第二类的平均值为$\overline{X}_{1(2)},\overline{X}_{2(2)},\cdots,\overline{X}_{m(2)}$,于是可以得到下列联立方程。此处,平均值的下标中的括号中数字表示群。

$$\begin{cases} S_{11}a_1 + S_{12}a_2 + \cdots + S_{1m}a_m = \overline{X}_{1(1)} - \overline{X}_{1(2)} \\ S_{21}a_1 + S_{22}a_2 + \cdots + S_{2m}a_m = \overline{X}_{2(1)} - \overline{X}_{2(2)} \\ \vdots \\ S_{j1}a_1 + S_{j2}a_2 + \cdots + S_{jm}a_m = \overline{X}_{j(1)} - \overline{X}_{j(2)} \\ \vdots \\ S_{m1}a_1 + S_{m2}a_2 + \cdots + S_{mm}a_m = \overline{X}_{m(1)} - \overline{X}_{m(2)} \end{cases} \tag{5-3}$$

通过求解上述联立方程即可获得常数项 a_0。

$$a_0 = -(a_1\mu M_1 + a_2\mu M_2 + \cdots + a_m\mu M_m) \tag{5-4}$$

在此,$\mu M_m = (\overline{X}_{m(1)} + \overline{X}_{m(2)})/2$。

而判别对象的判别分数 $Z(X)$可以由最初给出的式(5-1)求出。

下面用例题说明判别分析的具体应用方法。

[例题 5-1] 判别分析。

表 5-3 中列出了利用平行的两种铁路(动车组=1 组,普通客运=2 组)的 10 名男性对于票价与舒适程度的满意度的调查结果(10 分为满分)。在此调查结果的基础上,判断票价满意度为 2,舒适程度满意度为 8 的男性属于哪一组。判断时使用线性判别函数法。

使用交通方式的满意度 表 5-3

样 本	票 价	舒 适 程 度	组 别	样 本	票 价	舒 适 程 度	组 别
1	3	9	1	6	1	5	2
2	3	8	1	7	4	6	2
3	4	7	1	8	3	2	2
4	5	7	1	9	2	2	2
5	2	9	1	10	5	4	2

[解答]

当从样本所具有的各种特性来判断样本属于哪个组群时，可以使用判别分析法，判别分析所使用的线性判别函数如下：

$$Z=a_0+a_1X_1+a_2X_2+\cdots+a_mX_m$$

当样本的属性只有两个 X_1、X_2，分别为票价和舒适度的满意度，对应系数 a_0、a_1、a_2 的计算公式为：

$$\begin{cases}a_1\sum_i(X_{i1}-\overline{X}_1)^2+a_2\sum_i(X_{i1}-\overline{X}_1)(X_{i2}-\overline{X}_2)=\overline{X}_{11}-\overline{X}_{12}\\ a_1\sum_i(X_{i1}-\overline{X}_1)(X_{i2}-\overline{X}_2)+a_2\sum_i(X_{i2}-\overline{X}_2)^2=\overline{X}_{21}-\overline{X}_{22}\end{cases}$$

$$a_0=-(a_1\overline{X}_1+a_2\overline{X}_2)$$

$\overline{X}_1$、$\overline{X}_2$ 分别为票价和舒适度的满意度的均值。

$$\overline{X}_1=(3+3+4+5+2+1+4+3+2+5)/10=3.2$$

$$\overline{X}_2=(9+8+7+7+9+5+6+2+2+4)/10=5.9$$

$\overline{X}_{1(1)}$、$\overline{X}_{1(2)}$ 分别为第一、二组的票价满意度的均值，$\overline{X}_{2(1)}$、$\overline{X}_{2(2)}$ 分别为第一、二组的舒适程度满意度的均值。

$$\overline{X}_{1(1)}=(3+3+4+5+2)/5=3.4$$

$$\overline{X}_{2(1)}=(9+8+7+7+9)/5=8$$

$$\overline{X}_{1(2)}=(1+4+3+2+5)/5=3$$

$$\overline{X}_{2(2)}=(5+6+2+2+4)/5=3.8$$

代入第一个联立方程组求解，可以得到判别函数式的系数。

$$a_1=0.162,a_2=0.692,a_0=-4.602$$

由此可以得到线性判别函数为：

$$Z=-4.602+0.162X_1+0.692X_2$$

因此判断票价满意度为 2，舒适程度满意度为 8 的男性，由于其 $Z=1.258>0$，故属于第一组动车组（注：当 $Z<0$ 时，属于第二组，而 $Z=0$ 时，无法判别）。

二、数量化理论 II 类方法[①]（multi-dimensional quantification theory II）

数量化理论 II 类方法是一种用质量说明质量的方法。这种方法从样本所具有的各种特

① 数量化理论是处理定性（质）数据与定量数据之间的关系的方法。数量化分析方法又分为两类，一种具有测定对象特殊性质的基准，另一种不具有这种基准，通常被称为“有外部基准”和“无外部基准”。1950 年日本的林知已夫教授提出了数量化理论，他根据研究目的的不同，在方法上可分为数量化理论 I、II、III、IV 。有外部基准的数量化方法包括数量化 I 类方法、数量化 II 类方法，“无外部基准”的有数量化 III 类方法、数量化 IV 类方法。本书只举例介绍有外部基准的两种方法。

性出发，判定样本属于哪个群的方法。基本上与判别分析相同。但是，判别分析中使用的说明变量是定量数据，这里使用的是定性(质的)数据。

在数量化 II 类方法的关系式中，假定目的变量为 Y，说明变量(item)的类别(category)得分为 CS_{1j}、CS_{2j}……CS_{mj}，方程式的解为 X_{ij}。

$$Y = CS_{1j} + CS_{2j} + \cdots + CS_{mj} \tag{5-5}$$

式中，$CS_{ij} = X_{ij} - WM_i$。

式中：WM_i——各个项目的加权平均，$WM_i = (\sum_j X_{ij} C_{ij}) / \sum_j C_{ij}$；

C_{ij}——类别的样本数。

据此，求出判别对象的样本得分(SS)，通过与判别中点的比较进行判别。具体过程请参考以下例题。

[例题 5-2] 数量化 II 类方法。

表 5-4 中列出了关于保有第二辆汽车与没有汽车的家庭年收入、主妇的就业情况、附近公共交通的服务水平的调查结果。请根据调查结果预测收入较多、主妇不工作、附近的公共交通服务状况好的家庭保有第二辆汽车的可能性。

两种家庭状况抽样调查表 表 5-4

保有汽车家庭											未保有汽车家庭										
抽样	家庭收入					就业		交通状况			抽样	家庭收入					就业		交通状况		
	少	较少	普通	较多	多	有工作	无工作	好	普通	差		少	较少	普通	较多	多	有工作	无工作	好	普通	差
	11	12	13	14	15	21	22	31	32	33		11	12	13	14	15	21	22	31	32	33
1		○					○	○			21	○						○	○		
2		○				○			○		22	○						○	○		
3			○				○		○		23	○					○		○		
4			○			○				○	24	○						○	○		
5			○			○			○		25	○						○		○	
6			○			○				○	26	○					○			○	
7			○			○			○		27	○					○				○
8				○			○			○	28		○					○			○
9				○			○	○			29		○					○		○	
10				○		○				○	30		○					○		○	
11				○		○				○	31		○					○	○		
12				○			○			○	32		○					○	○		
13				○		○			○		33		○				○		○		
14					○	○			○		34			○				○	○		
15					○		○			○	35			○				○	○		
16					○		○			○	36			○				○			○
17					○	○				○	37			○			○		○		
18					○	○				○	38			○			○			○	
19					○	○			○		39				○			○	○		
20					○	○					40				○			○		○	

[解答]

首先把表 5-4 中的调查结果进行整理汇总，保有家庭为 A，非保有家庭为 B，保有家庭数为 N_A，非保有家庭数为 N_B，根据下式求 H 值。

$$H_{ij}=(A_{ij}/N_A-B_{ij}/N_B)[N_AN_B/(N_A+N_B)]$$

比如关于“收入少的家庭”，

$$H_{11}=(0/20-7/20)[20\times20/(20+20)]=-3.5$$

将数据汇总在表 5-5 中。

汇 总 结 果(1)　　表 5-5

项　目	家庭收入					就　业		交通状况		
类别(ij)	11	12	13	14	15	21	22	31	32	33
保有家庭(A)	0	2	5	6	7	13	7	3	7	10
非保有家庭(B)	8	6	3	2	1	10	10	11	5	4
H 值	−3.5	−2.0	0.0	2.0	3.5	3.5	−3.5	−4.0	0.5	3.5

接下来，对说明变量进行交叉分析汇总，并如表 5-6 所示进行变量定义。

汇 总 结 果(2)　　表 5-6

项　目		家庭收入					就　业		交通状况		
类别(ij)		11	12	13	14	15	21	22	31	32	33
家庭收入	11	N_{1111} 7	N_{1112} 0	N_{1113} 0	N_{1114} 0	N_{1115} 0	N_{1121} 3	N_{1122} 4	N_{1131} 4	N_{1132} 2	N_{1133} 1
	12	N_{1211} 0	N_{1212} 8	N_{1213} 0	N_{1214} 0	N_{1215} 0	N_{1221} 2	N_{1222} 6	N_{1231} 4	N_{1232} 3	N_{1233} 1
	13	N_{1311} 0	N_{1312} 0	N_{1313} 10	N_{1314} 0	N_{1315} 0	N_{1321} 6	N_{1322} 4	N_{1331} 3	N_{1332} 4	N_{1333} 3
	14	N_{1411} 0	N_{1412} 0	N_{1413} 0	N_{1414} 8	N_{1415} 0	N_{1421} 3	N_{1422} 5	N_{1431} 2	N_{1432} 2	N_{1433} 4
	15	N_{1511} 0	N_{1512} 0	N_{1513} 0	N_{1514} 0	N_{1515} 7	N_{1521} 5	N_{1522} 2	N_{1531} 1	N_{1532} 2	N_{1533} 4
就业	21	N_{2111} 3	N_{2112} 2	N_{2113} 6	N_{2114} 3	N_{2115} 5	N_{2121} 19	N_{2122} 0	N_{2131} 4	N_{2132} 8	N_{2133} 7
	22	N_{2211} 4	N_{2212} 6	N_{2213} 4	N_{2214} 5	N_{2215} 2	N_{2221} 0	N_{2222} 21	N_{2231} 10	N_{2232} 5	N_{2233} 6
交通状况	31	N_{3111} 4	N_{3112} 4	N_{3113} 3	N_{3114} 2	N_{3115} 4	N_{3121} 4	N_{3122} 10	N_{3131} 14	N_{3132} 0	N_{3123} 0
	32	N_{3211} 2	N_{3212} 3	N_{3213} 4	N_{3214} 2	N_{3215} 2	N_{3221} 8	N_{3222} 5	N_{3231} 0	N_{3232} 13	N_{3233} 0
	33	N_{3311} 1	N_{3312} 1	N_{3313} 3	N_{3314} 4	N_{3315} 4	N_{3321} 7	N_{3322} 6	N_{3331} 0	N_{3332} 0	N_{3333} 13

按照下式计算 F 值：

$$F_{ij}=N_{ij}-[N_{ii}N_{jj}/(N_A+N_B)]$$

比如关于“收入少的家庭”对“有工作”的 F 值如下，其结果列在表 5-7 中。

$$F_{1121}=3-[7\times19/(20+20)]=-0.325$$

F 值 表 5-7

项目		家庭收入					就业		交通状况		
		11	12	13	14	15	21	22	31	32	33
家庭收入	11	5.775	−1.400	−1.750	−1.400	−1.225	−0.325	0.325	1.550	−0.275	−1.275
	12	−1.400	6.400	−2.000	−1.600	−1.400	−1.800	1.800	1.200	0.400	−1.600
	13	1.750	−2.000	7.500	−2.000	1.750	1.250	−1.250	−0.500	0.750	−0.250
	14	−1.400	−1.600	−2.000	6.400	−1.400	−0.800	0.800	−0.800	−0.600	1.400
	15	−1.225	−1.400	−1.750	−1.400	5.775	1.675	−1.675	−1.450	−0.275	1.725
就业	21	−0.325	−1.800	1.250	−0.800	1.675	9.975	−9.975	−2.650	1.825	0.825
	22	0.325	1.800	−1.250	0.800	−1.675	−9.975	9.975	2.650	−1.825	−0.825
交通	31	1.550	1.200	−0.500	−0.800	−1.450	−2.650	2.650	9.100	−4.550	−4.550
	32	−0.275	0.400	0.750	−0.600	−0.275	1.825	−1.825	−4.500	8.775	−4.225
	33	−1.275	−1.600	−0.250	1.400	1.725	0.825	−0.825	−4.550	−4.225	8.775

接下来，把所求的类别按照表 5-8 赋予虚拟变量。

虚拟变量 表 5-8

项目	家庭收入					就业		交通状况		
类别	少	较少	普通	较多	多	有工作	无工作	好	普通	差
虚拟变量	X_{11}	X_{12}	X_{13}	X_{14}	X_{15}	X_{21}	X_{22}	X_{31}	X_{32}	X_{33}

求解下式所示的联立方程组。数量化 II 类的联立方程式中，需要把各项目第一类别的变量系数设为 0 求解，等式右侧与 H 值相等。

$$\begin{cases}0X_{11}-1.4X_{12}-1.75X_{13}-1.4X_{14}-1.225X_{15}+0X_{21}+0.325X_{22}+0X_{31}-0.275X_{32}-1.275X_{33}=-3.5\\ 0X_{11}+6.4X_{12}-2X_{13}-1.6X_{14}-1.4X_{15}+0X_{21}+1.8X_{22}+0X_{31}+0.4X_{32}-1.6X_{33}=-2\\ 0X_{11}-2X_{12}+7.5X_{13}-2X_{14}-1.75X_{15}+0X_{21}-1.25X_{22}+0X_{31}+0.75X_{32}-0.25X_{33}=0\\ 0X_{11}-1.6X_{12}-2X_{13}+6.4X_{14}-1.4X_{15}+0X_{21}+0.8X_{22}+0X_{31}-0.6X_{32}+0.4X_{33}=2\\ 0X_{11}-1.4X_{12}-1.75X_{13}-1.4X_{14}+5.775X_{15}+0X_{21}-1.675X_{22}+0X_{31}-0.275X_{32}+1.725X_{33}=3.5\\ 0X_{11}-1.8X_{12}+1.25X_{13}-0.8X_{14}+1.675X_{15}+0X_{21}-9.975X_{22}+0X_{31}+1.825X_{32}+0.825X_{33}=3.5\\ 0X_{11}+1.8X_{12}-1.25X_{13}+0.8X_{14}-1.675X_{15}+0X_{21}+9.975X_{22}+0X_{31}-1.825X_{32}-0.825X_{33}=-3.5\\ 0X_{11}+1.2X_{12}-0.5X_{13}-1.8X_{14}-1.45X_{15}+0X_{21}+2.65X_{22}+0X_{31}-4.55X_{32}-4.55X_{33}=-4\\ 0X_{11}+0.4X_{12}+0.75X_{13}-0.6X_{14}-0.275X_{15}+0X_{21}-1.825X_{22}+0X_{31}+8.775X_{32}-4.225X_{33}=0.5\\ 0X_{11}-1.6X_{12}-0.25X_{13}+1.4X_{14}+1.725X_{15}+0X_{21}-0.825X_{22}+0X_{31}-4.225X_{32}+8.775X_{33}=3.5\end{cases}$$

然后计算类别分数(CS)。

比如，家庭收入的加权平均(WM_1)为：

$$WM_1=\frac{0\times 7+0.279\,259\times 8+0.407\,178\times 10+0.680\,466\times 8+0.834\,179\times 7}{7+8+10+8+7}=0.439\,721$$

“家庭收入少”的类别分数为：

$$CS_{11}=0-0.439\,721=-0.439\,721$$

全部结果列在表 5-9 中。

计 算 结 果 表 5-9

项目		标本数	方程式的解	加权平均	类别分数
家庭收入	少	7	0.000 000	0.439 721	—0.439 721
	较少	8	0.279 259		—0.160 462
	普通	10	0.407 178		—0.032 543
	较多	8	0.680 466		0.240 745
	多	7	0.834 179		0.394 458
就业	有工作	19	0.000 000	—0.113 678	0.113 678
	无工作	21	—0.216 529		—0.102 842
交通	好	14	0.000 000	0.128 842	—0.128 842
	普通	13	0.153 875		0.025 033
	差	13	0.242 562		0.113 720

根据表 5-9 的类别分数，得到各个项目的最大值和最小值，间距的值越大，该项目的影响就越大。本题中可以认为保有第二辆私车的主要决定因素是家庭的收入。计算各个项目之间的间距，如表 5-10 所示。

各个项目的间距 表 5-10

项目	类别分数		间距
	最大值	最小值	
家庭收入	0.394 458	—0.439 721	0.834 179
就业状况	0.113 678	—0.102 851	0.216 529
交通状况	0.113 720	—0.128 842	0.242 562

然后通过对类别分数进行合计来计算样本分数(*SS*)。

比如，表 5-4 第一个数据"收入较少，不工作，好"的样本分数如下：

$$SS=(-0.1605)+(-0.1028)+(-0.1288)=-0.3921$$

把求出的所有样本的样本分数分为 6 个等级，做成表 5-11 所示的度数表。

度 数 表 表 5-11

样本分数	标本数			构成比例		累计构成比例	
	合计	有	无	有	无	有	无
$-0.67\leqslant SS\leqslant -0.41$	5	0	5	0.0	25.0	100.0	25.0
$-0.41\leqslant SS\leqslant -0.15$	10	1	9	5.0	45.0	100.0	70.0
$-0.15\leqslant SS\leqslant 0.10$	7	3	4	15.0	20.0	95.0	90.0
$0.10\leqslant SS\leqslant 0.36$	8	6	2	30.0	10.0	80.0	100.0
$0.36\leqslant SS\leqslant 0.62$	8	8	0	40.0	0.0	50.0	100.0
$0.62\leqslant SS$	2	2	0	10.0	0.0	10.0	100.0
合计	40	20	20	100.0	100.0		

表 5-11 可以显示为如图 5-1 所示的折线图。图中两条线交点的横坐标为判别的中点，纵轴的值为判别的命中率。判别的中点为 0.028 8，判别的命中率为 0.85。

根据表 5-9 可以进行预测。

比如，对于“家庭收入较多，主妇不工作，附近交通服务水平高”的情况，其 SS 值为：

$$SS = 0.240\,745 + (-0.102\,842) + (-0.128\,842) = 0.009\,061$$

比判别中点小，因此可以预测这个家庭保有第二台汽车的概率很低。

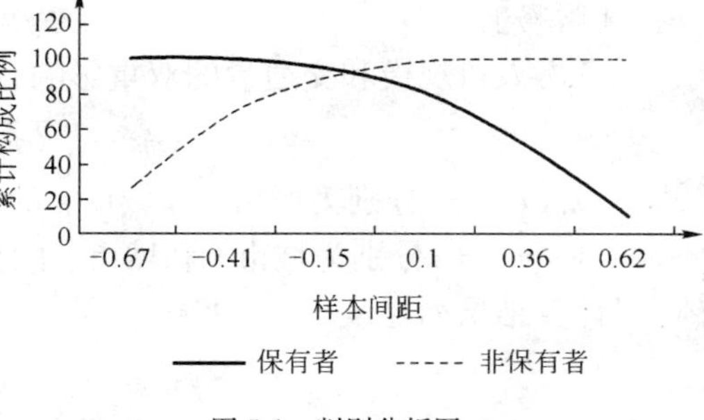

图 5-1 判别分析图

三、聚类分析(clusterl analysis)

聚类分析与判别分析、数量化理论 II 类方法同属分类方法，是比较各事物之间的性质，将性质相近的归为一类，将性质差别较大的归入不同类的分析技术。不同的是，判别分析是预先根据理论与实践确定等级序列的因子标准，再将待分析的样本安排到序列的合理位置上的方法。而聚类分析没有训练样本，直接根据样本或是变量之间的相似程度进行分类。聚类分析方法可分为样本聚类和变量聚类两种。作为衡量相似程度的尺度，可以采用距离和相关系数。样本聚类中使用距离，变量聚类中使用相关系数。

定义、计算两项之间距离或相似性的方法有很多。例如，组间连接：合并两类后使所有对应两项之间的平均距离最小。组内连接：合并后使类中所有项之间的平均距离(平方)最小；最近邻法：用两类之间最近点间的距离代表两类间的距离；最远邻法：用两类之间最远点间的距离代表两类间的距离；重心聚类：以计算所有各项均值间距离的方法计算两类间距离；中位数法：以各类中的中位数为类中心；最小方差法：以类间方差最小为聚类原则。

聚类分析从方法上可以分为分层的方法和不分层的方法。在此简单介绍分层的方法。分层的方法就是去发现最为接近的样本或是变量的顺序，最终把相似的样本或是变量按照相邻的关系进行排列，其结果用树状图进行表示。

以样本聚类为例，作为测定样本间的距离的方法，通常使用的就是几何距离，或称欧氏距离。假定两个地点 A 与 B 的坐标为 $A(x_1, y_1)$，$B(x_2, y_2)$，AB 之间的距离为 d，则在平面上该距离为：

$$d = \sqrt{(x_2 - x_1)^2 + (y_2 - y_1)^2} \tag{5-6}$$

在空间上，$A(x_1, y_1, z_1)$，$B(x_2, y_2, z_2)$，则：

$$d = \sqrt{(x_2 - x_1)^2 + (y_2 - y_1)^2 + (z_2 - z_1)^2} \tag{5-7}$$

当用距离作相似性度量时，距离越小两个样品的相似性程度越高。

以变量聚类为例，通常使用夹角余弦或相关系数作为测定相似系数的方法，在此省略。

当用相似系数时，不论夹角余弦或者相关系数，它们的值都在 $-1 \sim +1$ 之间，越接近 $+1$，相似程度越高，越接近 -1 相似程度越低。

[例题 5-3] 用聚类(cluster)分析方法对城市的人口规模与交通量进行评价。

表 5-12 中表示的是对 5 个城市的人口规模与交通量的评价值，请根据表中数据将城市分组。

5 个城市的人口规模与交通量的评价值 表 5-12

	①	②	③	④	⑤
人口规模	5	4	2	1	1
交通量	4	3	3	1	2

［解答］

考虑人口规模和交通量的双重影响，用下面的公式计算城市 i 和城市 j 的虚拟距离 r_{ij}：

$$r_{ij}=\sqrt{(x_i-x_j)^2+(y_i-y_j)^2}$$

式中：x_i，x_j——分别为城市 i 和城市 j 的人口规模；

y_i，y_j——分别为城市 i 和城市 j 的交通量。

计算结果列在表 5-13 中。

$$r_{12}=\sqrt{(5-4)^2+(4-3)^2}=1.4142$$

距 离 矩 阵 表　　表 5-13

	①	②	③	④	⑤
①		1.414 2	3.162 3	5.000 0	4.472 1
②			2.000 0	3.605 6	3.162 3
③				2.236 1	1.414 2
④					1
⑤					

分组的步骤为：

(1)首先城市④、⑤的距离为 1.000 0 最为接近，将其划分为一组；

(2)其次，①、②的距离为 1.414 2 第二接近，划归为另一组；

(3)接下来城市③与{④，⑤}组的距离为 1.414 2，可划分为一组；

(4)最后剩下{①，②}与{③与④，⑤}的组合。

分组情况如图 5-2 所示。如需分为两组的话，在虚线的地方分类即可。

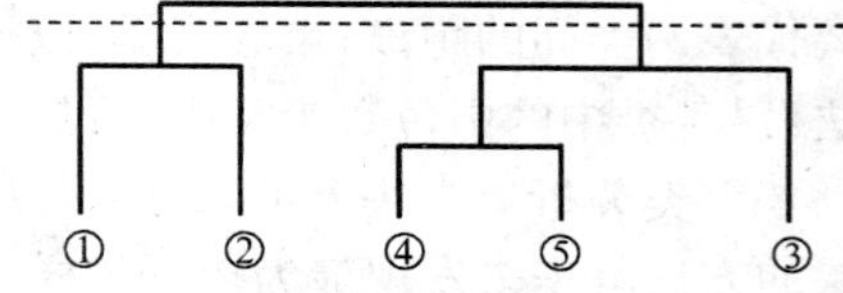

图 5-2　用树状图表示的聚类分析结果

四、树形图(dendrogram)

树形图也称树枝状图。为了用图表示亲缘关系，把分类单位摆在图上树枝顶部，根据分枝可以表示其相互关系，具有二次元和三次元。在数量分类学上用于表型分类的树状图，称为表型树状图(phenogram)，掺入系统的推论的称为系统树状图(cladogram)，以资区别。

例如路径选择问题：从出发点 A 到目的地 D，中间经过 B、C，如图 5-3 所示，有多少条路径？

分析过程：从 A 到 B，有两条可能的路线 L_1、L_2 供选择，从 A 到 C，有三条可能的路线 L_3、L_4、L_5 供选择；从 B 到 D，有三条可能的路线 L_6、L_7、L_8 供选择，从 C 到 D，有两条可能的路线 L_9、L_{10} 供选择。由此，我们可以画出图 5-4。

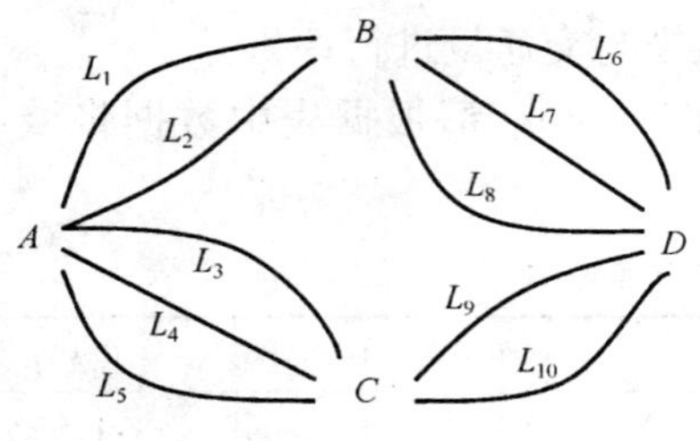

图 5-3　网络图

在图 5-4 中，从上至下每一条路径就是一种可能的结果，而且每种结果发生的机会相等。于是，我们就得出从 A 到 D 的所有路径。

在分析过程中，采用了画图的方法。这幅图好像一棵倒立的树，因此常把它称为树状图，也称树形图、树图。它可以帮助我们分析问题，而且可以避免重复和遗漏，既直观又条理分明。

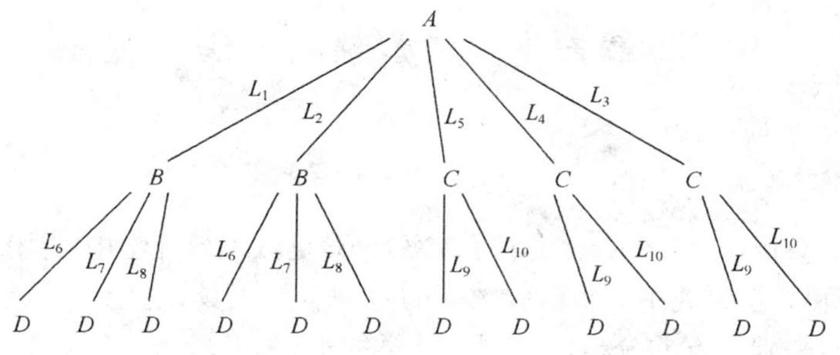

图 5-4　用树状图表示的路径

五、多维尺度法(multi-dimensional scaling)[2]

多维尺度分析(multi-dimensional scaling)通常在市场研究中使用,它可以通过低维空间(通常是二维空间)展示多个研究对象(比如品牌)之间的联系,利用平面距离来反映研究对象之间的相似程度。由于多维尺度分析法通常是基于研究对象之间的相似性(距离),只要获得了两个研究对象之间的距离矩阵,我们就可以通过相应统计软件做出他们的相似性知觉图(perceptual mapping)。

在实际应用中,距离矩阵的获得主要有两种方法:一种是采用直接的相似性评价,先将所有评价对象进行两两组合,然后要求被访者对所有的这些组合间进行直接相似性评价,这种方法称之为直接评价法;另一种为间接评价法,由研究人员根据事先经验,找出影响人们评价研究对象相似性的主要属性,然后针对每个研究对象,让被访者对这些属性进行逐一评价,最后将所有属性作为多维空间的坐标,通过距离变换计算对象之间的距离。

多维尺度分析的主要思路是利用被访者对研究对象的分组,来反映被访者对研究对象相似性的感知,这种方法具有一定直观合理性。同时该方法实施方便,调查中被访者负担较小,很容易得到理解接受。当然,该方法的不足之处是牺牲了个体距离矩阵,由于每个被访者个体的距离矩阵只包含 1 与 0 两种取值,相对较为粗糙,个体距离矩阵的分析显得比较勉强。但这一点是完全可以接受的,因为对大多数研究而言,我们并不需要知道每一个个体的空间知觉图。

多维尺度分析需要解决的问题是,当 n 个对象中个对(pair)对象之间的相似性(距离)给定时,确定这些对象在低维空间中的表示,并使其尽可能与原先的相似性大体匹配,使得由降维所引起的任何变形达到最小。

多维尺度分析按照分析的对象是定序变量还是定量变量可以分为非度量 MDS 和度量 MDS。这里介绍度量 MDS 的求解过程。

(1)给定距离矩阵 $D=(d_{ij})_{n\times n}$,构造矩阵 $B=(b_{ij})_{n\times n}$,其中:

$$b_{ij}=\frac{1}{2}\left(-d_{ij}^2+\frac{1}{n}\sum_{j=1}^{n}d_{ij}^2+\frac{1}{n}\sum_{i=1}^{n}d_{ij}^2-\frac{1}{n}\sum_{i=1}^{n}\sum_{j=1}^{n}d_{ij}^2\right) \tag{5-8}$$

(2)求 B 的特征值 $\lambda_1\geqslant\lambda_2\geqslant\cdots\geqslant\lambda_n$。

(3)选定地位空间的维数 k,取前 k 个特征值 $\lambda_1\geqslant\lambda_2\geqslant\cdots\geqslant\lambda_k$ 对应的正交化特征向量 x_1, $x_2,\cdots,x_k$,使得 $x_i'x_i=\lambda_i$。根据 $\sum_{i=1}^{k}\lambda_i/\sum_{i=1}^{n}\lambda_i$ 选取 k。

(4)$X=(x_1,x_2,\cdots,x_k)$即为所求解。

第三节 回归预测方法

一、方差分析[3]

方差分析(analysis of variance,缩写为 ANOVA)是数理统计学中常用的数据处理方法之一,是工农业生产和科学研究中分析试验数据的一种有效工具,也是开展试验设计、参数设计和容差设计的数学基础。方差分析由英国统计学家 R. A. Fisher 首先提出,以 F 命名其统计量,故方差分析又称 F 检验。方差分析通过分析引起目标函数变动的因子,对目标函数的变动所产生影响的程度进行分析,并据其结果抽出主要的因子。

方差分析的基本思想是根据研究目的和设计类型(分组方案),将总变异中的离差平方和 $SS_{总}$(SS:sum of squares)及其自由度(v:freedom)分别分解成相应的若干部分,然后求各相应部分的变异;再用各部分的变异与组内(或误差)变异进行比较,得出统计量 F 值;最后根据 F 值的大小确定 P 值(显著性指标),做出统计推断。

例如,完全随机设计的方差分析,是将总变异中的离差平方和 $SS_{总}$ 及其自由度 $v_{总}$ 分别分解成组间和组内两部分,$SS_{组间}/v_{组间}$ 与 $SS_{组内}/v_{组内}$ 分别为组间变异均方差 $MS_{组间}$ 与组内变异均方差 $MS_{组内}$,两者之比即为统计量 $F(MS_{组间}/MS_{组内})$。

方差分析的检验假设 H_0 为各样本来自均数相等的总体,H_1 为各总体均数不等或不全相等。若不拒绝 H_0 时,可认为各样本均数间的差异是由于抽样误差所致,而不是由于处理因素的作用所致。理论上,此时的组间变异与组内变异应相等,两者的比值即统计量 F 为 1;由于存在抽样误差,两者往往不恰好相等,但相差不会太大,统计量 F 应接近于 1。若拒绝 H_0,接受 H_1 时,可认为各样本均数间的差异,不仅是由抽样误差所致,还有处理因素的作用。此时的组间变异远大于组内变异,两者的比值即统计量 F 明显大于 1。在实际应用中,当统计量 F 值远大于 1 且大于某界值时,拒绝 H_0,接受 H_1,即意味着各样本均数间的差异,不仅是由抽样误差所致,还有处理因素的作用。

$$F=\frac{MS_{组间}}{MS_{组内}} \tag{5-9}$$

(一)方差分析的计算方法

下面以完全随机设计资料为例,说明单因素方差分析的计算方法。将 N 个受试对象随机分为 k 组,分别接受不同的处理。归纳整理数据的格式、符号如下:

	处理组(i)				
	1	2	3	…	k
	x_{11}	x_{21}	x_{31}	…	x_{k1}
x_{ij}	x_{12}	x_{22}	x_{32}	…	x_{k2}
	…	…	…	…	…
	x_{1n_1}	x_{2n_2}	x_{3n_3}	…	x_{kn_k}
合计	$\sum_{j=1}^{n_1}x_{1j}$	$\sum_{j=1}^{n_2}x_{2j}$	$\sum_{j=1}^{n_3}x_{3j}$	…	$\sum_{j=1}^{n_k}x_{kj}$
n_i	n_1	n_2	n_3	…	n_k

1. 总离差平方和及自由度

总变异的离差平方和为各变量值与总均数($\bar{x}$)差值的平方和,总离差平方和与自由度分别为:

$$SS_{总}=\sum_{i=1}^{k}\sum_{j=1}^{n_i}(\bar{x}_{ij}-\bar{x})^2=\sum_{i,j}^{N}x_{ij}^2-\frac{(\sum_{i,j}^{N}x_{ij})^2}{N} \tag{5-10}$$

$$v_{总}=N-1 \tag{5-11}$$

2. 组间离差平方和、自由度和均方差

组间离差平方和为各组样本均数($\bar{x}_i$)与总均数($\bar{x}$)差值的平方和。

$$SS_{组间}=\sum_{i=1}^{k}n_i(\bar{x}_i-\bar{x})^2=\sum_{i=1}^{k}\frac{(\sum_{j=1}^{n_i}x_{ij})^2}{n_i}-\frac{(\sum_{i,j}^{N}x_{ij})^2}{N} \tag{5-12}$$

$$v_{组间}=k-1 \tag{5-13}$$

$$MS_{组间}=\frac{SS_{组间}}{v_{组间}} \tag{5-14}$$

3. 组内离差平方和、自由度和均方差

组内离差平方和为各处理组内部观察值与其均数($\bar{x}_i$)差值的平方和之和。

$$SS_{组内}=\sum_{i=1}^{k}\sum_{j=1}^{n_i}(x_{ij}-\bar{x}_i)^2 \tag{5-15}$$

$$v_{组内}=N-k \tag{5-16}$$

$$MS_{组内}=\frac{SS_{组内}}{v_{组内}} \tag{5-17}$$

4. 三种变异的关系

$$SS_{总}=SS_{组间}+SS_{组内} \tag{5-18}$$

$$v_{总}=v_{组间}+v_{组内} \tag{5-19}$$

可见,完全随机设计的单因素方差分析时,总的离差平方和 $SS_{总}$ 可分解为组间离差平方和 $SS_{组间}$ 与组内离差平方和 $SS_{组内}$ 两部分;相应的总自由度 $v_{总}$ 也分解为组间自由度 $v_{组间}$ 和组内自由度 $v_{组内}$ 两部分。

5. 方差分析的统计量

$$F=MS_{组间}/MS_{组内} \tag{5-20}$$

(二)方差分析的应用条件与用途

方差分析的应用条件为:①各样本须是相互独立的随机样本;②各样本来自正态分布总体;③各总体方差相等,即方差齐。

方差分析的用途:①两个或多个样本均数间的比较;②分析两个或多个因素间的交互作用;③回归方程的线性假设检验;④多元线性回归分析中偏回归系数的假设检验;⑤两样本的方差齐性检验等。

二、相关分析(correlation analysis)[4-5]

相关分析是研究现象之间是否存在某种相互影响的依存关系,并对具体有相互影响依存关系的现象探讨其相关方向以及相关程度,是研究随机变量之间的相关关系的一种统计方法。

相关关系是一种非确定性的关系，例如，以 x 和 y 分别记一个人的身高和体重，或分别记每公顷施肥量与每公顷小麦产量，则 x 与 y 显然有关系，但又没有确切到可由其中的一个去精确地决定另一个的程度，这就是相关关系。相关关系中考察的变量之间没有确定因果关系，变量的地位是相同的。

（一）相关分析的分类

1. 线性相关分析

研究两个变量间线性关系的程度，用相关系数 r 来描述，r 的值在 $-1 \sim +1$ 之间。

(1)正相关：如果 x、y 两变量变化的方向一致，如身高与体重的关系，$r>0$；一般地，

①$|r|>0.95$，存在显著性相关；

②$|r|\geqslant 0.8$，高度相关；

③$0.5\leqslant|r|<0.8$，中度相关；

④$0.3\leqslant|r|<0.5$，低度相关；

⑤$|r|<0.3$，关系极弱，认为不相关。

(2)负相关：如果 x、y 两变量变化的方向相反，如吸烟与肺功能的关系，$r<0$。

(3)无线性相关：$r=0$。

如果变量 y 与 x 间是函数关系，则 $r=1$ 或 $r=-1$；如果变量 y 与 x 间是统计关系，则 $-1<r<1$。

相关系数 r 的计算方式有三种：

(1)Pearson 相关系数：又称简单相关系数，是对定距连续变量的数据进行计算。

(2)Spearman 和 Kendall 相关系数：是对分类变量的数据或变量值的分布明显呈非正态分布或分布不明时，计算时先对离散数据进行排序或对定距变量值排(求)秩。

2. 偏相关分析

研究两个变量之间的线性相关关系时，控制可能对其产生影响的变量。如控制年龄和工作经验的影响，估计工资收入与受教育水平之间的相关关系。

（二）相关分析与回归分析的关系

相关分析与回归分析在实际应用中有密切关系。然而在回归分析中，所关心的是一个随机变量 y 对另一个(或一组)随机变量 x 依赖关系的函数形式。而在相关分析中，所讨论的变量的地位一样，分析侧重于随机变量之间的种种相关特征。例如，以 x、y 分别记小学生的数学与语文成绩，感兴趣的是二者的关系如何，而不在于由 x 去预测 y。

（三）简单相关系数的计算

两个随即变量 x、y，其简单相关系数定义为：

$$r_{xy}=\frac{\sum_{i=1}^{n}(x_i-\bar{x})(y_i-\bar{y})}{\sqrt{\sum_{i=1}^{n}(x_i-\bar{x})^2\sum_{i=1}^{n}(y_i-\bar{y})^2}} \tag{5-21}$$

相关系数的显著性检验过程如下。

(1)建立原假设 $H_0: r_{xy}=0$，和备择假设 $H_1: r_{xy}$ 不为 0。

(2)构建统计量 t(计算 t 值)

$$t=\frac{\sqrt{n-2}\,r_{xy}}{\sqrt{1-r_{xy}^2}} \tag{5-22}$$

式中：n——样本容量。

(3)设定显著性水平 α，一般取 0.05。

(4)查 t 值表检验假设。

在 H_0 成立的条件下，t 服从自由度为 $n-2$ 的 t 分布，则当 $|t|>t_{1-\frac{\alpha}{2}}(n-2)$ 时，否定原假设，即 r_{xy} 不为 0，两变量之间存在显著线性关系。

由于回归分析过程中都涉及相关分析的过程，因此可参考回归分析的例题来理解相关分析。

三、回归分析

回归分析(regression analysis)方法是在掌握大量观察数据的基础上，建立描述因变量与自变量之间因果关系的回归方程式的数理统计方法。回归分析中，当研究的因果关系只涉及一个因变量和一个自变量时，叫做一元回归分析；当研究的因果关系涉及一个因变量和多个自变量时，叫做多元回归分析；当研究的因果关系涉及多个因变量和多个自变量时，叫做多因变量的多元回归分析。此外，依据描述自变量与因变量之间因果关系的回归方程式是线性的还是非线性的，回归分析又分为线性回归分析和非线性回归分析。通常线性回归分析方法是最基本的分析方法，遇到非线性回归问题可以借助数学手段化为线性回归问题处理，因此本章只介绍线性回归分析。

(一)一元线性回归分析(simple regression analysis)

一元线性回归，又称简单线性回归，研究的是一个自变量与一个因变量之间的线性关系，也就是通常所说的拟合直线问题。

1. 一元线性回归模型

总体的一元线性回归模型可以表示为：

$$y=A+Bx+\varepsilon, B\neq 0 \tag{5-23}$$

式中：x——自变量；

y——因变量；

ε——随机误差。

自变量 x 是解释变量或预测变量，并假定它是可以控制的无测量误差的非随机变量；因变量 y 是被解释变量或被预测变量，它是随机变量。随机误差 ε 是因变量 y 能被自变量 x 解释后所剩下的值，故又称为残差值，它是随机变量，$\varepsilon\sim N(0,\sigma^2)$，因此，$y\sim N(A+Bx,\sigma^2)$。$A$ 和 B 为未知待估的总体参数，称为回归系数。由此可见，实际观测值 y 被分割为两个部分：可解释的确定部分 $A+Bx$ 和不可解释的随机部分 ε。

总体的回归模型 $y=A+Bx+\varepsilon$ 是未知的，回归分析的基本任务就是根据样本资料估计总体的回归模型。假设样本的回归方程可以表示为：

$$\hat{y}=a+bx, b\neq 0 \tag{5-24}$$

式中：$\hat{y}$，a，b——分别为 y、A 和 B 的估计值。

2. 回归系数的求解

对于一个包含 n 个观察值的样本 (x_1,y_1)，(x_2,y_2)，…，(x_n,y_n)，求解回归系数 a 和 b 有多种办法，一般可以利用最小二乘法估计回归系数。最小二乘法基本原则是对于确定的方程，要求观察值 y 与估算值 $\hat{y}$ 的离差平方和最小。离差平方和可以表示为：

$$Q=\sum_{i=1}^{n}(y_i-\hat{y}_i)^2=\sum_{i=1}^{n}(y_i-a-bx_i)^2 \tag{5-25}$$

式中：x_i，y_i——分别是自变量 x 和因变量 y 的观察值；

n——样本数量。

为了使 Q 取得最小值，将 Q 分别对 a 和 b 求偏导数，并令它们等于零，得：

$$\begin{cases}\sum_{i=1}^{n}(y_i-a-bx_i)=0\\ \sum_{i=1}^{n}(y_i-a-bx_i)x_i=0\end{cases} \tag{5-26}$$

或者

$$\begin{cases}na+b\sum_{i=1}^{n}x_i=\sum_{i=1}^{n}y_i\\ a\sum_{i=1}^{n}x_i+b\sum_{i=1}^{n}x_i^2=\sum_{i=1}^{n}x_iy_i\end{cases} \tag{5-27}$$

记

$$\bar{x}=\frac{1}{n}\sum_{i=1}^{n}x_i \tag{5-28}$$

$$\bar{y}=\frac{1}{n}\sum_{i=1}^{n}y_i \tag{5-29}$$

式(5-27)可写作

$$\begin{cases}na+nb\bar{x}=n\bar{y}\\ na\bar{x}+b\sum_{i=1}^{n}x_i^2=\sum_{i=1}^{n}x_iy_i\end{cases} \tag{5-30}$$

式(5-30)称为正规方程组，它存在唯一解，为：

$$b=\frac{\sum_{i=1}^{n}(x_i-\bar{x})(y_i-\bar{y})}{\sum_{i=1}^{n}(x_i-\bar{x})^2} \tag{5-31}$$

$$a=\bar{y}-b\bar{x} \tag{5-32}$$

3. 回归方程的检验

对于任何一组样本数据$(x_i,y_i)(i=1,2,\cdots,n)$，都可按最小二乘法确定一个线性函数，但因变量与自变量之间是否真有近似于线性函数的相关关系尚需进行假设检验。

假设 $H_0:b=0$；$H_1:b\neq0$。如果 H_0 成立，则不能认为因变量与自变量有线性相关关系。进行假设检验的方法有多种，这里只选取 F 检验法和 r 检验法进行介绍。

(1)F 检验法

对于某一个观察值 y_i，其离差大小可通过观察值 y_i 与全部观察值的均值 $\bar{y}$ 之差 $y_i-\bar{y}$ 表示出来，$y_i-\bar{y}$ 又可进一步分解为 $y_i-\hat{y}_i$ 和 $\hat{y}_i-\bar{y}$ 两部分，即：

$$y_i-\bar{y}=(y_i-\hat{y}_i)+(\hat{y}_i-\bar{y}) \tag{5-33}$$

可以证明，当变量 x 和 y 线性相关时，还进一步存在下述等式关系：

$$\sum_{i=1}^{n}(y_i-\bar{y})^2=\sum_{i=1}^{n}(y_i-\hat{y}_i)^2+\sum_{i=1}^{n}(\hat{y}_i-\bar{y})^2 \tag{5-34}$$

记

$$SS_T=\sum_{i=1}^{n}(y_i-\bar{y})^2 \tag{5-35}$$

$$SS_R=\sum_{i=1}^{n}(\hat{y}_i-\bar{y})^2 \tag{5-36}$$

$$SS_E=\sum_{i=1}^{n}(y_i-\hat{y}_i)^2 \tag{5-37}$$

式中：SS_T——总离差平方和或总离差，反映观测值与平均值的偏差程度，即样本中全部数据的总波动程度；

SS_R——回归离差平方和，反映回归估计值与平均值的偏差，揭示总离差中由于因变量与自变量的线性关系而引起的数据波动，它是由于回归方程及自变量取值不同所造成的，是可以解释的差别；

SS_E——剩余离差平方和，反映了观测值与回归估计值的偏差，揭示试验误差和非线性关系所引起的数据波动，它是由于观测误差等随机因素造成的，是无法解释的差别。

如果 $H_0:b=0$ 为真，则 $\frac{SS_T}{\sigma^2}\sim\chi^2(n-1)$，$\frac{SS_R}{\sigma^2}\sim\chi^2(1)$，$\frac{SS_E}{\sigma^2}\sim\chi^2(n-2)$，则统计量 $F=\frac{SS_R}{SS_E/(n-2)}\sim F(1,n-2)$。对给定的检验水平 α，当 $F>F_\alpha$ 时，拒绝 H_0，即可认为因变量与自变量有线性相关关系；当 $F<F_\alpha$ 时，接受 H_0，即可认为因变量与自变量没有线性相关关系。这可能有以下几种原因：

①自变量对因变量没有显著影响，应丢弃自变量；

②自变量对因变量有显著影响，但这种影响不能用线性关系表示，应做非线性回归；

③除所考察的自变量之外，还有其他变量对因变量也有显著影响，从而削弱了所考察自变量对因变量的影响，应考虑多元回归。

(2)r 检验法

相关系数是表示因变量与自变量之间相关程度的一个数字特征。因此，要检验因变量与自变量之间线性相关关系是否显著，确定因变量与自变量之间线性相关关系的密切程度，应当考查总体相关系数 $\rho(x,y)$ 的大小。在总体相关系数未知的情况下，利用样本观测值 (x_i,y_i) $(i=1,2,\cdots,n)$ 确定样本相关系数 r。

记

$$L_{xy}=\sum_{i=1}^{n}(x_i-\bar{x})(y_i-\bar{y}) \tag{5-38}$$

$$L_{xx}=\sum_{i=1}^{n}(x_i-\bar{x})^2 \tag{5-39}$$

$$L_{yy}=\sum_{i=1}^{n}(y_i-\bar{y})^2 \tag{5-40}$$

$$r=\frac{L_{xy}}{\sqrt{L_{xx}L_{yy}}} \tag{5-41}$$

因为

$$SS_T=L_{yy},SS_R=r^2L_{yy},SS_E=(1-r^2)L_{yy}$$

则

①$|r|=0$ 时，$SS_R=0$，$SS_E=SS_T$，变量 y 与 x 不存在线性相关关系；

②$|r|=0$ 时，$SS_E=0$，$SS_R=SS_T$，变量 y 与 x 存在线性相关关系；

③$|r|\leqslant 1$ 时，$|r|$ 越趋向于 1，变量 y 与 x 之间的线性相关程度越强，$|r|$ 越趋向于 0，变量 y 与 x 之间的线性相关程度越弱。

对给定的检验水平 α，查相关系数的临界值表获得。如果 $|r|>|r_\alpha|$，则拒绝 H_0，即可认为因变量与自变量有线性相关关系；否则，接受 H_0，即可认为因变量与自变量没有线性相关关系。

(二)多元线性回归分析(multiple regressionan analysis)

简单线性回归与相关分析是对客观现象之间的关系进行高度简化的结果，但在实际问题中，影响因变量的因素往往不仅一个，而是多个。实际应用中，很多情况要用到多元回归的方法才能更好地描述变量间的关系，因此有必要在本节对多元线性回归做一简单介绍，就方法的实质来说，处理多元的方法与处理一元的方法基本相同，只是多元线性回归的方法复杂些，计算量也大得多，一般都用计算机进行处理。

1. 多元线性回归模型

总体的多元线性回归模型可以表示为

$$y=A+B_1x_1+B_2x_2+\cdots+B_kx_k+\varepsilon \tag{5-42}$$

式中：$A,B_i(i=1,2,\cdots,k)$——未知待估的回归系数，$B_i(i=1,2,\cdots,k)$又称为偏回归系数，它表示当其他自变量保持不变时，x_i 每变化一个单位对因变量影响的数值。

总体回归模型一般未知，需要通过样本去估计。设估计的模型为

$$\hat{y}=a+b_1x_1+b_2x_2+\cdots+b_kx_k \tag{5-43}$$

式中：$\hat{y}$，a，b_i——分别为 y、A 和 B_i 的估计值。

2. 回归系数的求解

对于一个包含 n 个观察值的样本 $(y_1;x_{11},x_{12},\cdots,x_{1k})$，$(y_2;x_{21},x_{22},\cdots,x_{2k})$，…，$(y_n;x_{n1},x_{n2},\cdots,x_{nk})$，$x_{ij}$ 是自变量 x_j 的第 i 个观测值，y_j 是因变量 y 的第 j 个观测值，利用最小二乘法估计 a 和 b_i。离差平方和表示为

$$Q=\sum_{i=1}^{n}(y_i-\hat{y}_i)^2=\sum_{i=1}^{n}(y_i-a-b_1x_{i1}-b_2x_{i2}-\cdots-b_kx_{ik})^2 \tag{5-44}$$

对其求最小值，得正规方程组：

$$\begin{cases}\sum_{i=1}^{n}(y_i-a-b_1x_{i1}-\cdots-b_kx_{ik})=0\\ \sum_{i=1}^{n}(y_i-a-b_1x_{i1}-\cdots-b_kx_{ik})x_{ji}=0, j=1,2,\cdots,k\end{cases} \tag{5-45}$$

求解即可得到 a 和 b_i。以 $k=2$ 为例，

$$b_1=\frac{\sum_{i=1}^{n}x_{i1}y_i\sum_{i=1}^{n}x_{i2}^2-\sum_{i=1}^{n}x_{i2}y_i\sum_{i=1}^{n}x_{i1}x_{i2}}{\sum_{i=1}^{n}x_{i1}^2\sum_{i=1}^{n}x_{i2}^2-(\sum_{i=1}^{n}x_{i1}x_{i2})^2} \tag{5-46}$$

$$b_2=\frac{\sum_{i=1}^{n}x_{i2}y_i\sum_{i=1}^{n}x_{i1}^2-\sum_{i=1}^{n}x_{i1}y_i\sum_{i=1}^{n}x_{i1}x_{i2}}{\sum_{i=1}^{n}x_{i1}^2\sum_{i=1}^{n}x_{i2}^2-(\sum_{i=1}^{n}x_{i1}x_{i2})^2} \tag{5-47}$$

$$a=\frac{\sum_{i=1}^{n}y_i-b_1\sum_{i=1}^{n}x_{i1}-b_2\sum_{i=1}^{n}x_{i2}}{n} \tag{5-48}$$

$k\geqslant 3$ 的情况更为复杂，可利用计算机程序求解。

3. 拟合优度的检验

对多元线性回归，同样有

$$\sum_{i=1}^{n}(y_i-\bar{y})^2=\sum_{i=1}^{n}(y_i-\hat{y})^2+\sum_{i=1}^{n}(\hat{y}-\bar{y})^2 \tag{5-49}$$

即

$$SS_T = SS_E + SS_R$$

衡量经验回归方程与观测值之间拟合好坏的常用统计量有拟合优度系数 r^2 和复相关系数 r 。定义拟合优度系数：

$$r^2 = \frac{SS_R}{SS_T} = 1 - \frac{SS_E}{SS_T} \tag{5-50}$$

r^2 反映了估计的回归方程对总体线性相关关系的拟合优度的大小，其值愈大，说明回归方程的拟合优度愈高，反之，拟合优度愈低。

定义复相关系数：

$$r = \sqrt{\frac{SS_R}{SS_T}} \tag{5-51}$$

r 确定了因变量与自变量之间线性相关程度的大小。

实用中，为消除自由度的影响，定义修正的拟合优度系数：

$$R_a^2 = 1 - \frac{SS_E/(n-k-1)}{SS_T/(n-1)} \tag{5-52}$$

4. 回归方程的检验

与一元线性回归一样，需要对因变量与自变量之间是否存在线性相关关系作假设检验，假设 $H_0: b_1 = b_2 = \cdots = b_k = 0$ ，如果 H_0 成立，则不能认为因变量与自变量有线性相关关系。这里用到的是 F 检验。

记

$$F = \frac{SS_R/k}{SS_E/(n-k-1)} \tag{5-53}$$

当 H_0 成立时，有 $F \sim F(k, n-k-1)$ 。对给定的检验水平 α ，查 $F(k, n-k-1)$ 分布表可得临界值 F_α 。当 $F > F_\alpha$ 时，拒绝 H_0 ，即可认为因变量与自变量有线性相关关系；当 $F < F_\alpha$ 时，接受 H_0 ，即可认为因变量与自变量没有线性相关关系。

5. 回归系数的检验

通过 F 检验拒绝 H_0 ，只能说明 b_1、b_2……b_k 不全为零，但并不能排除某个 $b_i = 0$。若 $b_i=0$，说明自变量 x_i 对因变量 y 的影响并不明显，应该在回归方程中剔除，因此需要对 $H_0^i: b_i=0(i=1,2,\cdots,k)$进行检验。

记

$$t_i = \frac{b_i/\sqrt{L_{ii}}}{\sqrt{\dfrac{SS_E}{n-k-1}}} \tag{5-54}$$

L_{ii} 是 $(X'X)^{-1}$ 的第 i 个对角线元素，

$$X = \begin{bmatrix} x_{11}-\bar{x}_1 & x_{12}-\bar{x}_2 & \cdots & x_{1k}-\bar{x}_k \\ x_{21}-\bar{x}_1 & x_{22}-\bar{x}_2 & \cdots & x_{2k}-\bar{x}_k \\ \cdots & \cdots & & \cdots \\ x_{n1}-\bar{x}_1 & x_{n2}-\bar{x}_2 & \cdots & x_{nk}-\bar{x}_k \end{bmatrix}$$

由于牵涉矩阵求逆，一般使用计算机求解，这里不再列出 L_{ii} 的详细表达式。

下面以例题为例介绍多元回归分析方法在土木规划分析中的应用。

[例题 5-4] 多元回归分析与多元相关系数。

表 5-14 列出了历年机动车的货运周转量、国民生产总值和货车保有台数。试以机动车的货运周转量为目标函数做出回归分析式，并作检验。

机动车的货运周转量等的变化情况 表 5-14

年 份	1994	1995	1996	1997	1998	1999	2000	2001	2002	2003
货运周转量(亿吨公里)：y	33 275	35 909	36 590	38 385	38 089	40 568	44 321	47 710	50 686	53 859
GDP(亿元)：x_1	46 759	58 478	67 884	74 463	78 345	82 068	89 468	97 315	105 172	117 390
民用货车(万台)：x_2	560	585	575	601	628	677	716	765	812	854

[解答]

首先列出计算表格，如表 5-15 所示。

计算过程(可用 Excel 计算) 表 5-15

年 份	y_i	x_{i1}	x_{i2}	x_{i1}^2	x_{i2}^2	$x_{i1}x_{i2}$	$x_{i1}y_i$	$x_{i2}y_i$
1994	33 275	46 759	560	2 186 404 081	313 970	26 200 470	1 555 905 725	18 644 981
1995	35 909	58 478	585	3 419 676 484	342 728	34 234 776	2 099 886 502	21 022 206
1996	36 590	67 884	575	4 608 237 456	330 660	39 035 337	2 483 875 560	21 040 348
1997	38 385	74 463	601	5 544 738 369	361 478	44 769 389	2 858 262 255	23 078 214
1998	38 089	78 345	628	6 137 939 025	394 246	49 192 042	2 984 082 705	23 915 702
1999	40 568	82 068	677	6 735 156 624	458 261	55 555 933	3 329 334 624	27 462 508
2000	44 321	89 468	716	8 004 523 024	513 114	64 087 718	3 965 311 228	31 748 019
2001	47 710	97 315	765	9 470 209 225	585 592	74 469 331	4 642 898 650	36 509 600
2002	50 686	105 172	812	11 061 149 584	659 701	85 422 802	5 330 747 992	41 168 183
2003	53 859	117 390	854	13 780 412 100	728 479	100 193 539	6 322 508 010	45 969 195
总和	419 392	817 342	6 774	70 948 445 972	4 688 229	573 161 336	35 572 813 251	290 558 955

根据表 5-15 计算常数项与回归系数 b：

$$b=\frac{\sum_i x_{i1}y_i\sum_i x_{i2}^2-\sum_i x_{i2}y_i\sum_i x_{i1}x_{i2}}{\sum_i x_{i1}^2\sum_i x_{i2}^2-(\sum_i x_{i1}x_{i2})^2}$$

$$=\frac{35\ 572\ 813\ 251\times 4\ 688\ 229-573\ 161\ 336\times 290\ 558\ 955}{70\ 948\ 445\ 972\times 4\ 688\ 229-573\ 161\ 336^2}=0.057\ 5$$

$$c=\frac{\sum_i x_{i2}y_i\sum_i x_{i1}^2-\sum_i x_{i1}y_i\sum_i x_{i1}x_{i2}}{\sum_i x_{i1}^2\sum_i x_{i2}^2-(\sum_i x_{i1}x_{i2})^2}$$

$$=\frac{290\ 558\ 955\times 70\ 948\ 445\ 972-35\ 572\ 813\ 251\times 573\ 161\ 336}{70\ 948\ 445\ 972\times 4\ 688\ 229-573\ 161\ 336^2}=54.943\ 55$$

$$a=\frac{\sum_i y_i-b\sum_i x_{i1}-c\sum_i x_{i2}}{n}$$

$$=\frac{419\ 392}{10}-\frac{0.057\ 52\times 817\ 342}{10}-\frac{54.943\ 55\times 6\ 774}{10}=17.872\ 06$$

多元回归式如下：

$$\hat{y} = 17.87206 + 0.0575x_1 + 54.94355x_2$$

决定系数(determination coefficient)r^2：

$$r^2 = 1 - \frac{\sum_i (y_i - \hat{y}_i)^2}{\sum_i (y_i - \bar{y})^2}\left[\frac{\text{残差平方和(sum of squares for residuals)}}{\text{偏差平方和}}\right]$$

$$= 1 - \frac{5\,247\,984}{426\,945\,428} = 0.987\,708$$

多元相关系数 r：

$$r = \sqrt{r^2} = \sqrt{0.987\,708} = 0.993\,835$$

重回归分析中当样本数较少时，通常采用自由度修正后的决定系数，式中 i 为自变量的个数。

$$\dot{r}^2 = 1 - \frac{\sum_i (y_i - \hat{y}_i)^2/(n-p-1)}{\sum_i (y_i - \bar{y})^2/(n-1)} = 1 - \frac{5\,247\,984/(10-2-1)}{426\,945\,428/(10-1)} = 0.984\,196$$

对于多元回归式的检验需要用 F 检验：

$$F = \frac{\sum_i (\hat{y}_i - \bar{y})^2/p}{\sum_i (y_i - \hat{y}_i)^2/(n-p-1)} = \frac{436\,681\,854/2}{5\,247\,984/(10-2-1)}$$

$$= 291.233\,08 > f(2, 10-2-1, \alpha) = f(2, 7, 0.01) = 9.55$$

所以在显著性水平为 0.01 的情况下，它们之间有相关关系。

四、数量化理论Ⅰ类方法(multi-dimensional quantification theory Ⅰ)

对于数量数据分析，可以采用回归分析并进行数量化预测。但是，有些相当于回归分析中的说明变量，不是数量数据，而是非数量数据时，就需要采用数量化分析方法。例如，影响个人出行的因素有时间(平日、休息日)、天气状况(晴天、阴天、大风天、雨雪天等)、季节(春、夏、秋、冬)等。这些因素不是“量”的数据，所以不能采用回归等方法进行分析和预测。数量化理论是处理定性(质)的数据与定量的数据之间的关系的方法。数量化分析方法又分为两类，一种具有测定对象特殊性质的基准，另一种不具有这种基准，通常被称为“有外部基准”和“无外部基准”。如上面所说，天气状况、季节等因素不是数量化数据，不能与回归分析一样将其称为“说明变量”，将其称为“外部基准”。

数量化理论Ⅰ类方法是类似于回归分析法，但是不具备数量化数据的一种解析方法，在社会调查中经常被利用。数量化Ⅰ类方法与回归分析法十分相似，所不同的是，数量化Ⅰ类方法的变量形式为“定性”的文字表示，而回归分析法的变量形式为“定量”的数据表示。该方法是在定性的基础上，通过把文字表述转化为定量的数据后，进行分析的一种方法，即用数量说明质量的方法。数量化Ⅰ类方法实际上与多重回归分析法更为相似，这是因为文字表述通常都是两个以上。数量化Ⅰ类方法可以通过对类别(category)分析及项目分析，解明影响外部基准的要因。

数量化Ⅰ类方法包括以下一些内容。

(1)类别(category)分析

类别分析的目的，是解明影响外部基准的要因。通过这个分析我们可以看到外部基准与目的变量之间的影响关系和倾向，同时还可以通过得分，掌握外部基准与目的变量之间存在着的“量”的关系。

(2)项目(item)分析

范围(range)是指最大类别得分和最小类别得分的差值。范围值越大，其影响力越大，范围值与影响力大小成正比。通过对各项目的范围值的大小比较，可以判定各项目的影响力的大小。此外，也可以相关系数的大小来表示其影响力，相关系数越大，表明其影响力越大。

(3)计算决定系数(coefficient of determination)

决定系数 R^2，也称为寄予率，R^2 的大小表明了目的(因)变量的变化中可以用说明(自)变量来解释的百分比，其值越大分析精度越高。数量化Ⅰ类分析的精度，通过利用决定系数的大小来表示。决定系数可以通过回归方法来获得。

(4)变量选择

变量的选择与重回归分析方法相同，通过下述两个标准进行选择。

一个是选择与外部基准相关值高的说明变量。另一个是说明变量之间相互之间相关值高的时候，需要消去一个变量。

在数量化Ⅰ类方法中，当其说明变量不是数量数据时，两者之间(数量数据与非数量数据)的相关，用相关比来表示。如果说明变量之间(非数量数据与非数量数据)相关，则用独立系数来表示。

总之，数量化Ⅰ类方法就是将目的变量与对其产生影响的说明变量之间的关系用关系式表示，利用这个关系式可以进行预测的一种方法，基本上与多重回归方法一样。但是，多重回归分析中说明变量使用的是数量数据，这里使用的是“质”的数据，在这一点上是不同的。

在数量化Ⅰ类方法的关系式中，假定目的变量为 Y，说明变量(item)的类别(category)为 CS_{1j}、CS_{2j}……CS_{mj}，方程式的解为 x_{ij}。

$$y=\overline{y}+CS_{1j}+CS_{2j}+\cdots+CS_{mj} \tag{5-55}$$

$$\overline{y}=\sum y_i/n \tag{5-56}$$

$$CS_{ij}=X_{ij}-WM_i \tag{5-57}$$

式中：WM_i——各个项目的加权平均，$WM_i=(\sum\limits_j X_{ij}C_{ij})/\sum\limits_j C_{ij}$；

C_{ij}——类别的出现次数。

为便于读者理解数量化理论Ⅰ类方法，用例题对此方法作进一步的说明。

[例题5-5] 用数量化理论Ⅰ类方法进行交通量预测。

表5-16所列的是14天的白天机动车交通量的调查结果，包括调查的日期和天气状况。请根据这些数据预测下雨时星期一的交通量。

每一天的交通量(单位：百台)　　表5-16

编号	1	2	3	4	5	6	7	8	9	10	11	12	13	14
交通量	340	810	820	980	840	750	530	710	730	770	930	940	820	680
星期	日	一	二	三	四	五	六	日	一	二	三	四	五	六
天气	雨	云	晴	晴	云	雨	云	晴	晴	晴	雨	晴	云	晴

[解答]

首先将项目的交通量与出现的次数按照日期与天气状况进行汇总，做成表5-17。

汇 总 结 果（1） 表 5-17

项　目	星　期							天　气		
类别	日	一	二	三	四	五	六	晴	云	雨
交通量（百台）	1 050	1 540	1 590	1 910	1 780	1 570	1 210	5 630	3 000	2 020
出现次数	2	2	2	2	2	2	2	7	4	3

然后做交叉分析，整理为表 5-18。

汇 总 结 果（2） 表 5-18

项　目		星　期							天　气		
类别		日	一	二	三	四	五	六	晴	云	雨
星期	日		0	0	0	0	0	0	1	0	1
	一	0		0	0	0	0	0	1	1	0
	二	0	0		0	0	0	0	2	0	0
	三	0	0	0		0	0	0	1	0	1
	四	0	0	0	0		0	0	1	1	0
	五	0	0	0	0	0		0	0	1	1
	六	0	0	0	0	0	0		1	1	0
天气	晴	1	1	2	1	1	0	1		0	0
	云	0	1	0	0	1	1	1	0		0
	雨	1	0	0	1	0	1	0	0	0	

表 5-19 把各个类别假定一个变量，以表 5-17 为基础可以形成一个 10 元联立方程式。

假 定 变 量 表 5-19

项　目	星　期							天　气		
类别	日	一	二	三	四	五	六	晴	云	雨
变量	x_{11}	x_{12}	x_{13}	x_{14}	x_{15}	x_{16}	x_{17}	x_{21}	x_{22}	x_{23}

形成 10 元联立方程式时，把表 5-17 中的出现次数作为对角线上的数值，把第二项目以后的第一类别的变量系数置为零，等式右侧为表 5-17 中的交通量。

$$
\begin{cases}
2X_{11}+0X_{12}+0X_{13}+0X_{14}+0X_{15}+0X_{16}+0X_{17}+0X_{21}+0X_{22}+1X_{23}=1\,050\\
0X_{11}+2X_{12}+0X_{13}+0X_{14}+0X_{15}+0X_{16}+0X_{17}+0X_{21}+1X_{22}+0X_{23}=1\,540\\
0X_{11}+0X_{12}+2X_{13}+0X_{14}+0X_{15}+0X_{16}+0X_{17}+0X_{21}+0X_{22}+0X_{23}=1\,590\\
0X_{11}+0X_{12}+0X_{13}+2X_{14}+0X_{15}+0X_{16}+0X_{17}+0X_{21}+0X_{22}+1X_{23}=1\,910\\
0X_{11}+0X_{12}+0X_{13}+0X_{14}+2X_{15}+0X_{16}+0X_{17}+0X_{21}+1X_{22}+0X_{23}=1\,780\\
0X_{11}+0X_{12}+0X_{13}+0X_{14}+0X_{15}+2X_{16}+0X_{17}+0X_{21}+1X_{22}+1X_{23}=1\,570\\
0X_{11}+0X_{12}+0X_{13}+0X_{14}+0X_{15}+0X_{16}+2X_{17}+0X_{21}+1X_{22}+0X_{23}=1\,210\\
1X_{11}+1X_{12}+2X_{13}+1X_{14}+1X_{15}+0X_{16}+1X_{17}+7X_{21}+0X_{22}+0X_{23}=5\,630\\
0X_{11}+1X_{12}+0X_{13}+0X_{14}+1X_{15}+1X_{16}+1X_{17}+0X_{21}+4X_{22}+0X_{23}=3\,000\\
1X_{11}+0X_{12}+0X_{13}+1X_{14}+0X_{15}+1X_{16}+0X_{17}+0X_{21}+0X_{22}+3X_{23}=2\,020
\end{cases}
$$

计算结果如表 5-20 所示。

计 算 结 果

表 5-20

项目类别		方程式的解	出现次数	加权平均	类别分数
星期	日	618.636 4	2	821.363 7	−202.727 3
	一	805.909 1	2		−15.454 6
	二	795.000 0	2		−26.363 7
	三	1 048.636 4	2		227.272 7
	四	925.909 1	2		104.545 4
	五	914.545 5	2		93.181 8
	六	640.909 1	2		−180.454 6
天气	晴	0.000 0	7	−60.649 4	60.649 4
	云	−71.818 2	4		−11.168 9
	雨	−187.272 7	3		−126.623 4

表 5-20 中部分计算过程如下所示。

按星期计的交通量加权平均值：

$$WM_1 = \frac{618.63674\times 2+805.9091\times 2+795.0000\times 2+1048.6364\times 2+925.9091\times 2+914.5455\times 2+640.9091\times 2}{2+2+2+2+2+2+2} = 821.3637$$

星期日的交通量类别分数：

$$CS_{11} = 618.6364 - 821.3637 = -202.7273$$

14 天机动车交通量平均值：

$$\overline{Y} = (340+810+820+980+840+750+530+710+730+770+930+940+820+680)/14 = 760.7143$$

预测下雨时星期一的交通量为：

$$Y = 760.7143 - 15.4546 - 126.6234 = 618.3363$$

第四节 主元素提取方法

土木规划中，多数的说明变量复杂地交织在一起，要因之间的关联信息十分庞大。因此，需要实施人员发挥信息处理能力，对信息进行压缩、置换等，这时可以采用主成分分析和因子分析对原始信息进行浓缩，降低分析的复杂度。

一、主成分分析(principal component analysis)

在分析人员进行多元数据分析之前，让自己对数据有一个大致的了解是非常重要的。主成分分析就是这样一种探索性的手法，被用来分析数据。主成分分析是一种多元统计分析方法，通过线性组合将原来的多个变量综合成几个主成分，即选出较少个数重要变量，用较少的综合指标来代替原来较多的指标(变量)。

在实际规划课题中，为了全面分析问题，往往提出很多与此有关的变量(或指标)，因为每个变量都在不同程度上反映这个课题的某些信息。但是，在用统计学分析方法研究这个多变量的课题时，变量个数太多就会增加课题的复杂性。人们自然希望变量个数较少而得到的信息较多。在很多情况下，变量之间是有一定的相关关系的，当两个变量之间有一定相关关系时，可以解释为这两个变量反映此课题的信息有一定的重叠。主成分分析是对于原先提出的所有变量，建立尽可能少的新变量，使得这些新变量是两两不相关的，而且这些新变量在反映课题的信息方面尽可能多的保持原有的信息。信息的大小通常用离差平方和或方差来衡量。

主成分分析一般很少单独使用，通常会结合其他方法一起使用。主要用途包括：①了解数据(screening the data)；②和聚类分析(cluster analysis)一起使用；③和判别分析一起使用，比如当变量很多，样本数不多，直接使用判别分析可能无解，这时候可以使用主成分分析法对变量简化(reduce dimensionality)；④在多元回归中，主成分分析可以帮助判断是否存在共线性①(条件指数)，还可以用来处理共线性。

(一)主成分分析法定义

主成分分析法是数理统计学中一种多元分析方法。其基本原理是在一群具有相关性的统计数据中找出彼此间趋向独立的并且足以反映原始数据信息的共同因素，用少于原来变量维数且互不相关的主成分替代原来的变量，其权重由方差贡献率计算得出。主成分分析不仅可以反映原有指标的信息量，而且可以解决指标之间信息重叠问题和权重选取问题，并且可以进行降维计算以减少计算量。

(二)主成分分析法操作步骤

1. 原始数据标准化

设有 n 个样本，每个样本有 p 项指标，则原始样本矩阵为：

$$X = (x_{ij})_{n\times p}, \quad i = 1,2,\cdots,n\ , j = 1,2,\cdots,p \tag{5-58}$$

式中：x_{ij}—— 表示第 i 个样本的第 j 项指标。

考虑指标的趋势和量纲问题，可对变量进行标准化处理，即：

$$z_{ij} = (x_{ij} - \overline{x_j})/S_j \tag{5-59}$$

其中，$\overline{x_j} = \sum_{i=1}^{n} x_{ij}/n$ 为指标均值，$S_j = \sqrt{\sum_{i=1}^{n}(x_{ij} - \overline{x_j})^2/(n-1)}$ 为标准差，则可得标准化样本矩阵：

$$Z = (z_{ij})_{n\times p}, \quad i = 1,2,\cdots,n\ , j = 1,2,\cdots,p \tag{5-60}$$

2. 相关系数矩阵

计算标准化样本每两个指标间的相关系数 r_{jk}，得出相关系数矩阵 R：

$$R = (r_{jk})_{p\times p}, \quad j = 1,2,\cdots,p\ , k = 1,2,\cdots,p \tag{5-61}$$

其中

$$r_{jk} = \frac{1}{n}\sum_{i=1}^{n} z_{ij} z_{ik} = \frac{1}{n}\sum_{i=1}^{n}[(x_{ij} - \overline{x_j})^2/S_j][(x_{ik} - \overline{x_k})^2/S_k] \tag{5-62}$$

3. 计算主成分

由特征式 $|\lambda I_p - R| = 0$ 求得 p 个特征根，将其按大小排列为 $\lambda_1 \geqslant \lambda_2 \geqslant \cdots \geqslant \lambda_p \geqslant 0$。它们是主成分的方差，其大小描述了各对应的主成分对原始样本的权重。由特征方程式 $|\lambda_i I_p - R|\ a_i = 0$ 求得每个特征根对应的特征向量 $a_i (i = 1,2,\cdots,p)$：

---

① 所谓多重共线性(multicollinearity)是指线性回归模型中的解释变量之间由于存在精确相关关系或高度相关关系而使模型估计失真或难以估计准确。一般来说，由于经济数据的限制使得模型设计不当，导致设计矩阵中解释变量间存在普遍的相关关系。

$$a_i = [a_{i1}\ a_{i2}\ \cdots\ a_{ip}]^{\mathrm{T}} \tag{5-63}$$

通过特征向量将标准化的指标转化为主成分：

$$F_i = Za_i\ ,\quad i=1,2,\cdots,p \tag{5-64}$$

F_1 为第 1 主成分…… F_p 为第 p 主成分。

4.确定需要保留的主成分个数

主成分个数等于原始指标个数。为减少计算量并降低维数，一般根据主成分方差累计贡献率大于特定百分率 P（根据研究需要视情况而定）来确定需要保留的主成分个数 k。

$$k=\sum_{i=1}^{k}\lambda_i / \sum_{i=1}^{p}\lambda_i \geqslant P \tag{5-65}$$

下面用例题对主成分分析方法的应用作进一步解释。

[例题 5-6] 主成分分析。

表 5-21 列出了 10 个城市通勤时所使用交通方式的调查结果。请按照这个调查结果，试对这些城市进行分类。

各个城市通勤时使用不同交通方式的分担率（单位：%） 表 5-21

城 市	步 行	轨 道	公共汽车	私人汽车	城 市	步 行	轨 道	公共汽车	私人汽车
1	4.0	67.0	8.0	16.0	6	25.4	5.5	7.9	33.9
2	1.2	73.4	5.2	17.1	7	27.5	27.3	3.3	7.0
3	27.0	25.0	2.8	27.5	8	36.6	22.5	14.3	0.5
4	2.0	22.0	29.0	16.0	9	8.1	55.7	24.6	7.9
5	3.0	30.8	29.5	30.7	10	1.4	7.1	41.8	40.8

[解答]

首先求各个交通方式的平均值：

$\overline{x}_1 = (4.0+1.2+27.0+2.0+3.0+25.4+27.5+36.6+8.1+1.4)/10 = 13.62$

$\overline{x}_2 = (67.0+73.4+25.0+22.0+30.8+5.5+27.3+22.5+55.7+7.1)/10 = 33.63$

$\overline{x}_3 = (8.0+5.2+2.8+29.0+29.5+7.9+3.3+14.3+24.6+41.8)/10 = 16.64$

$\overline{x}_4 = (16.0+17.1+27.5+16.0+30.7+33.9+7.0+0.5+7.9+40.8)/10 = 19.74$

然后求出标准差的平方（S_j）：

$$\begin{aligned}S_1 = \{[&(4.0-13.62)^2+(1.2-13.62)^2+(27.0-13.62)^2+(2.0-13.62)^2+\\&(3.0-13.62)^2+(25.4-13.62)^2+(27.5-13.62)^2+(36.6-13.62)^2+\\&(8.1-13.62)^2+(1.4-13.62)^2]/9\}^{0.5}=13.795\,88\end{aligned}$$

$$\begin{aligned}S_2 = \{[&(67.0-33.63)^2+(73.4-33.63)^2+(25.0-33.63)^2+(22.0-33.63)^2+\\&(30.8-33.63)^2+(5.5-33.63)^2+(27.3-33.63)^2+(22.5-33.63)^2+\\&(55.7-33.63)^2+(7.1-33.63)^2]/9\}^{0.5}=23.709\,17\end{aligned}$$

$$\begin{aligned}S_3 = \{[&(8.0-16.64)^2+(5.2-16.64)^2+(2.8-16.64)^2+(29.0-16.64)^2+\\&(29.5-16.64)^2+(7.9-16.64)^2+(3.3-16.64)^2+(14.3-16.64)^2+\\&(24.6-16.64)^2+(41.8-16.64)^2]/9\}^{0.5}=13.627\,68\end{aligned}$$

$$\begin{aligned}S_4 = \{[&(16.0-19.74)^2+(17.1-19.74)^2+(27.5-19.74)^2+(16.0-19.74)^2+\\&(30.7-19.74)^2+(33.9-19.74)^2+(7.0-19.74)^2+(0.5-19.74)^2+\\&(7.9-19.74)^2+(40.8-19.74)^2]/9\}^{0.5}=13.046\,86\end{aligned}$$

接下来进行标准化变换：

$z_{11} = (4.0 - 13.62)/13.795\,88 = -0.697\,310$

$z_{12} = (67 - 33.63)/23.709\,17 = 1.407\,473$

…

$z_{14} = (16.0 - 19.74)/13.046\,86 = -0.286\,659$

…

进一步求出 r 值，做出相关矩阵：

$r_{11} = 1\,712.936/\sqrt{(1\,712.936 \times 1\,712.936)} = 1.000\,0$

$r_{12} = -1\,237.866/\sqrt{(1\,712.936 \times 5\,059.121)} = -0.420\,5$

$r_{13} = -933.458/\sqrt{(1\,712.936 \times 1\,671.424)} = -0.551\,7$

…

$r_{44} = 1\,531.984/\sqrt{(1\,531.984 \times 1\,531.984)} = 1.000\,0$

$$\begin{vmatrix} 1.0-\lambda & -0.420\,5 & -0.551\,7 & -0.336\,1 \\ -0.420\,5 & 1.0-\lambda & -0.323\,1 & -0.433\,9 \\ -0.551\,7 & -0.323\,1 & 1.0-\lambda & 0.360\,4 \\ -0.336\,1 & -0.433\,9 & 0.360\,4 & 1.0-\lambda \end{vmatrix}$$

由上述矩阵求出特征方程式，并求解，得到特征值，见表 5-22 所示。

特征值与重要度 表 5-22

主成分	特征值	重要度(%)	累计重要度(%)
1	1.888 7	47.218 7	47.218 7
2	1.445 5	36.138 4	83.357 1
3	0.611 2	15.280 4	98.637 5
4	0.054 5	1.362 5	100.000 0

$\lambda^4 - 4\lambda^3 + 4.983\,3\lambda^2 - 1.928\,7\lambda + 0.091\,0 = 0$

$$\begin{bmatrix} 1.000\,0 & -0.420\,5 & -0.551\,7 & -0.336\,1 \\ -0.420\,5 & 1.000\,0 & -0.323\,1 & -0.433\,9 \\ -0.551\,7 & -0.323\,1 & 1.000\,0 & 0.360\,4 \\ -0.336\,1 & -0.433\,9 & 0.360\,4 & 1.000\,0 \end{bmatrix} \begin{bmatrix} a_{11} \\ a_{12} \\ a_{13} \\ a_{14} \end{bmatrix} = 1.888\,7 \begin{bmatrix} a_{11} \\ a_{12} \\ a_{13} \\ a_{14} \end{bmatrix}$$

此处，

$a_{11}^2 + a_{12}^2 + a_{13}^2 + a_{14}^2 = 1$

$$\begin{bmatrix} 1.000\,0 & -0.420\,5 & -0.551\,7 & -0.336\,1 \\ -0.420\,5 & 1.000\,0 & -0.323\,1 & -0.433\,9 \\ -0.551\,7 & -0.323\,1 & 1.000\,0 & 0.360\,4 \\ -0.336\,1 & -0.433\,9 & 0.360\,4 & 1.000\,0 \end{bmatrix} \begin{bmatrix} a_{21} \\ a_{22} \\ a_{23} \\ a_{24} \end{bmatrix} = 1.445\,5 \begin{bmatrix} a_{21} \\ a_{22} \\ a_{23} \\ a_{24} \end{bmatrix}$$

此处，

$a_{21}^2 + a_{22}^2 + a_{23}^2 + a_{24}^2 = 1$

……

求出固有向量，见表 5-23 所示。

固 有 向 量 表 5-23

交通方式	第 1 因 子	第 2 因 子	第 3 因 子	第 4 因 子
步行	−0.465 764	0.624 870	−0.086 753	0.620 410
轨道	−0.281 015	−0.749 673	0.185 084	0.569 992
公共汽车	0.620 420	−0.060 746	−0.648 768	0.436 398
私人汽车	0.564 954	0.209 376	0.733 019	0.315 844

由上述的固有向量可以计算出各个主成分的分数：

$$F_1 = -0.465\,764 \times (-0.697\,310) - 0.281\,015 \times 1.407\,473 + 0.620\,420 \times (-0.634\,004) + 0.564\,954 \times (-0.286\,659) = -0.764\,929$$

……

计算结果见表 5-24 所示。

主 成 分 的 分 数 表 5-24

城市	第一主成分	第二主成分	城市	第一主成分	第二主成分
1	−0.626 037	−1.512 378	6	0.150 962	1.689 219
2	−0.687 204	−1.811 433	7	−1.552 567	0.683 844
3	−0.643 499	1.065 135	8	−1.583 572	1.094 448
4	0.930 907	−0.273 695	9	−0.225 530	−1.173 356
5	1.452 145	−0.272 977	10	2.784 394	0.511 193

此处，第一主成分表示了步行的利用程度，第二主成分表示轨道以及公共汽车等公共交通方式的利用程度。

分析结果表明该城市主要的交通方式为步行与公共汽车。第一、第二主成分的得分表示在图 5-5 所示的分布图中，当分布图所显示的类型划分不明确时，可以使用主成分得分点进行 cluster 分析，并进行评价。

实际工作中可直接使用 SPSS（Statistical Program for Social Sciences）等数学软件进行求解。

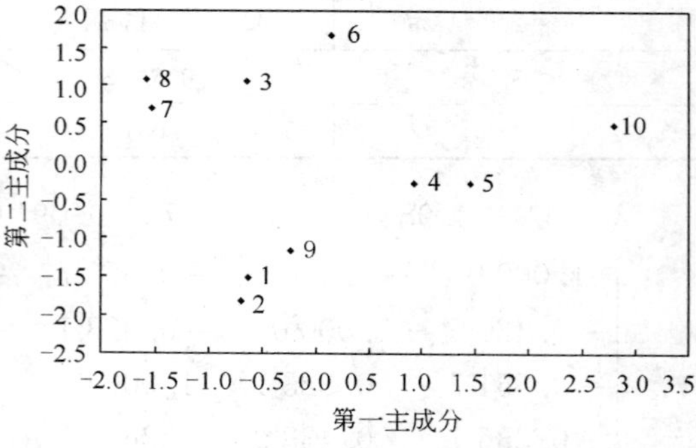

图 5-5 主成分得分的分布图

二、因子分析[①],[6-7]（factor analysis）

（一）因子分析简介

因子分析是用来分析隐藏在表象背后的因子作用的一种数理统计模型和方法，它起源于心理度量学（psychometrics），在方法上与主成分分析有密切的关系。

在多变量分析中，某些变量间往往存在相关性。是什么原因使变量间有关联呢？是否存

① 本节编写中部分参考了下列网站：http://baike.baidu.com/view/354195.htm。

在不能直接观测到的、但影响可观测变量变化的公共因子？因子分析法就是寻找这些公共因子的分析方法，其基本目的就是用少数几个因子（数量数据）反映原数据的大部分信息，以公共因子为框架分解原变量，以此考察原变量间的联系与区别。运用这种分析手法，我们可以方便地找到影响土木规划的潜在主要因素，以及它们的影响程度（权重）。

有一个很好的例子可以说明因子分析的用途。例如，随着年龄的增长，儿童的身高、体重会随着变化，它们之间具有一定的相关性。身高和体重之间为何会有相关性呢？因为存在着一个同时支配或影响着身高与体重的生长因子。那么，我们能否通过对多个变量的相关系数矩阵的研究，找出同时影响或支配所有变量的共性因子呢？因子分析就是从大量的数据中"由表及里"、"去粗取精"，寻找影响或支配变量的多变量统计方法。

可以说，因子分析是主成分分析的推广，也是一种把多个变量化为少数几个综合变量的多变量分析方法，其目的是用有限个不可观测的隐变量来解释原始变量之间的相关关系。

因子分析主要用于：①减少分析变量个数；②通过对变量间相关关系探测，将原始变量进行分类，即将相关性高的变量分为一组，用共性因子代替该组变量。

（二）因子分析方法

1. 因子分析模型

因子分析法是从研究变量内部相关的依赖关系出发，把一些具有错综复杂关系的变量归结为少数几个综合因子的一种多变量统计分析方法。对于所研究的问题就是试图用最少个数的不可测的所谓公共因子的线性函数与特殊因子之和来描述原来观测的每一分量。

因子分析模型描述如下。

(1) $X=(x_1,x_2,\cdots,x_p)^{\mathrm{T}}$ 是可观测随机向量，均值向量 $E(X)=0$，协方差矩阵 $\mathrm{Cov}(x_i,x_j)=\Sigma$，且协方差阵$\Sigma$与相关矩阵 R 相等（只要将变量标准化即可实现）。

(2) $F=(f_1,f_2,\cdots,f_m)^{\mathrm{T}}(m\leqslant p)$ 是不可观测的向量，其均值向量 $E(F)=0$，协方差矩阵和方差矩阵都为单位阵，$\mathrm{Cov}(f_i,f_j)=I_m$，$\mathrm{Var}(F)=I_m$，即 f_1、f_2……f_m 相互独立且方差均为1。

(3) $\varepsilon=(\varepsilon_1,\varepsilon_2,\cdots,\varepsilon_p)^{\mathrm{T}}$ 与 F 相互独立，$\mathrm{Cov}(F,\varepsilon)=0$，且 $E(\varepsilon)=0$，ε 的协方差阵是对角阵，$\mathrm{Cov}(\varepsilon_i,\varepsilon_j)=I_m$，方差矩阵 $\mathrm{Var}(\varepsilon)=\psi$，即 ε_1、ε_2……ε_p 相互独立，且方差不要求相等。则模型

$$\begin{cases}x_1=a_{11}f_1+a_{12}f_2+\cdots+a_{1m}f_m+\varepsilon_1\\x_2=a_{12}f_1+a_{22}f_2+\cdots+a_{2m}f_m+\varepsilon_2\\\cdots\cdots\cdots\cdots\cdots\cdots\cdots\cdots\cdots\cdots\\x_p=a_{p1}f_1+a_{p2}f_2+\cdots+a_{pm}f_m+\varepsilon_p\end{cases}\tag{5-66}$$

称为因子分析模型，由于该模型是针对变量进行的，各因子又是正交的，所以也称为R型正交因子模型。其矩阵形式为：

$$X=AF+\varepsilon\tag{5-67}$$

式中：F——可观测随机向量 X 的公共因子或潜因子向量；

ε——X 的特殊因子矩阵；

A——因子载荷矩阵，$A=[a_{ij}](i=1,2,\cdots,p;j=1,2,\cdots,m)$，$a_{ij}$ 为因子载荷。

数学上可以证明，因子载荷 a_{ij} 就是变量 x_i 与因子 f_j 的相关系数，反映了因子 f_j 在变量

x_i 上的重要性。

2. 模型的统计意义

模型中 f_1、f_2……f_m 叫做主因子或公共因子,它们是在各个原观测变量的表达式中都共同出现的因子,是相互独立的不可观测的理论变量。公共因子的含义,必须结合具体问题的实际意义而定。ε_1、ε_2……ε_p 叫做特殊因子,是向量 X 的分量 $x_i(i=1,2,\cdots,p)$ 所特有的因子,各特殊因子之间以及特殊因子与所有公共因子之间都是相互独立的。模型中载荷矩阵 A 中的元素 a_{ij} 为因子载荷。因子载荷 a_{ij} 是 x_i 与 f_j 的协方差,也是 x_i 与 f_j 的相关系数,它表示 x_i 依赖 f_j 的程度。可将 a_{ij} 看作因子 f_j 在变量 x_i 上的权,a_{ij} 的绝对值越大($|a_{ij}|\leqslant 1$),表明 x_i 与 f_j 的相互依赖程度越大,或称公共因子 f_j 对于 x_i 的载荷量越大。为了得到因子分析结果的合理解释,因子载荷矩阵 A 中有两个统计量十分重要,即变量共同度和公共因子的方差贡献。

因子载荷矩阵 A 中第 i 行 $(i=1,2,\cdots,p)$ 各元素之平方和记为 h_i^2,称为变量 x_i 的共同度。它是全部公共因子对 x_i 的方差所作出的贡献,反映了全部公共因子对变量 x_i 的影响。h_i^2 大表明 x_i 对于 F 的每一分量 f_1、f_2……f_m 的共同依赖程度大。

将因子载荷矩阵 A 的第 j 列 $(j=1,2,\cdots,m)$ 各元素的平方和记为 g_j^2,称为公共因子 f_j 对 X 的方差贡献。g_j^2 就表示公共因子 f_j 对于 X 的每一分量 x_1、x_2……x_p 所提供方差的总和,它是衡量公共因子相对重要性的指标。g_j^2 越大,表明公共因子 f_j 对 X 的贡献越大,或者说对 X 的影响和作用就越大。如果将因子载荷矩阵 A 的所有 g_i^2 都计算出来,使其按照大小排序,就可以依此提炼出最有影响力的公共因子。

3. 因子旋转

建立因子分析模型的目的不仅是找出主因子,更重要的是知道每个主因子的意义,以便对实际问题进行分析。如果求出主因子解后,各个主因子的典型代表变量不很突出,还需要进行因子旋转,通过适当的旋转得到比较满意的主因子。

旋转的方法有很多,正交旋转(orthogonal rotation)和斜交旋转(oblique rotation)是因子旋转的两类方法。最常用的方法是最大方差(varimax)正交旋转法。进行因子旋转,就是要使因子载荷矩阵中因子载荷的平方值向 0 和 1 两个方向分化,使大的载荷更大,小的载荷更小。因子旋转过程中,如果因子对应轴相互正交,则称为正交旋转;如果因子对应轴相互间不是正交的,则称为斜交旋转。常用的斜交旋转方法有 promax 法等。

4. 因子得分

因子分析模型建立后,还有一个重要的作用是应用因子分析模型去评价每个样本在整个模型中的地位,即进行综合评价。例如地区经济发展的因子分析模型建立后,我们希望知道每个地区经济发展的情况,把区域经济划分归类,哪些地区发展较快,哪些中等发达,哪些较慢等。这时需要将公共因子用变量的线性组合来表示,也即由地区经济的各项指标值来估计它的因子得分。不考虑特殊因子 ε 的影响,当 $m=p$,设公共因子 F 由变量 X 表示的线性组合为:

$$f_j = u_{j1}x_1 + u_{j2}x_2 + \cdots + u_{jp}x_p, \quad j=1,2,\cdots,m \tag{5-68}$$

该式称为因子得分函数,由它来计算每个样品的公共因子得分。若取 $m=2$,则将每个样本的 p 个变量代入上式即可算出每个样本的因子得分 f_1 和 f_2,并将其在平面上做因子得分散点图,进而对样本进行分类或对原始数据进行更深入的研究。

但因子得分函数中方程的个数 m 小于变量的个数 p,所以并不能精确计算出因子得分,只能对因子得分进行估计。估计因子得分的方法较多，常用的有回归估计法、Bartlett 估计法和 Thomson 估计法。

(1)回归估计法(Thomson 估计法)

回归估计法忽略特殊因子的作用，取 $R = X^{T}X$，则

$$F = Xb = X(X^{T}X)^{-1}A^{T} = XR^{-1}A^{T} \text{（这里 } R \text{ 为相关阵，且 } R = X^{T}X\text{）} \tag{5-69}$$

式中：b——因子得分系数矩阵。

若考虑特殊因子的作用，此时 $R = X^{T}X + W$，于是有：

$$F = XR^{-1}A^{T} = X(X^{T}X + W)^{-1}A^{T} \tag{5-70}$$

其中，$W = \mathrm{diag}(\sigma_1^{-2}, \sigma_2^{-2}, \cdots, \sigma_p^{-2})$。

这就是 Thomson 估计的因子得分，使用矩阵求逆算法(参考线性代数相关书籍)可以将其转换为：

$$F = XR^{-1}A^{T} = X(I + A^{T}W^{-1}A)^{-1}W^{-1}A^{T} \tag{5-71}$$

(2)Bartlett 估计法

Bartlett 估计因子得分可由最小二乘法或极大似然法导出。

$$\begin{aligned} F &= [(W^{-1}/2A)^{T}W^{-1}/2A]^{-1}(W^{-1}/2A)^{T}W^{-1}/2X \\ &= (A^{T}W^{-1}A)^{-1}A^{T}W^{-1}X \end{aligned} \tag{5-72}$$

5. 因子分析的步骤

因子分析的核心问题有两个：一是如何构造因子变量，二是如何对因子变量进行命名解释。因此，因子分析的基本步骤和解决思路就是围绕这两个核心问题展开的。

因子分析常常有以下四个基本步骤。

(1)确认待分析的原变量是否适合作因子分析。

(2)构造因子变量。

(3)利用旋转方法使因子变量更具有可解释性。

(4)计算因子变量得分。

因子分析的计算过程如下。

(1)将原始数据标准化，以消除变量间在数量级和量纲上的不同。

(2)求标准化数据的相关矩阵。

(3)求相关矩阵的特征值和特征向量。

(4)计算方差贡献率与累积方差贡献率。

(5)确定因子。

设 f_1、f_2……f_p 为 p 个因子，其中前 m 个因子包含的数据信息总量(其累积方差贡献率)不低于一个特定的百分比(较多研究采用 80%～85%)时，可取前 m 个因子来反映原评价指标。

(6)因子旋转

若所得的 m 个因子无法确定或其实际意义不是很明显，这时需将因子进行旋转以获得较为明显的实际含义。

(7)用原指标的线性组合来求各因子得分

采用回归估计法(Thomson 估计法)或 Bartlett 估计法计算因子得分。

(8)综合得分

以各因子的方差贡献率为权，由各因子的线性组合得到综合评价指标函数。

$$F=(w_1f_1+w_2f_2+\cdots+w_mf_m)/(w_1+w_2+\cdots+w_m)$$

式中：w_i ——旋转前或旋转后因子的方差贡献率。

(9)得分排序

利用综合得分可以得到得分名次。

(三)主成分分析与因子分析的比较

(1)因子分析中是把变量分解成公共因子和特殊因子的线性组合，舍弃特殊因子；而主成分分析中则是把主成分表示成原变量的线性组合，舍弃变差小的主成分。

(2)主成分分析的重点在于解释每个变量的总方差，而因子分析则把重点放在解释各变量之间的协方差。

(3)主成分分析中不需要有假设(assumptions)，因子分析则需要一些假设。因子分析的假设包括：各个共同因子之间不相关，特殊因子(specific factors)之间也不相关，共同因子和特殊因子之间也不相关。

(4)主成分分析中，当给定的协方差矩阵或者相关矩阵的特征值是唯一的时候，样本的主成分一般是独特的、唯一确定的，不能旋转；而因子分析中因子不是独特的，可以旋转得到不同的因子。

(5)在因子分析中，因子个数需要分析者指定(某些统计学软件，如 SPSS，会根据一定的条件自动设定，如特征值大于 1 的因子进入分析)，指定的因子数量不同，结果就不同。在主成分分析中，成分的数量是一定的，一般有几个变量就有几个主成分。和主成分分析相比，由于因子分析可以使用旋转技术帮助解释因子，在解释方面更加有优势。大致说来，当需要寻找潜在的因子，并对这些因子进行解释的时候，更加倾向于使用因子分析，并且借助旋转技术的帮助更好解释。而如果想把现有的变量变成少数几个新的变量(新的变量几乎带有原来所有变量的信息)来进入后续的分析，则可以使用主成分分析。当然，这种情况也可以使用因子得分做到。所以这里区分不是绝对的。

(6)在算法上，主成分分析和因子分析很类似，不过，在因子分析中所采用的协方差矩阵的对角元素不再是变量的方差，而是和变量对应的共同度(变量方差中被各因子所解释的部分)。

第五节 其他方法

一、ISM 方法(解释性构造模型法)[8]

解释性构造模型法(interpretive structural modeling method，简称 ISM 分析法)[8]是以图论中的关联矩阵原理和布尔矩阵法则，来分析复杂系统的整体结构，将系统的结构分析转化为同构有向图的拓扑分析，继而转化为代数分析，通过关联矩阵的运算来明确系统的结构特征。解释性构造模型法是用于分析和揭示复杂关系结构的有效方法，它可将系统中各要素之间的复杂、零乱关系分解成清晰的多层次的结构形式。当我们分析的各级规划课题不具有简单的分类学特征，或者其中的概念从属关系不太明确，也不属于某个操作过程或某个问题求解过程时，要想通过上面所述的几种方法直接求出各级规划课题之间的形成关系是很困难的，这时就要使用 ISM 分析法。

这种分析方法应用到规划上包括以下四个操作步骤。

第一，抽取规划课题的因素。

第二，确定各个子课题之间的直接关系，做出邻接矩阵(adjacency matrix)。

我们把构成问题复合体的一个个规划课题称之为要素。从要素的集合里面抽出两个不同的要素 A、B，并将它们进行比较，如果要素课题 A 与要素课题 B 相比重要，或者说要素 A 对要素 B 有决定作用课题，则 s_{AB}判断为 YES=1，否则判断为 NO=0。当然还有一种特殊情况，就是有可能两个课题同等重要，这时矩阵中对角元素可以都写为“1”，即 $s_{ij}=s_{ji}=1$，在此基础上可以将这样的判断用数值“0”或“1”做成表 5-25 所示的 0-1 关系矩阵 $\boldsymbol{S}=[s_{ij}]$。关系矩阵 $\boldsymbol{S}$ 加上单位矩阵 $\boldsymbol{I}$，比如课题 A 对应要素 S_1，课题 B 对应要素 S_2，课题 A 比课题 B 重要，则 $s_{12}=1$。矩阵对角线上表明的是课题要素自身的比较，但是由于解析的需要，在对角线上填入 1，则形成邻接矩阵 A，即 $A=S+I$。

课题 A 与 B 的关系矩阵 表 5-25

	S_1	S_2		S_i		S_n
S_1	*0	0		1		0
S_2	0	*0		0		0
…			…		…	
S_i	1	0		*0		0
…						
S_n	1	0		0		*0

第三，获得可达矩阵。

可达矩阵(reachability matrix)是指用矩阵形式来描述有向连接图各节点之间，经过一定长度的通路后可以到达的程度。

可达矩阵 D 可以在求邻接矩阵的伦理积的基础上获得(计算按照布尔矩阵运算法则，即遵循着 $0+0=0;0+1=1;1+0=1;1+1=1;0*0=0;1*0=0;0*1=0;1*1=0$)，也就是说，课题 S_i 与课题 S_j 之间，直接或间接，是否有联系可以用 1-0 的矩阵形式来表示，这一矩阵即为可达矩阵 D。对邻接矩阵 SA，依次进行伦理积的演算，直到第 r 次与第 $r+1$ 次的伦理积相一致，即 $D=A^r=A^{r+1}$。这就意味着到最大 r 个的间接关系的课题相互之间有联系，其余的没有关系。

第四，得到可达矩阵 $D=[d_{ij}]$后，从课题 S_i 的行来看，只要列举出 $d_{ij}=1$ 的要素，就可以获得包含了 S_i 在内的从 S_i 出发可能到达的所有要素的集合 $R(S_i)$。另外，从 S_j 的列来看就可以获得包含 S_j 的可以到达 S_j 的所有课题要素的集合 $A(S_j)$。

第五，进行层级划分。对于课题 S_i，如果 $R(S_i)=R(S_i)\cap A(S_i)$，S_i 则作为本层级确定下来，并在下一个层次划分时去掉；否则保留进入下一层级。低层级的课题 S_j 与高层级的课题 S_i 根据 $A(S_i)$相联系，就可以确定出课题之间的结构。

[例题 5-7] ISM 法分析街道规划问题示例①,[9]。

① 本例题参考了樗木武先生的《土木规划学》P39 页例题。

表5-26列出了某都市圈中城市建设的规划课题，以及各个规划课题中意见比较集中的被认为尤其重要的一些事项。据此，可以很好地理解各个课题的具体内容，但是课题之间哪个更为重要则不明确。利用ISM方法可以解决这个问题。

某都市圈中城市建设的规划课题　　表5-26

规划课题		重要项目
1	建设生活基础设施	生活道路，下水道，广场建设
2	建设产业基础设施	吸引高附加价值的产业，工业地区的重新整理
3	建设交通基础设施	道路建设，机场建设
4	提高生活质量的城市建设	文化设施，体育休闲设施的建设
5	环境问题的对策	住、工分离，道路沿途的环境
6	城市功能的分散	培育地方中小城市，工业机能的地方分散
7	产业经济活动的平滑化	流通园区的适当配置，流通系统的改善
8	城市再形成	城市地区的再开发，区划整理
9	城市制约条件的审视与对策	土地供给对策

[解答]

在ISM方法中，有两种重要的矩阵：邻接矩阵和可达矩阵。邻接矩阵(adjacency matrix)用来描述图中各节点两两之间的关系。可达矩阵(reachability matrix)是指用矩阵形式来描述有向连接图各节点之间，经过一定长度的通路后可以到达的程度。在此，首先针对两个问题组合(S_i，S_j)当中哪个更为重要进行问卷调查。如果S_i比S_j重要，则在关系矩阵中s_{ij}处填写1，否则填写0。关系矩阵$\boldsymbol{S}$加上单位矩阵$\boldsymbol{I}$，即关系矩阵对角线元素设为1，则得到下列邻接矩阵$\boldsymbol{A}$。

(1)在问卷调查的基础上，可以获得下列邻接矩阵$\boldsymbol{A}$。

	S_1	S_2	S_3	S_4	S_5	S_6	S_7	S_8	S_9
S_1	1	0	0	0	0	0	0	0	0
S_2	1	1	1	1	1	0	0	1	1
S_3	0	0	1	0	0	0	0	0	0
S_4	0	0	0	1	0	0	0	0	0
S_5	0	1	1	1	1	0	1	1	1
S_6	1	1	1	1	1	1	1	1	1
S_7	1	0	1	1	0	0	1	0	1
S_8	1	0	1	1	0	0	0	1	0
S_9	1	0	1	1	0	0	0	0	1

(2)利用上述邻接矩阵的伦理积(遵循矩阵布尔运算原则)的反复演算，可以求得下列可达矩阵D。可达矩阵D有一个重要特性，即推移特性。

	S_1	S_2	S_3	S_4	S_5	S_6	S_7	S_8	S_9
S_1	1	0	0	0	0	0	0	0	0
S_2	1	1	1	1	1	0	1*	1	1
S_3	0	0	1	0	0	0	0	0	0
S_4	0	0	0	1	0	0	0	0	0
S_5	1*	1	1	1	1	0	1	1	1
S_6	1	1	1	1	1	1	1	1	1
S_7	1	0	1	1	0	0	1	0	1
S_8	1	0	1	1	0	0	0	1	0
S_9	1	0	1	1	0	0	0	0	1

(3)级别划分[10]

分别求解各个课题 S_i 对应的 $R(S_i)$ 与 $A(S_i)$，进一步求出集合 $R(S_i)\cap A(S_i)$。$R(S_i)\cap A(S_i)$ 是从要素 S_i 可能达到，而且又是能够达到 S_i 的全部要素集合。在图论中，这是一种强连接要素，或在图中处于环状的要素，如表 5-27 所示。

表 5-27

课　题	$R(S_i)$	$A(S_i)$	$R(S_i)\cap A(S_i)$
S_1	S_1	$S_1,S_2,S_5,S_6,S_7,S_8,S_9$	$*S_1$
S_2	$S_1,S_2,S_3,S_4,S_5,S_7,S_8,S_9$	S_2,S_5,S_6	S_2,S_5
S_3	S_3	$S_2,S_3,S_5,S_6,S_7,S_8,S_9$	$*S_3$
S_4	S_4	$S_2,S_4,S_5,S_6,S_7,S_8,S_9$	$*S_4$
S_5	$S_1,S_2,S_3,S_4,S_5,S_7,S_8,S_9$	S_2,S_5,S_6	S_2,S_5
S_6	$S_1,S_2,S_3,S_4,S_5,S_6,S_7,S_8,S_9$	S_6	S_6
S_7	S_1,S_3,S_4,S_7,S_9	S_2,S_5,S_6,S_7	S_7
S_8	S_1,S_3,S_4,S_8	S_2,S_5,S_6,S_8	S_8
S_9	S_1,S_3,S_4,S_9	S_2,S_5,S_6,S_7,S_9	S_9

表 5-27 中，处于强连接的要素可作为一个要素来处理。本例中，S_2、S_5 可以认为是一个要素，将其记为 (S_2,S_5)，得到表 5-28。

表 5-28

课　题	$R(S_i)$	$A(S_i)$	$R(S_i)\cap A(S_i)$
S_1	S_1	$S_1,(S_2,S_5),S_6,S_7,S_8,S_9$	$*S_1$
(S_2,S_5)	$S_1,(S_2,S_5),S_3,S_4,S_7,S_8,S_9$	$(S_2,S_5),S_6$	(S_2,S_5)
S_3	S_3	$(S_2,S_5),S_3,S_6,S_7,S_8,S_9$	$*S_3$
S_4	S_4	$(S_2,S_5),S_4,S_6,S_7,S_8,S_9$	$*S_4$
S_6	$S_1,(S_2,S_5),S_3,S_4,S_6,S_7,S_8,S_9$	S_6	S_6
S_7	S_1,S_3,S_4,S_7,S_9	$(S_2,S_5),S_6,S_7$	S_7
S_8	S_1,S_3,S_4,S_8	$(S_2,S_5),S_6,S_8$	S_8
S_9	S_1,S_3,S_4,S_9	$(S_2,S_5),S_6,S_7,S_9$	S_9

利用该表可求出满足 $R(S_i)=R(S_i)\cap A(S_i)$ 的 S_i 的集合。这个集合中的要素，不可能达到本集合外的任一要素，显然，这个集合中的要素是全部要素中的最高层级。

在此，满足 $R(S_i)=R(S_i)\cap A(S_i)$ 的是课题 S_1、S_3、S_4，这些可以列为第一级的课题。

接下来，由表 5-28 去除 S_1、S_3、S_4，利用同样的演算得到表 5-29，由此可以得到二级课题为 S_8、S_9。这些课题与上一个层次的课题 S_1、S_3、S_4 相关联。

表 5-29

课　题	$R(S_i)$	$A(S_i)$	$R(S_i)\cap A(S_i)$
(S_2,S_5)	$(S_2,S_5),S_7,S_8,S_9$	$(S_2,S_5),S_6$	(S_2,S_5)
S_6	$(S_2,S_5),S_6,S_7,S_8,S_9$	S_6	S_6
S_7	S_7,S_9	$(S_2,S_5),S_6,S_7$	S_7
S_8	S_8	$(S_2,S_5),S_6,S_8$	$*S_8$
S_9	S_9	$(S_2,S_5),S_6,S_7,S_9$	$*S_9$

同理第三个层次可以得到 S_7，S_7 与 S_9 相关联，见表 5-30 所示。

表 5-30

课　题	$R(S_i)$	$A(S_i)$	$R(S_i)\cap A(S_i)$
(S_2,S_5)	$(S_2,S_5),S_7$	$(S_2,S_5),S_6$	(S_2,S_5)
S_6	$(S_2,S_5),S_6,S_7$	S_6	S_6
S_7	S_7	$(S_2,S_5),S_6,S_7$	$*S_7$

第四个层次可以得到 (S_2,S_5)，(S_2,S_5) 与 S_7 相关联，见表 5-31 所示。

表 5-31

课　题	$R(S_i)$	$A(S_i)$	$R(S_i)\cap A(S_i)$
(S_2,S_5)	(S_2,S_5)	$(S_2,S_5),S_6$	$*(S_2,S_5)$
S_6	$(S_2,S_5),S_6$	S_6	S_6

第五个层次可以得到 S_6，S_6 与 (S_2,S_5) 相关联，见表 5-32 所示。

表 5-32

课　题	$R(S_i)$	$A(S_i)$	$R(S_i)\cap A(S_i)$
S_6	S_6	S_6	S_6

通过上述演算，我们可以得到下面的最终分析结果（图 5-6）。可以理解为，从意识构造上，生活基础设施、交通基础设施与宽阔的城市空间建设最为重要。而产业基础设施建设、环境问题对策，以及城市功能的分散并没有得到重视。

二、产业关联分析(input/output analysis)

产业关联分析(input/output analysis)用于把握国家或地区的经济构造。在产业链中某个产业购入、消费其他产业产品，用于生产，然后供其他产业消费。利用产业间的投入产出关系，可以对公共投资等对于地域经济产生的影响进行分析，分析的基础是产业关联表(input-output table)。通过这种分析可以把握某一产业对于其他产业的依存度（生产技术）。其问题是：全数调查费用过高；即使完全调查，也难于做成完全正确的产业关联表。

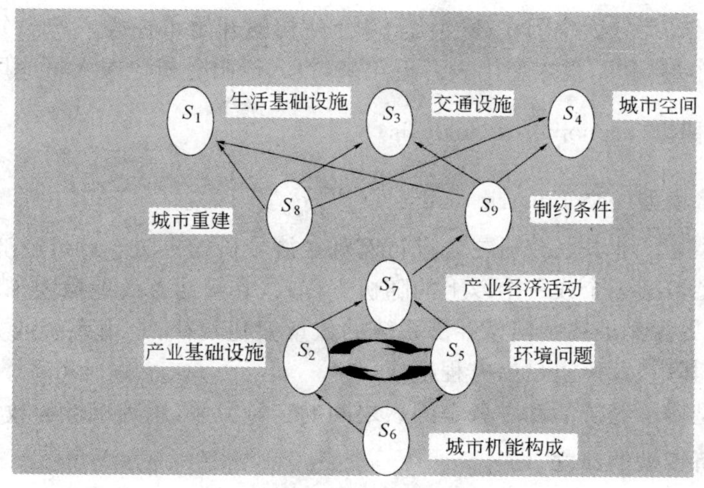

图 5-6　ISM 法分析结果

投入产出分析(input-output analysis),亦称之为投入产出法、产业关联、部门联系平衡法等。它是以最终产品为经济活动目标,研究各种经济体系(例如企业、公司、部门经济、地区经济、国民经济)中,各个组成部分间的投入和产出之间相互依存关系的一种数量分析方法。"投入"指的是生产产品所消耗的原材料、燃料、动力、固定资产折旧和劳动力;"产出"指的则是生产出来的产品的使用方向和数量,即分配的流量。投入产出分析是进行经济分析、加强综合平衡、改进计划编制的重要工具。

投入产出分析的初步思想可追溯到 18 世纪经济学中重农学派的 F. 魁奈,他的主要经济著作《经济表》就是把一个企业、一个农场由一定的生产增长所引起的财富生产活动的连续循环用表格表现出来。19 世纪后半叶的数理经济学派的 M. E. L. 瓦尔拉斯提出的一般均衡理论和数学模型,更是投入产出分析的直接先驱。1924 年,原苏联为了统一计划和安排全国的生产活动,曾经编制了"1923—1924 年度国民经济平衡表",这也是投入产出分析的先行工作之一,但未能深入研究,并在 1929 年受到批判。

1925 年,经济学家 W. 列昂捷夫写出一篇名为《俄国经济的平衡——一个方法论的研究》的论文,第一次阐述了投入产出分析的基本概念。1931 年他开始用投入产出分析研究美国的经济结构,并根据美国国情普查资料编制了 1919 年和 1929 年的投入产出表。1936 年他发表了《美国经济制度中投入产出的数量关系》一文,这是应用投入产出分析的第一篇论文。1941 年列昂捷夫在《美国经济结构,1919—1922》中详细阐明了投入产出分析的内容和方法。1953 年他与 H. 钱纳里等人出版了《美国经济结构研究》一书,阐述了投入产出分析的基本原理及其发展的几个主要部分。20 世纪 40 年代,美国开始了投入产出法的实际应用。1942～1944 年,美国劳工部劳动统计局在列昂捷夫的主持下,编制了美国 1939 年的投入产出表;美国空军及战备和裁军总署等机构在第二次世界大战期间及战后,曾利用投入产出分析及有关资料,制定战时生产计划和研究裁军对国民经济的影响。此后,美国先后编制了 1949 年、1958 年、1963 年及 1966 年的投入产出表。二战后 40 多年来,投入产出分析逐步为世界各国所重视,现在已有 90 多个国家和地区编制过投入产出表。联合国成立了"投入产出协会",1950～1979 年,曾先后召开过 7 次学术会议。由于从事投入产出分析的研究和应用,列昂捷夫获得 1973 年诺贝尔经济学奖。20 世纪 50 年代末,原苏联重新重视和研究投入产出分析,1974 年正式把投入产出分析(称之为"部门联系平衡表")列入计划方法论的体系中,作为国民经济计划平衡体系的一个重要组成部分。中国在20世纪60年代初就开始重视投入产出分析，1974年编制出1973年的(61个部门的)投入产出表。近年来，投入产出分析也被大量应用。

三、计量经济模型(econometric analysis)

(一)计量经济模型(econometric analysis)[11]

计量经济模型是产业关联分析之外进行宏观经济分析的方法。计量经济模型概述如下。

计量经济模型包括一个或一个以上的随机方程式，它简洁有效地描述、概括某个真实经济系统的数量特征，更深刻地揭示出该经济系统的数量变化规律，是由系统或方程组成，方程由变量和系数组成，其中，系统也是由方程组成。

计量经济模型揭示经济活动中各个因素之间的定量关系，用随机性的数学方程加以描述。

(二)计量经济模型的建立

对所要研究的经济现象进行深入的分析，根据研究的目的，选择模型中将包含的因素，根据数据的可获取性选择适当的变量来表征这些因素，并根据经济行为理论和样本数据显示出变量间的关系，设定描述这些变量之间关系的数学表达式，即理论模型。理论模型的设计主要包含三部分工作，即选择变量、确定变量之间的数学关系、拟定模型中待估计参数的数值范围。

1. 确定模型所包含的变量

在单方程模型中，变量分为两类。作为研究对象的变量，也就是因果关系中的“果”，例如生产函数中的产出量，是模型中的被解释变量；而作为“原因”的变量，例如生产函数中的资本、劳动、技术，是模型中的解释变量。确定模型所包含的变量，主要是指确定解释变量。可以作为解释变量的有下列几类变量：外生经济变量、外生条件变量、外生政策变量和滞后被解释变量。其中有些变量，如政策变量、条件变量经常以虚变量的形式出现。

严格地说，生产函数中的产出量、资本、劳动、技术等，只能称为“因素”，这些因素间存在着因果关系。为了建立起计量经济学模型，必须选择适当的变量来表征这些因素，这些变量必须具有数据可得性。于是，我们可以用总产值来表征产出量，用固定资产原值来表征资本，用职工人数来表征劳动，用时间作为一个变量来表征技术。这样，最后建立的模型是关于总产值、固定资产原值、职工人数和时间变量之间关系的数学表达式。

在确定了被解释变量之后，关键在于，怎样才能正确地选择解释变量。

首先，需要正确理解和把握所研究的经济现象中暗含的经济学理论和经济行为规律。这是正确选择解释变量的基础。例如，在上述生产问题中，已经明确指出属于供给不足的情况，那么，影响产出量的因素就应该在投入要素方面，而在当前，一般的投入要素主要是技术、资本与劳动。如果属于需求不足的情况，那么影响产出量的因素就应该在需求方面，而不在投入要素方面。这时，如果研究的对象是消费品生产，应该选择居民收入等变量作为解释变量；如果研究的对象是生产资料生产，应该选择固定资产投资总额等变量作为解释变量。由此可见，同样是建立生产模型，所处的经济环境不同、研究的行业不同，变量选择是不同的。

其次，选择变量要考虑数据的可得性。这就要求对经济统计学有透彻的了解。计量经济学模型是要在样本数据，即变量的样本观测值的支持下，采用一定的数学方法估计参数，以揭示变量之间的定量关系。所以所选择的变量必须是统计指标体系中存在的、有可靠的数据来源的。如果必须引入个别对被解释变量有重要影响的政策变量、条件变量，则采用虚变量的样本观测值的选取方法。

还有，选择变量时要考虑所有入选变量之间的关系，使得每一个解释变量都是独立的。这是计量经济学模型技术所要求的。当然，在开始时要做到这一点是困难的，如果在所有入选变量中出现相关的变量，可以在建模过程中检验并予以剔除。

2. 确定模型的数学形式

选择了适当的变量，接下来就要选择适当的数学形式描述这些变量之间的关系，即建立理论模型。

选择模型数学形式的主要依据是经济行为理论。在数理经济学中，已经对常用的生产函数、需求函数、消费函数、投资函数等模型的数学形式进行了广泛的研究，可以借鉴这些研究成果。需要指出的是，现代经济学尤其注重实证研究，任何建立在一定经济学理论假设基础上的理论模型，如果不能很好地解释过去，尤其是历史统计数据，那么它是不能为人们所接受的。这就要求理论模型的建立要在参数估计、模型检验的全过程中反复修改，以得到一种既能有较好的经济学解释又能较好地反映历史上已经发生的诸变量之间关系的数学模型。忽视任何一方面都是不对的。也可以根据变量的样本数据做出解释变量与被解释变量之间关系的散点图，由散点图显示的变量之间的函数关系作为理论模型的数学形式。这也是在建模时经常采用的方法。

3. 拟定理论模型中待估参数的理论期望值

理论模型中的待估参数一般都具有特定的经济含义，它们的数值，要待模型估计、检验后，即经济数学模型完成后才能确定，但对于它们的数值范围，即理论期望值，可以根据它们的经济学含义在开始时拟定。这一理论期望值可以用来检验模型的估计结果。拟定理论模型中待估参数的理论期望值，关键在于理解待估参数的经济含义。例如生产函数理论模型中有 4 个待估参数 α、β、γ 和 A。其中，α 是资本的产出弹性，β 是劳动的产出弹性，γ 近似为技术进步速度，A 是效率系数。根据这些经济含义，它们的数值范围应该是：

$$0<\alpha<1, 0<\beta<1, \alpha+\beta\approx 1, 0<\gamma<1 \text{ 并接近 } 0, A>0$$

(三)计量经济模型的应用

计量经济模型应用的四个主要方面如下。

1. 结构分析

结构分析是对经济现象中变量之间相互关系的研究。它研究的是当一个变量或几个变量发生变化时会对其他变量以至经济系统产生什么样的影响。结构分析采用的主要方法是弹性分析、乘数分析和比较静力分析。

(1)弹性，是经济学中的一个重要概念，是某一变量的相对变化引起另一变量的相对变化的度量，即变量的变化率之比。

(2)乘数，也是经济学中的一个重要概念，是某一变量的绝对变化引起另一变量的绝对变化的度量，即变量的变化量之比，也称倍数。

(3)比较静力分析，是比较经济系统的不同平衡位置之间的联系，探索经济系统从一个平衡位置到另一个平衡位置时变量的变化，研究经济系统中某一个变量或参数的变化对另外变量或参数的影响。

2. 经济预测

经济预测是对将来经济发展的科学认识活动。经济预测是以科学的理论和方法、可靠的资料、精密的计算，对经济发展的客观规律性的认识所做出的分析和判断。目的是为未来问题的经济决策服务。为了提高决策的正确性，需要由预测提供有关未来的情报，使决策者增加对未来的了解，把不确定性或无知程度降到最低限度，并有可能从各种备选方案中作出最优决策。经济预测中经常利用计量经济学模型，它是从经济预测，特别是短期预测而发展起来的。

3. 政策评价

政策评价是指从许多不同的经济政策中选择较好的政策予以实行，或者说是研究不同的经济政策对经济目标所产生的影响的差异。计量经济学模型与计算机技术相结合，可以建立"经济政策实验室"。计量经济学模型用于政策评价，主要有三种方法。

(1)目标法：给定目标变量的预期值，即我们希望达到的目标，通过求解模型，得到政策变量值。

(2)政策模拟：即将不同的政策代入模型，计算各自的目标值，然后比较，决定政策的取舍。

(3)最优控制方法：将计量经济学模型与最优化方法结合起来，选择使得目标最优的政策或政策组合。

4. 检验与发展经济理论

(1)检验理论：按照某种理论去建立模型，然后用表现已经发生的经济活动的样本数据去拟合，如果拟合很好，则这种理论得到了检验。

(2)发现和发展理论：用表现已经发生的经济活动的样本数据去拟合各种模型，拟合得最好的模型所表现出来的数量关系，则是经济活动所遵循的经济规律，即理论，这就是发现和发展理论。

(四)计量经济模型成功三要素

从上述建立计量经济学模型的步骤中，不难看出，任何一项计量经济学研究、任何一个计量经济学模型赖以成功的要素应该有三个：理论、方法和数据。

理论，即经济理论，所研究的经济现象的行为理论，是计量经济学研究的基础。

方法，主要包括模型方法和计算方法，是计量经济学研究的工具与手段，是计量经济学不同于其他经济学分支学科的主要特征。

数据，反映研究对象的活动水平、相互间联系以及外部环境的数据，或更广义讲是信息，是计量经济学研究的原料。这三方面缺一不可。

但是在计量经济学模型的使用中也存在一些问题。一般情况下，在计量经济学研究中，方法的研究是人们关注的重点，方法的水平往往成为衡量一项研究成果水平的主要依据。但是，不能因此而忽视对经济学理论的探讨，一个不懂得经济学理论、不了解经济行为的人，是无法从事计量经济学研究工作的，是不可能建立起一个哪怕是极其简单的计量经济学模型的。所以，利用计量经济学模型首先应该具有经济学知识。此外，人们对数据，尤其是数据质量问题的重视更显不足，对数据的可得性、可用性、可靠性缺乏认真的推敲；在研究过程中出现问题时，较少从数据质量方面去找原因。而目前的实际情况是，数据已经成为制约计量经济学发展的重要问题。

四、层次分析法[12-13]

(一)层次分析法概述

层次分析法(analytic hierarchy process，简称 AHP)是美国运筹学家 T. L. Saaty 教授于 20 世纪 70 年代初期提出的，AHP 是对定性问题进行定量分析的一种简便、灵活而又实用的多准则决策方法。它的特点是把复杂问题中的各种因素通过划分为相互联系的有序层次，使之条理化，根据对一定客观现实的主观判断结构(主要是两两比较)把专家意见和分析者的客观判断结果直接而有效地结合起来，将一层次元素两两比较的重要性进行定量描述。而后，利用数学方法计算反映每一层次元素的相对重要性次序的权值，通过所有层次之间的总排序计算所有元素的相对权重并进行排序。该方法自 1982 年被介绍到我国以来，以其定性与定量相结合处理各种决策因素的特点，以及其系统灵活简洁的优点，迅速地在我国社会经济各个领域内，如能源系统分析、城市规划、经济管理、科研评价等，得到了广泛的重视和应用。

(二)层次分析法的步骤

(1)通过对系统的深刻认识，确定该系统的总目标，弄清规划决策所涉及的范围、所要采取的措施方案和政策、实现目标的准则、策略和各种约束条件等，广泛地收集信息。

(2)建立一个多层次的递阶结构，按目标的不同、实现功能的差异，将系统分为几个等级层次。

(3)确定以上递阶结构中相邻层次元素间相关程度。通过构造两个比较判断矩阵及矩阵运算的数学方法，确定对于上一层次的某个元素而言，本层次中与其相关元素的重要性排序——相对权值。

(4)计算各层元素对系统目标的合成权重，进行总排序，以确定递阶结构图中最底层各个元素的总目标中的重要程度。

(5)根据分析计算结果，考虑相应的决策。

(三)应用层次分析法的注意事项

如果所选的要素不合理，其含义混淆不清，或要素间的关系不正确，都会降低 AHP 法的结果质量，甚至导致 AHP 法决策失败。

为保证递阶层次结构的合理性，需把握以下原则：①分解简化问题时把握主要因素，不漏不多；②注意相比较元素之间的强度关系，相差太悬殊的要素不能在同一层次比较。

本讲参考文献

[1] 胡健颖，冯泰. 实用统计学. 3 版. 北京：北京大学出版社，2004.

[2] 朱建平. 应用多元统计分析. 北京：科学出版社，2006.

[3] 方差分析的基本思想. http://www.foodmate.net/lesson/41/5-1.php.

[4] 相关分析. http://baike.baidu.com/view/325793.htm.

[5] 刘顺忠. 数理统计理论、方法、应用和软件计算. 武汉：华中科技大学出版社，2005.

[6] 因子分析法. http://baike.baidu.com/view/354195.htm.

[7] 马娟，杨益民. 主成分分析与因子分析之比较及实证分析. 市场研究，2007(3).

[8] ISM. http://kaixinyueliang.blog.163.com/blog/static/97879932007105264961З/.

[9] 樗木武. 土木計画学. 森北出版株式会社，2001.

[10] 制作层级有向图的算法. http://courseware.ecnudec.com/zsb/zjx/zjx12/zjx123/zjx12304/images_section4/TU4.HTM.

[11] 罗伯特·平狄克，丹尼尔·鲁宾费尔德. 计量经济模型与经济预测. 钱小军，等，译. 北京：机械工业出版社，1999.

[12] AHP. http://baike.baidu.com/view/70659.htm.

[13] 胡运权. 运筹学教程. 北京：清华大学出版社，2003：436-438.

[14] 澤喜司郎. 交通計量経済学. 東京：成山堂書店，1997.

[15] 章俊华. 规划设计学中的调查分析法与实践. 北京：中国建筑出版社，2005.

第六讲　未来预测的方法

第一节　预测的基本问题

一、预测的意义

土木规划的步骤中最为重要的内容之一就是预测未来的状况。未来预测就是要在现状分析的基础上尽可能准确地、定量地掌握将来的状况。现状分析使得复杂的社会经济构造明确化，在考虑上述社会经济因素的基础上制定预案，对于从现在到未来（短期规划，中期规划，长期规划）可能发生的现象进行预测。对未来进行预测，首先需要确定预测的目的，然后去捕捉现象，确定预测方法，研讨预测结果的妥当性。现状分析，制定预案，在未来预测中都极其重要。

土木规划中的预测，大致可以分为基于人类的知识和洞察力做出判断的方法，和基于收集数据并加以分析的方法。前者是基于人类的直觉与经验进行预测的方法。这种方法以直觉与经验为对象，基于科学的手法提取、整理知觉与经验，构成预测模型。在这个意义上，可以说它与单纯的主观臆断不同，是一种以直觉数据为对象的科学的预测方法。

后者则是针对预测中需要的现在以及过去的现象，收集量与质的数据，进行分析的方法。未来预测通常需要利用数学模型来进行，按照技术方法来划分，预测方法可以根据其特征分为若干类，包括现在形式法、空间相互作用模型、时间序列模型、计量经济学模型等，多种多样，通常要根据具体需要选择一个或是多个模型，有时则需要开发新的模型。

模型的应用不是绝对的，需要根据预测对象的状况，可能获得的信息的质量，考虑确定预测方法。

二、预测的对象

土木规划中涉及的将来预测内容包罗了对于未来人口的预测、未来经济指标的预测，以及未来需求量等，在此基础上对土木设施进行规划，制订规划方案。采用的预测方法（模型）多种多样，预测的顺序也与预测目的，或是与掌握的现状有很大的关系。人口的预测包括了对象区域总的人口的预测，分类人口的预测（如男性与女性，或是居住人口、就业人口、就学人口等），分层人口的预测（不同年龄层的人口），以及人口分布的预测等。经济指标主要是指对于 GDP 的预测。需求预测涉及的面更为广泛，人口预测、经济指标预测都是交通需求预测的基础。

交通需求预测是土木规划中最为常见的预测，通常包括了对交通的生成，发生、集中，交通的分布，交通方式的划分，以及交通路经的预测等几个阶段，采用的方法通常为“四阶段预测法”。当预测的单位是个人出行端（trip end）时，交通分布的预测采用的预测方法与人口分布其实是一致的。

本章将针对人口预测、经济指标与交通需求预测进行介绍。

第二节　人口预测

一、人口预测的必要性和可能性

在土木规划制定过程中，人口指标是必不可少的。由于多数情况下无法获得对象区域未来的人口指标，因此就需要规划制定者首先进行将来人口的预测。如果我们预测的对象区域不大，并且能够获得大的人口框架，则需要在这个给定的框架下进行预测。如果无法获得人口框架，则需要直接进行预测。人口发展是有一定的规律的，且变动总的来说不是很大，对于人口的预测是可能的。

人口预测就是根据一个国家、一个地区人口的现状，考虑到社会政治经济条件对人口再生产和转化的影响，分析其发展规律，运用科学的方法测算未来某个时期人口的发展状况。人口预测首先是针对人口数量，其次还可预测人口的出生率、死亡率、增长率，以及人口性别和年龄构成，此外还有对于分类人口，如夜间人口（常住人口）、从业人口（工作人口）、就学人口等的预测。在此基础上，还可以对未来人口的地区分布、婚姻状况、家庭构成、城乡人口比例等进行预测。

人口预测可以分为短期、中期和长期，由于预测的不确定性，也可以给出预测的高指标预测结果、中等指标结果与低等指标结果，也就是说在不同的假定下，给出预测的范围，供决策人员参考。

从以往的人口预测结果可以看出，短期预测比长期预测的结果更接近实际发展情况。因此，人口预测只能根据当时所掌握的情况和当时能预见到的变化进行，不能把这种预测看成是固定不变的。随着事物发展，认识的提高，应该不断地改进原来的预测方案，使之更准确地反映若干年以后的发展状况。

人口预测是随着社会经济发展而提出来的。在过去的几千年里，由于人类社会生产力水平低，生产发展缓慢，人口变动和增长也不明显，因而对未来人口发展变化的研究并不重要，无需进行人口预测。而当今社会，经济发展迅速，生产力达到空前水平，这时的生产不仅为了满足个人需求，还要面向社会的需求，所以必须了解供求关系的未来趋势。而人口预测是对未来进行预测的各环节中的一个重要方面。准确地预测未来人口的发展趋势，制订合理的人口规划和人口布局方案具有重大的理论意义和实用意义。因此，人口预测变得越来越必要。

任何事物发展变化都是有一定规律的。人口发展中的出生率、死亡率、自然增长率和人口总量四者之间是紧密相关的。出生率、死亡率直接影响着自然增长率和人口总量。尽管出生率和死亡率在不断变化，但这种变化是逐渐的，有一定的规律性，只是不十分明显而已。因此人口预测是可行的。

人口预测有短期、中期、长期预测之分，一般应按人口发展的固有周期而定。人口发展周期与人口平均期望寿命有关。世界不同国家和地区的人口平均期望寿命相差较大，因此，各个国家和地区要根据实际情况进行短期、中期、长期的人口预测。例如，中国人口预期寿命约为70 岁左右，因此，长期人口预测最好预测到 70 年以后，中期 40～50 年，短期可以是 5 年、10 年或 20 年。

土木规划中的区域规划、城市规划、交通规划、水资源规划、下水道规划等，都与居住人口以及就业人口相关联，都是基于人的社会经济活动所派生出来的需求进行规划的。因此，规划时对于人口规模的设定，也就成为对于规划的规模和内容的确定，可以说人口的精度对于规划的精度有着直接的影响。在这个意义上，规划中人口规模的设定十分重要，作为其前提，对于将来人口的确切的预测需要认真对待。

人口指标中，以居住人口（resident population）、学龄人口（population attending to school）、就业人口（working population，居住于本地区的上班人数），以及从业人口（work-place population，在本地区工作的人数）为主要指标。各种人口进一步可以按照性别、年龄层、职业分组、产业分类、区域、活动状况加以细分。还有，根据这些统计量的组合可以获得指数、比率等，包含这些的人口关联指标可以用表 6-1 来说明[1]。

人口关联指标及其分类一览表 表 6-1

<table>
<tr><th>总的人口</th><th colspan="2">分类</th><th>细分类</th><th>说明</th></tr>
<tr><td rowspan="10">居住人口
（常住人口，夜间人口）</td><td colspan="2" rowspan="2">性别</td><td>男</td><td></td></tr>
<tr><td>女</td><td></td></tr>
<tr><td colspan="2" rowspan="3">年龄层别人口
（每 5 岁为统计单位）</td><td>少龄人口</td><td>（0～14 岁）</td></tr>
<tr><td>生产年龄人口</td><td>（15～64 岁）</td></tr>
<tr><td>老龄人口</td><td>（65 岁以上）</td></tr>
<tr><td rowspan="5">按照就业情况划分</td><td rowspan="2">劳动力人口</td><td>就业人口</td><td>各个产业，各个职种</td></tr>
<tr><td>失业者数量</td><td></td></tr>
<tr><td rowspan="3">非劳动力人口</td><td>学龄人口</td><td></td></tr>
<tr><td>家庭妇女等非就业人员</td><td></td></tr>
<tr><td>其他</td><td>（婴幼儿，高龄）</td></tr>
</table>

进行人口指标的预测时，需要根据上述各个不同内容，采用不同的手法。我们需要预测区域的人口时，有时需要多个人口指标分层来预测，有时需要多个人口指标同时来预测。或者是，有时需要预测社会经济方面的各种活动与总的系统中有关系的人口指标。需要针对不同指标所需要的精度给予不同的处理。

本节将简单介绍直接进行人口指标预测的基本方法。

在此还要对表 6-2 所示与人口指标相关的一些概念做出简单的解释。人口增加数量与人口增加率反映了人口的变动情况。从属人口指数主要说明少龄、老龄人口的特征。其他，还有老龄化指数、劳动力率、失业率、就业从业比等指标。从就业从业比可以看出本地区的就业特征，例如就业与从业比值大于 1，可以知道本地区就业机会较少，更多的人去其他地区工作。白天人口则可以看出人口的流向，据此可以看到本地区的土地利用形态特征。

与人口指标相关的其他一些概念 表 6-2

<table>
<tr><th>概念</th><th>分类</th><th>构成</th><th>说明</th></tr>
<tr><td rowspan="2">人口增加数量＝
自然增加＋社会增加</td><td>自然增加数量</td><td>＝出生数－死亡数</td><td></td></tr>
<tr><td>社会增加数量</td><td>＝迁入者数量－迁出者数量</td><td></td></tr>
<tr><td rowspan="2">人口增加率</td><td>自然增加率</td><td>＝出生率－死亡率</td><td></td></tr>
<tr><td>社会增加率</td><td>＝迁入率－迁出率</td><td></td></tr>
<tr><td rowspan="2">从属人口指数</td><td>少龄人口指数</td><td>＝未成年人口/生产年龄人口</td><td></td></tr>
<tr><td>老龄人口指数</td><td>＝老年人口/生产年龄人口</td><td></td></tr>
</table>

续上表

概　念	分　类	构　成	说　明
其他	老龄化指数	=老龄人口/少龄人口	
	劳动力率	=劳动力人口/15 岁以上人口	
	失业率	=完全失业人数/劳动力人口	
	就业从业比	=就业人口/从业人口	
白天人口=常住人口+来自本地区以外的上学、上班流入人口-去往其他地区的上学、上班流出人口	常住人口		
	来自不同地方的上学人口		包括本地与外地
	来自不同地方的上班人口		包括本地与外地

二、人口总量的预测——分要素推算法

对于一个国家或是一个地区的人口总量的预测是基础的人口预测问题，需要采用人口预测模型。将来人口预测的依据是：第一，根据现有人口的数量、性别、年龄构成、出生率、死亡率、迁移率等预测未来人口数量的变动；第二，根据过去某一时期内人口增长的速度或绝对数，预测未来人口发展状况；第三，根据影响人口总数变动的因素进行人口预测。

预测未来人口发展状况的方法较多，其中人口学方法最为常用。人口学方法也被称为分要素推算法，即先分别预测影响人口总数的各项因素，如出生数、死亡数、迁移数，然后再合起来推算未来人口总数量。目前联合国的许多预测报告都是采用这种方法计算而得的。最简单的计算公式是以平衡方程形式表示，具体如下：

$$P_t = P_o + B - D + I - E \qquad (6\text{-}1)$$

式中：P_t——预测期人口数；

P_o——基期人口数；

B——$0 \sim t$ 时期内人口出生数；

D——$0 \sim t$ 时期内死亡人数；

I——$0 \sim t$ 时期内迁入人数；

E——$0 \sim t$ 时期内迁出人数。

此预测方法比较复杂，但预测的精度比较高。如果不考虑人口迁移的影响，则决定未来人口发展趋势的只是人口自然增长率，其计算就较简单，其公式为：

$$P_t = P_o(1 + r)^t \qquad (6\text{-}2)$$

式中：P_t——预测期人口数；

P_o——基期人口数；

r——自然增长率，%；

t——预测年限。

对于人口学预测法中各个分要素的推算，或者不考虑分项，仅对总的未来人口进行预测时则需要采用下面的基于时间序列的数学方法。所谓数学方法是根据已知人口数，按数学公式推算出所求人口数。在进行推算时需要根据情况确定恰当的假设，选择相应的解析函数和数学表达式。

三、基于时间序列分析的人口预测方法

在我国，新中国成立以来，从时间序列来看，人口的变化是平滑的，没有出现剧烈的变化。这种变化趋势，不仅在国家层面上，在省市县，甚至更小的行政单位也可以说都是如此。通常项目或是空间范围选取越大，人口的变动越为平滑。当然，战争、自然灾害，或是大型的城市再开发，或是城市中具有超过其人口规模的大规模开发时，会呈现比较明显的变动倾向。

关于人口指标，平滑的变动趋势是得到认可的。当可以假设未来的变动趋势与过去的变动趋势相同时，并且是相对短期的预测时，可以灵活运用时间序列分析的方法进行预测。这时，关键问题是如何选取趋势曲线。选取的原则如下。

(1)与过去的时间序列数字有较好的一致性。关于这一点，我们可以通过假定多条趋势曲线，从中进行选择来处理。

(2)符合预想的将来的变动趋势。根据选择的曲线，可以假设将来的人口无限制地发展，或是设定上下限，或是假设有高峰，或是假定人口的变化率每年都不同，至于哪个正确，则需要加以判断。当假设有上下限，或是有高峰时，这些何时出现？人口的变化率是随着时代增加还是减少，都需要在有一定分析的基础上进行趋势曲线的选择。但是，获得确切的根据十分不易，结果通常是要借鉴其他先进区域的事例，或是上级的规划，上级的项目的人口指标的变动关系。

时间序列模型(time series models)是分析某个变量的变化的方法。使用这个方法进行预测时，需要注意一些变动趋势。包括，趋势变动：表示长期变动的趋势。循环变动：一定的周期的变动的趋势。季节变动：以一年为周期变动的趋势。不规则变动：其他偶发的不规则变动趋势。

(一)常用的趋势曲线

在实际工作中，经常使用到的有代表性的趋势曲线如表 6-3 所示。

有代表性的趋势曲线 表 6-3

曲线名	趋势曲线	梯度特征
(1)多项式		
直线	$Y=a+bt$	$\frac{dY}{dt}=b$
抛物线	$Y=a+bt+ct^2$	$\frac{dY}{dt}=b+2ct$
(2)指数曲线		
单纯指数曲线	$\ln Y=a+bt$	$\left(\frac{1}{Y}\right)\frac{dY}{dt}=b$
对数抛物线	$\ln Y=a+bt+ct^2$	$\left(\frac{1}{Y}\right)\frac{dY}{dt}=b+2ct$
(3)修正指数曲线		
单纯修正指数曲线	$Y=a-br^t$ $a>0,b>0,0<r<1$	$\ln\frac{dY}{dt}=t\ln r+\ln(-a\ln r)$
贡贝鲁茨曲线	$\ln Y=a-br^t$ $a>0,b>0,0<r<1$	$\ln\left(\frac{1}{Y}\cdot\frac{dY}{dt}\right)=t\ln r+\ln(-b\ln r)$
Logistic 曲线	$Y=c/(1+me^{-at})$	$\ln\left(\frac{1}{Y^2}\cdot\frac{dY}{dt}\right)=-at+\ln(am/c)$

注：a、b、c、m、r 为常数，t 为时间。

数学预测方法根据已知人口数，按数学公式推算出所求人口数。在进行推算时需要根据情况确定恰当的假设，选择相应的解析函数和数学表达式。常用的数学函数和表达式有以下几种。

1. 线性函数表达式

在假定历年人口增减的绝对值相同的条件下，通过获取人口年平均增长数量，可以预测目标年的人口总量，其表达式为：

$$P_{\mathrm{t}} = P_{\mathrm{o}} + Yt \tag{6-3}$$

式中：P_{t}——未来人口数；

P_{o}——基期人口数；

Y——人口年平均增长数量；

t——预测目标年年限。

2. 指数函数表达式

假定人口的相对增减比例始终保持不变，按一个不变的自然增长率增加，即假定人口按几何级数发展，其公式为：

$$P_{\mathrm{t}} = P_{\mathrm{o}} \mathrm{e}^{rt} \tag{6-4}$$

式中：e——自然对数的底，其近似值为 2.718 3。

3. 二次函数表达式

假定人口数的动态数列的绝对增长量并非固定不变，而是有一种逐渐变成常数的趋势。即假定人口绝对量的增减为某一数量，人口数按抛物线发展。最常用的二次抛物线公式为：

$$P_t = a + bt + ct^2 \tag{6-5}$$

式中：a,b,c——这条抛物线的参数，可用最小二乘法求得。

4. 罗杰斯蒂曲线表达式

假定人口增长速度在前期越来越快，而后期发展速度逐渐放慢，一直到几乎完全停止下来。在实际工作中通常使用简化了的罗杰斯蒂曲线公式：

$$P_t = \gamma/(1 + \alpha e^{-\beta t}) \quad (\alpha,\beta,\gamma > 0) \tag{6-6}$$

5. 回归模式

假定人口的变动与社会经济因素之间存在着某种依存关系，根据影响人口总数或某些人口组的种种因素建立多元模式，其中一切因素都作为自变量，而所需计算的人口数作为因变量。这种预测方法也被称为“经济形式的人口预测”。回归方程公式如下：

$$P_t = a_1 P_{t-1} + a_2 P_{t-2} + \cdots + a_n P_{t-n} \tag{6-7}$$

（二）曲线拟合的步骤

曲线形式的选择需要通过曲线拟合来进行。进行曲线拟合的步骤如下。

步骤一：求得时间序列数据的移动平均，查找曲线形状，或是在各个时点上以各个时点为中心从对于其前后时点的直线回归来求得斜率特征。

步骤二：选择与全体移动平均曲线形状以及斜率特征相符合的趋势曲线。

步骤三：利用最小二乘法求解趋势曲线中所包含的未知参数。

步骤四：计算由趋势曲线获得的回归推定值 Y_i，与标定所用的数据 y_i 相互之间的重相关系数以及 κ^2 值$\sum_i (y_i - Y_i)^2/Y_i$，RMS 误差$\sqrt{(y_i - Y_i)}/n$，评价拟合曲线的精度，如果这些指标均十分满意，则结束计算，如果结果无法满意，返回步骤二。

四、年龄层的人口预测

区域的人口，可以通过在现在的基础上，加上出生与死亡之间的自然增减，以及区域间的移动带来的社会增减来进行预测。基于这样的考虑，需要进行年龄层段人口的预测。年龄层段（通常以 5 岁为单位）人口的预测，可以采用 cohort 生存模型（cohort-survival model）来预测。

cohort，字典中的翻译是军团，源于古罗马时步兵队的编制。在统计学上表示在个人属性（性别、年龄等）的基础上分组而成的集合（人口集团）。cohort-survival model 利用统计学的方法对按照个人属性划分开来的人口集团随着时间发生的自然、社会变动所带来的行动模式及其态度进行将来预测。这一方法是在人口动态的分野经常运用的方法。

以某地区各个年龄层人口的统计资料为例对此方法加以说明。利用这些统计数据可以做成下列 cohort 表格。纵向可以清楚地进行同一时点各个年龄层人口的比较，横向可以对同一年龄层在不同时间进行比较。左上到右下的对角线上可以看到同一个人口集团随着时间的变化发生的变化。

表 6-4 可以用 cohort 模型的矩阵表示。

标 准 cohort 表 表 6-4

年 龄 层	调查实施年度			
	1990 年	1995 年	2000 年	2005 年
20～24 岁	803 425	789 652	757 763	749 987
25～29 岁	824 760	801 235	789 452	757 643
30～34 岁	788 721	824 429	801 127	787 889
35～39 岁	757 652	786 636	821 003	801 078

$$\boldsymbol{w}(t+T)=G\boldsymbol{w}(t) \tag{6-8}$$

式中：$\boldsymbol{w}(t)$——t 年的各个年龄层人口矩阵；

T——预测周期，如表 6-4 中每五年预测一次；

G——人口成长矩阵。

在 cohort 模型的分析中，需要考虑三种引起各种变化的效果，它们是：年龄效果（年龄增长带来的影响），cohort 效果（cohort 自身为原因的效果），时代效果（各个调查年的影响），在此基础上建立模型（如 logit 模型）。推定年龄、时代、cohort 三个效果的方法，可以采用最小二乘法或是最优推定的方法，也可以采用贝叶斯推定的方法。具体方法可以参见数理统计方面的专著。

在对我国的未来人口进行预测时，曾经有研究将 t 年人口按年龄分为三部分：0 周岁的，1～89 岁的，90 岁以上的。其中 1～89 岁各年龄层的人数由第 t-1 年 0～88 岁的人口数和死亡率决定，0 周岁的人口用生育模式函数进行预测，90 岁以上的人口数则由 89～90 岁以上的人口数和死亡率决定。每年的各年龄层死亡率，都利用 GM(1,1)灰色系统进行逐一的预测[2-3]。

在预测的过程中还进行了如下问题假设：①中国在相当长的一段时间内，不会因为大规模战争或者自然灾害等导致人口急剧变化；②中国政府在短期内仍然以计划生育为基本国策，并对我国人口数量进行宏观调控，使人口数量保持相对稳定的状态；③各年龄层的妇女生育率分布即生育水平只与年龄有关，且在一定时间内保持恒定即不会因为生物因素发生人类生育年龄很大的提前或推迟；④中国政府在一定时间内不会组织大规模迁移，使得城镇乡人口比例因为政治的原因发生很大的变化。

年龄层人口预测是一个复杂的工作，影响因素极多。对于想深入学习的读者，建议参考专业书籍，进一步学习。

五、分类人口的预测

在土木规划的编制过程中，需要掌握不同类别的人口数量，用于需求预测。进行分类人口的预测时，经常使用原单位以及回归模型。

当进行大型住宅区的开发，以及新的工业园区的开发时，需要对居住人口和从业人口进行预测。在推进政策性的、计划性的大规模开发项目时的人口预测，就完全无法参考该地区过去的数据。这种情况下，如果有已经完成的同类型开发的地区，或是有与开发内容相近似的地区的数据，可以考虑利用这些已有的数据来推断居住人口等人口指标，其中一个主要的方法就是原单位法。这个方法就是，从发达地区的数据，来计算单位土地面积上的或是单位建筑面积上的居住人口以及从业人口的数量，获得原单位，然后将这个原单位乘以开发规划的土地面积或是建筑面积来预测居住人口或是从业人口的方法。可以看到，这个方法的预测精度完全取决于所掌握的原单位的精度，是否能够准确把握原单位的精度则成为问题的关键。因此需要在开发规划的内容，如开发区域的城市、经济、环境等的基础上，充分考虑将来社会经济的构成、动向来确定原单位。

分类人口的预测还可以采用回归模型。人口的各个指标相互之间，或是与其他的社会、经济指标互相之间是有关联的。例如，第三产业人口，与商业营业额、商业营业面积以及建筑面积、商业数量、居住人口等都有关联。还有，由于收入的差距，人口会从地方向大城市移动，据此，我们可以认为大城市的就业人口与地方城市和大城市之间的收入差距是相关的。获得这些与人口指标有关联的解释指标之后，将其做成回归模型进行预测是可行的方法。这时，可能会有的问题是：

(1)选择什么样的解释指标？

(2)如何来判断模型的妥当性？

作为对象的解释指标，当然要从与人口指标密切相关的指标中进行选择，进一步，将来的预测是否可行也是一个重要的判断。关系尽管十分密切，但是如果无法对未来进行预测的话，也无法将其纳入模型进行人口预测。

回归模型的妥当性可以从很多角度进行验证，其中最为关键的是，模型在用于将来预测时是否具有时间移转性(transferability in time)。一般情况下，回归模型是在现在的一个时点的基础上建立的，在所利用的数据时点即使是具有很高的说明性，在经过了时间变化之后是否对于将来时点还具有充分的说服力则是有疑问的。对应于这个问题还没有好的解决方法，但是，我们可以把模型应用到与建模时点稍有间隔的已知的时点，然后通过考察预测值与实际值之间是否符合，来探讨模型的可应用性。此外，我们还可以将模型应用到其他的地区来判断模型的空间移转性(transferability in space)，由此来证明建立的模型具有普遍性。因此，我们可以改变说明变量的组合或是数量来建立多个不同的人口预测模型，从中选取时间、空间移转性尽可能高的回归模型，期望由此提高模型的妥当性。

此外还有与回归模型不同的方法。与采用其他指标进行人口预测相类似,可以采用利用发达地区数据的预测方法,也就是说,当对象地区的人口与发达地区的人口之间有时差,朝着发达地区方向发展时,通过时差把时间影响的成分去除掉,就可以求得两者之间的关系,进行对象地区的人口预测。还有一种方法,当其他地区的人口增长率、比率与对象地区相类似时,可以将增长率、比率乘以对象地区的人口指标来预测未来的人口。

六、分布人口预测

在规划的基础上,如何预测居住人口以及从业人口在区域内各个小区的分布是另一个需要解决的问题。可以看到,这个问题实际上是交通需求预测中分布交通的预测问题。作为分布人口预测的模型有重力模型、熵模型、现在模式法等,这些模型通过空间的相互作用(spatial interaction)发现人、物、金钱、信息地域间流动的规则性,导出其关系。作为从数量上捕捉地域(zone)之间的人、物、信息的活动(空间的构造)的方法,一般使用 OD 表来表示。

空间作用模型是根据出发地的放出性,到达地的吸收性,以及两地区之间的分离性构筑成为模型,以把握人口分布现象。空间作用模型又称为地域间流动模型,或是综合模式法,包括重力模型、相互作用模型、介入机会模型(intervening opportunity model)和熵模型等。

所谓重力模型(gravity model)是采用了物理学中重力模型的形式,假设人口的空间分布(出行)与两个小区之间的距离成反比,与两个小区各自的人口成正比,通过标定获得参数,之后做成模型,用于预测。

熵模型(entropy model)可以认为是在重力模型的基础上改造而成,通过使熵达到最大化来求解出行的分布状况。熵在物理学中表示物质或是能量的扩散程度的物理量。

在经验的基础上,根据现状的空间构造来预测将来的空间构造的方法,有现在模式法(present pattern method)。现在模式法以现在的 OD 交通量为基础,根据给定的现在 OD 模式和推定的将来的发生、集中交通量,计算成长率,在此基础上预测将来的 OD 表,也称成长系数法,或是类似模式法,包含:均一系数法、平均系数法、底特略法、弗瑞达法等。detroit method 计算从现在到将来的发生、集中交通量的成长率,以及生成交通量(发生、或是集中交通量的总和)的成长率。以发生交通量为比例,求解将来 OD 交通量。

介入机会模型(intervening opportunity model)是由 Schneider 于 1959 年首先提出的,其基本思路是从某区发生的出行机会数与到达机会数成正比地按距离从进到远的顺序到达目的地。为随机概率模型之一。其中的到达机会在购物出行时可视为商店数或商店面积等。

由于这一部分与交通需求预测中出行分布的预测方法十分相近,因此具体方法、模型将在本讲第四节加以介绍。

七、基于德尔斐法的人口预测[4]

在人口预测所需要的历史资料不完整或者无法找到甚至没有数据资料可以借鉴时,比如预测一座新建的卫星城或经济技术开发区等项目未来 10 年或者 20 年的人口数,就可以使用德尔斐法。

德尔斐法是专家问询法的一种,属于直观预测法。基于德尔斐法的人口数量预测可以大致分为以下几个步骤。

第一步，选择专家。邀请与人口数量预测课题相关的专家参与，包括人口学领域有一定声望的专家，也包括边缘学科、社会学和经济学等方面的专家。人数一般以15～20人为宜。

第二步，向专家发放人口数量预测调查表，请各位专家预测未来人口数量，并提出预测的理由。回收调查表，统计出所有专家预测值的中位数和上下四分位点（“中位数”代表专家们预测的协调结果，上下四分位点代表专家预测的分散程度），并综合各位专家的预测结果和理由整理出新的调查表。

第三步，请专家根据材料对各种观点发表评论，重新预测人口数量。如果新的预测结果处于上一步统计结果的上下四分位点范围之外，专家还需要对此进行解释，并对相反的观点做出评论。收集专家的意见后，重新计算新的中位数和上下四分位点，并综合专家观点，编制新的调查表。

第四步，请各位专家再进行一次预测，是否需要专家提出论证由调查者根据情况而定。再一次计算预测值的中位数和上下四分位点，得出最终的预测结果。一般而言，经过这样四步综合、反馈的反复循环，便可以得到一个比较一致的、可靠性较大的预测结果。当然，如果在第二步或第三步中已经取得了基本一致的结论，就没有必要进行后面的征询了。

德尔斐法的特点是：①匿名性。整个征求意见的过程中，参加调查的专家互相不了解其他人的预测情况，是在匿名的情况下交流意见，从而使各种不同的观点都可以充分发表出来。②反馈性。即征询专家的意见是经过询问—综合—反馈的多次反复完成的，可以达到互相启发的效果以提高预测的有效性。③统计性。即根据各位专家的回答，对预测的结果加以统计，得到中位数和上下四分位点来反映专家的意见。

第三节　经济分析与预测

一、经济分析的基本概念

无论是考虑作为土木规划主要对象的社会基础设施的建设，还是研究讨论区域开发以及城市建设、环境问题等，都必须分析与区域、国家乃至世界的经济活动相关的各个方面的内容。也就是说，为了制定以提高收入和生活水平为目的的土木规划，则需要进行经济分析，有必要对其进行预测。或者，需要探讨：为了使经济活动更加高效而进行的公共投资以及社会基础设施建设的应有方法，作为区域开发以及城市建设手段的经济活动的发展对策，土木规划中各项内容具体实现的方针策略与经济活动的关系，规划中的供给需求平衡以及成本核算，市场价格的形成等各种与经济活动相关联的内容，等等。

经济分析隶属于经济学领域，十分复杂。与土木规划有直接关联的可能是对于规划对象GDP的预测，以及由GDP出发对于投资规模的预测。本节仅介绍最为基本的一些知识，更多的相关知识，请读者参考经济学书籍。

经济活动基本上是由生产活动、消费活动及其储蓄活动这三者构成。生产活动（production activity）是通过投入生产要素创出财货的活动，消费活动（consumption activity）是用获取的收入进行消费的活动。还有储蓄活动（saving activity）就是为了进行投资支出，而将一部分的收入进行储蓄的活动。基于这些活动相关的各种观点，可以制定出各种经济指标（如表6-5）。经济活动原本是资本流动的循环，各个经济指标之间有着很强的关系。在揭示这些关系的同时，揭示经济活动的构成，是经济分析的目的。

各类经济指标一览表[1]　　表 6-5

收入/消费	国民所得,人均分配所得,家庭收入,家庭所得,家庭可支配所得
经济规模	国内总产值,农业粗产值,工业生产额,批发贩卖额、零售贩卖额 出口总额,进口总额
景气的动向	景气动向指数(DI),先行系列,一致系列,迟行系列;批发物价指数,消费者物价指数,百货店营业额,建筑开工面积,新增住宅开工数量,矿工业生产指数,矿工业售出指数,矿工业在库指数,公共事业财政投入额,家庭消费支出,有效求人倍率
区域经济的特征	特化系数(工业特化系数,等),零售业吸引力
财政状况	年财政收入,年财政支出,实质收支比率
运输	乘降旅客数,货物处理量,机动车通过车辆数,交通量,新登记车辆数,车辆贩卖数量

经济分析中,不是单纯地对经济活动的现状进行分析,还要对将来的经济活动进行预测,这对土木规划所起的作用十分重要。就是说,土木规划的某些部分必须要在搞清将来经济活动的基础上,确定规划的方案,进行决策。这样的经济活动的预测,由于其复杂性,需要基于分析结果进行。经济分析与预测应该说是无法分割,互成一体的,用于分析的方法,也就是预测的方法。

二、经济的循环构造与国民收入

经济增长是社会生产力发展的表现,关于生产发展的研究由来已久。传统的社会生产模型选取主要的生产要素作为输入,建立各个要素与社会产出之间的关系。最经典的生产模型要数柯布—道格拉斯生产函数模型(Cobb—Douglas production function)。

柯布—道格拉斯生产函数是经济学中使用最为广泛的生产函数,通常简称为 C-D 生产函数。它是由美国数学家柯布(C. W. Cobb)和经济学家道格拉斯(P. H. Douglas)根据 1899～1922 年间美国制造业部门的有关数据构造出来的[5]。两人共同探讨投入和产出的关系时,在生产函数的一般形式上引入了技术资源因素,于 1928 年提出了这一函数形式。他们认为,在技术经济条件不变的情况下,产出与投入的劳动力和资本的关系可以表示为:

$$Y = AK^{\alpha}L^{\beta} \tag{6-9}$$

式中:Y——产量;

K——投入的资本量;

L——投入的劳动量;

α,β——K 和 L 的产出弹性:指数 α 表示资本弹性,说明当生产资本增加 1%时,产出平均增长 α%;β 是劳动力的弹性,说明当投入生产的劳动力增加 1%时,产出平均增长 β%;

A——常数,也称效率参数(efficiency parameter),表示那些能够影响产量,但既不能单独归属于资本也不能单独归属于劳动的因素。

当 $\alpha+\beta=1$ 时为规模报酬不变的生产函数,当 $\alpha+\beta<1$ 时为规模报酬递减的生产函数,当 $\alpha+\beta>1$ 时为规模报酬递增的生产函数。当 $\alpha+\beta=1$ 时,对任意 λ,$f(\lambda K,\lambda L)=\lambda f(K,L)$,即为规模报酬不变;当 $\alpha+\beta<1$ 时,$f(\lambda K,\lambda L)<\lambda f(K,L)$,即为规模递减的生产函数;当 $\alpha+\beta>1$ 时,$f(\lambda K,\lambda L)>\lambda f(K,L)$,即为规模报酬递增的生产函数。

在传统的生产函数模型中,并没有考虑交通运输这个要素,为了考察交通运输在经济发展中的贡献,需要引入交通运输相关的指标参数。

清华大学国情研究中心王亚华在《交通运输与经济增长:理论观点与框架》讲义中提出:改进的柯布—道格拉斯生产函数(应用于交通)的表现形式为[6]:

$$Q = AL^{\alpha}P^{\beta}G^{\gamma}M^{\delta} \tag{6-10}$$

式中:Q——产出;

A——技术水平;

L——劳动力投入;

P——私人资本投入;

G——公共资本投入;

M——其他资源投入;

$\alpha,\beta,\gamma,\delta$——生产弹性。

一般地,$\alpha+\beta+\gamma+\delta\approx 1$。

F. W. C. J. Van de Vooren (2004)[7]在柯布—道格拉斯生产函数基础上,添加了各运输方式的客货运量参数,构造了考虑交通运输水平的社会生产函数。此模型过于复杂,内生变量达37个之多。

在总结现有研究的基础上,可以建立如下生产函数模型[8]:

$$Y_i = \mu A_i L_i^{\alpha} K_i^{\beta} P_i^{\gamma_1} F_i^{\gamma_2} \tag{6-11}$$

式中: Y_i——i 地区的产出,用 GDP 来表示;

A_i——i 地区技术水平;

L_i——i 地区就业人口总量;

K_i——i 地区物质资本存量;

P_i——i 地区客运量;

F_i——i 地区货运量;

μ——i 地区的地区生产系数;

$\alpha,\beta,\gamma_1,\gamma_2$——模型参数。

在此生产模型中,社会产出用每年 GDP 来表示。其他作为输入的生产要素包括技术要素、资本要素、劳动力要素和交通运输要素。其中,技术要素用地区技术水平来表示;资本要素用地区社会物质资本存量来表示;劳动力要素用地区就业人口来表示;交通运输要素用地区客运量和货运量两个指标来表示。货运量反映了社会生产的活跃程度,客运量反映了人们经济和社会活动的活跃程度。α、β、γ_1、γ_2 反映了各要素的贡献程度。由于生产函数模型的产出项只是一个地理学意义上的产出,因此用 GDP 来体现该产出,需要引入一个系数 μ 来平衡等式两端,定义为地区生产系数。

三、产业关联模型进行经济的分析与预测

在第五讲中,作为量化分析的一种方法,我们对产业关联分析作了简单介绍。在此,就产业关联表和产业关联模型作一些介绍。产业关联分析是将一般均衡理论修改为相互之间有关联的经济主体之间的数量交易关系表,即产业关联表,由此求其各种解析解的一种实证分析模型。

分析的方法基本上是相同的,即根据产业关联表把各部门之间相互的关联关系整理为一组 n 元一次的联立方程组,并由此获得各个变量的数值。产业关联分析在如下方面得到了应用。

(1)各个产业部门的需求、产出量。

(2)雇佣及其投资相关的经济预测。

(3)技术变化的研究。

(4)技术变化给生产带来的效果。

(5)工资、利润、税率变化给价格带来的效果分析。

(6)国际以及地域之间的经济关系的研究。

(7)天然资源的利用。

(8)发展规划。

经济的循环构造中,为了搞清最终需求、附加价值,加上企业间中间生产物的贩卖与购入的交易结构,通常需要使用产业关联表(inter-industry table)或是投入产出表(input-output table)。这个表表示了一年之间经济交易的依存关系,把交易往来的企业按照不同产业分门别类地汇总,可以分为全国产业关联表、区域产业关联表和区域间产业关联表。

(一)产业关联表

产业关联分析是以产业关联表为基础数据进行的。表 6-6 所示为产业关联表[9]。

产业关联表 表 6-6

产出＼投入		中间需求 1	中间需求 2	中间需求 j	中间需求 n	最终需求	总生产
中间投入	产业 1	X_{11}	X_{12}	X_{1j}	X_{1n}	F_1	X_1
	产业 2	X_{21}	X_{22}	X_{2j}	X_{2n}	F_2	X_2
	⋮						
	产业 i	X_{i1}	X_{i2}	X_{ij}	X_{in}	F_i	X_i
	⋮						
	产业 n	X_{n1}	X_{n2}	X_{nj}	X_{nn}	F_n	X_n
附加价值		V_1	V_1	V_1	V_1		
总支出		X_1	X_1	X_1	X_1		

表 6-6 中,x_{ij} 为产业部门 i 到产业部门 j 的投入,即表示 j 部门从 i 部门的购入。V_j 表示在 j 部门购入的生产要素,也就是对于生产要素的支出。F_i 是 i 部门生产物的最终需求。

生产要素:家庭预算外消费支出,雇佣者收入,营业剩余,资本消耗抵挡,间接税,补助金等。

最终需求:家庭预算外消费支出,家庭消费支出,一般政府消费支出,国内固定资产形成总额,在库纯增,出口等。

需要注意的是:①资产的计量用一定期间(通常为一年)之内的流量来表示;②生产物关于中间需求与最终需求之间没有加以区别;③各个产业只是生产单一的产品。生产部门称为内生部门,最终需求部门、生产要素部门(附加价值部门)称为外生部门。表 6-6 中每行的总和为总生产额(总需求额),列的总和为总费用(总支出额)。

投入系数表是与产业关联表相关的。从纵向列来看产业关联表,j 部门每一个单位总的生产由 i 部门投入到 j 部门的生产的量用 a_{ij} 表示,称为 i 部门投入到 j 部门的投入系数。也可以理解为第 j 个业种的总投入中所占的来自第 i 个业种的原材料或是服务的购入额的比例。可以看到 a_{ij} 越大,j 部门(或业种)对于 i 部门(或业种)的依存度越高。

$$a_{ij}=\frac{x_{ij}}{X_j} \tag{6-12}$$

(二)产业关联模型

产业关联模型可以由产业关联表中所表示的关系导出。由表 6-6 产业关联表的各行可以看到有下列关系：

$$x_{i1} + x_{i2} + \cdots + x_{in} + F_i = X_i \tag{6-13}$$

在此，$x_{ij} = a_{ij}X_j$，将其带入，则有：

$$\left.\begin{aligned} x_{11} + x_{12} + \cdots + x_{1n} + F_1 &= X_1 \\ x_{21} + x_{22} + \cdots + x_{2n} + F_2 &= X_2 \\ x_{i1} + x_{i2} + \cdots + x_{in} + F_i &= X_i \\ x_{n1} + x_{n2} + \cdots + x_{nn} + F_n &= X_n \end{aligned}\right\} \tag{6-14}$$

将上式用行列式的形式表示，则有下列平衡方程式：

$$AX + F = X \tag{6-15}$$

将其变换表现形式，则有：

$$(I - A)X = F \tag{6-16}$$

$$X = (I - A)^{-1}F \tag{6-17}$$

式中：X——均衡产品向量。

在定义了投入系数：$a_{ij} = x_{ij}/X_j$ 之后，还可以定义附加价值率，当有进出口时还可以定义进口率。

附加价值率：

$$v_{ij} = V_j/X_j \tag{6-18}$$

进口率：

$$m_j = V_j/X_j \tag{6-19}$$

于是有：

$$AX - MX + F = X \tag{6-20}$$

$$X = [I - A + M]^{-1}F \tag{6-21}$$

关于产业关联模型可以做出如下解释。在一个地区或是国家，例如，如果家庭的汽车利用增加，或是运输业的生产增加，汽车产业的销售会增加，总的产值也会增加。于是汽车产业所需要的钢铁量就会增加，钢铁企业的生产额会增加。如此，一个产业的需求增加就会波及其他相关产业。产业关联模型，就是表示这种波及过程的一种极其单纯的形式。上式就是表示了这种无限的波及关系的一种均衡解。从这个式子我们可以看到，使用产业关联分析，在投入系数 A 以及输入(进口)系数一定的条件下，家庭、政府的消费或是投资，或是输出等最终需求增加(或减少)的情况下，可以求解各个产业的总产值 X 如何变化达到平衡。产业关联分析通常应用在假定投入系数与输入(进口)系数为常数时的短期预测。

四、计量经济模型进行经济的分析与预测[10]

计量经济模型作为一类经济数学模型，是从用于经济预测，特别是短期预测而发展起来的。在 20 世纪 50 年代与 60 年代，在西方国家经济预测中不乏成功的实例，成为经济预测的一种主要模型方法。但是，进入 70 年代以来，人们对计量经济模型的预测功能提出了质疑，起因并不是它未能对发生于 1973 年和 1979 年的两次“石油危机”提出预报，而是几乎所有的模型都无法预测“石油危机”对经济造成的影响。对计量经济模型的预测功能的批评是有道理的，或者说计量经济模型的预测功能曾经被夸大了。应该看到，计量经济模型是以模拟历史、从已经发生的经济活动中找出变化规律为主要技术手段。于是，对于非稳定发展的经济过程，对于缺乏规范行为理论的经济活动，计量经济模型显得无能为力。同时，还应该看到，20 世纪 40～60 年代甚至后来建立的计量经济模型都是以凯恩斯理论为经济理论基础的，而经济理论本身已经有了很大的发展，滞后于经济现实与经济理论的模型在应用中当然要遇到障碍。

为了适应经济预测的需要，计量经济模型技术也在不断发展之中。将计量经济模型与其他经济数学模型相结合，是一个主要发展方向。

（一）基本概念

计量经济模型（econometric models），是在国家等封闭的经济区域内将经济变量之间的相关关系用联立方程组表示，通过仿真对于短期的经济变量的变动进行预测的模型。分析：求解表示经济变量关系的构造方程式的联立方程式。计量经济模型的参数可以通过应用回归分析方法进行标定。

（二）构造方程式

构造方程式（structure equation）是表现经济变量间的构造关系的关系式，根据其表示的内容，共分为 5 类。

1. 定义式（definition equation）

表示的是各个经济变量之间定义关系。如：

$$Y_t = C_t + I_t + G_t \tag{6-22}$$

式中：Y_t——国民经济总量；

C_t——个人消费；

I_t——总的民间国内投资；

G_t——政府支出及其纯海外投资。

2. 行动方程式（behavioral equation）

经济活动主体包含消费者、企业、政府等，行动方程式表示的是这些主体的行动。

例如，下式表示了消费者的行动：

$$C_t = \alpha_1 + \gamma_1 Y_{\mathrm{d},t-1} + \gamma_2 M_t + \varepsilon_1 \tag{6-23}$$

式中：C_t——个人消费；

$Y_{\mathrm{d},t-1}$——可支配收入；

M_t——各个季度的货币供给量；

ε_1——残差。

企业的行动如下式所示：

$$I_t = \alpha_1 + \gamma_3 (Y_{t-1} - Y_{t-2}) + \gamma_4 Z_{t-1} + \varepsilon_2 \tag{6-24}$$

式中：I_t——总的民间国内投资；

Y_t——国民经济总量；

Z_{t-1}——税前财产收入。

3. 技术方程式（technological equation）

表示的是生产的技术的关系。例如生产函数模型：

$$Y = AK^{\alpha}L^{\beta} \tag{6-25}$$

式中：Y——产量；

K——投入的资本量；

L——投入的劳动量；

α,β——K 和 L 的产出弹性。

4. 制度方程式(institute equation)

表示的是各个经济变量之间的制度的相互关联。

5. 经验式(empirical equation)

不是由理论导出来的，而是基于经验的公式。如气温、降雨量与农产品的收成等的统计关系。

下面是表示社会总需求的例子。

总需求(定义式)：

$$Y = C + I + G \tag{6-26}$$

民间消费(消费函数)：

$$C = a + b(Y - T) \tag{6-27}$$

民间投资(投资函数)：

$$I = d - ei \tag{6-28}$$

以上式中：G——政府支出；

T——收入；

i——实际利息率；

a, b, d, e——系数。

技术经济预测的方法很多，常用的有三种。

(1)判断法，也叫直观法。主要凭人们的经验及其分析、综合、判断的能力。有个人(主观)判断预测、集体思维或调查预测、德尔斐法(又称专家调查法)等。

(2)趋势外推法。用过去和现在的资料推断未来的状态，多用于中、短期预测。有时间序列的趋向线分析和分解法、指数平滑法、鲍克斯—詹金斯模型和贝叶斯模型等。

(3)因果和结构法。通过找出事物变化的原因及因果关系，预测未来。有回归分析——一元线性回归方程模型和联立方程模型、模拟模型、投入产出模型(见投入产出分析)、相互影响分析等。通常将第一种称为定性预测方法，第二、第三种称为定量预测方法。

随着预测技术的发展和电子计算机在预测中的广泛运用，技术经济预测范围将更为广泛，模型将更为完善。

第四节　交通需求预测[11]

交通需求预测，是在交通调查的基础上，由现在的交通需求，推测将来目标年的交通需求，是交通规划中最为核心的内容之一，是土木规划中最为常见的预测。当对交通总量进行估计时，可以采用计量经济模型进行预测，但是在交通规划过程中，更多地采用"四阶段预测法"，把交通需求分为交通的发生集中、分布、方式分担和交通量分配四个阶段进行预测。本节仅介绍四阶段交通需求预测方法。

交通规划随着对象区域、对象期间、对象设施不同而不同，依据规划的目的，须采用不同的规划方法。作为一般的步骤，大致可以将其分为收集规划所需的信息资料，设定规划框架(课题与目标)，制作方案进行预测，效果评价，实施，运用与信息反馈等几个阶段。

交通规划中交通需求预测是必不可少的。预测一般按照下列步骤进行：①根据目的确定预测对象内容；②确立预测模型；③参数标定(calibration)；④模型检验(validation)；⑤模型应用。

将来交通需求的预测可以使用交通计量经济学的方法和四阶段预测方法。前者主要是在调查的基础上利用历史数据，使用回归分析等数理统计的方法推导未来的发展趋势，后者则是交通规划学所研究、使用的基本方法。

四阶段预测法是交通规划中最常用的把复杂的交通问题分阶段简化利用数学模型进行分析预测的方法，已经有几十年的历史。几十年来交通规划学研究人员围绕这一方法做了大量工作，开发和改良了许多模型，使其更趋成熟。尽管存在着，例如不同阶段间使用参数不一致等这样那样的问题，但是它一直受到人们的重视，在实践中得到应用。

道路规划中的交通量预测通常是基于机动车 OD、路段交通量、车速等道路交通调查数据。交通量预测的方法也是采用传统的四阶段预测法。当采用机动车交通调查作基础时，预测的步骤是，经济指标—发生、集中—分布—交通分配，这时不存在手段分担的问题。如果以个人出行调查为基础进行预测时，预测的步骤是，经济指标—发生、集中—分布—分担—交通分配，这时应该注意的是个人出行次数与机动车车辆数之间需要一个转换系数，通常这个系数因城市而异，一般为 1.3～1.5。但是，当针对多种方式的综合交通体系进行预测时，则需要采用后者，既以个人出行调查为基础进行预测。

一、社会经济发展状况预测

在进行交通需求预测之前，首先要了解对象地区的社会经济发展状况，包括 GDP 指标，一、二、三产业占国民经济的比例及其变化情况，以及该地区在所在经济圈中所处的位置等。

通常，对象地区的发展规划中会对将来的经济指标作预测，编制交通规划时应该遵循这一指标进行预测，但是如果该地区总体规划没有完成，可以自行对经济发展状况进行预测。这种情况下，交通规划的结果应该与后来制定的城市总体规划互相反馈，进行校核。

二、分配对象道路网与小区划分(zoning)

(一)交通分配对象道路网的设定

交通需求的预测是以道路网络为基础的。交通分配对象道路网，由调查对象路线和与其相关的道路构成，但是形成路网时应该留意下述一些问题。

1.调查对象路线

调查对象路线作为调查目的的道路当然要被放入对象道路网之中。

2.相关道路

相关道路，就是与调查对象路线有着关联性的道路。具体地应该把下述路线放入路网，即调查对象路线的交叉路线，末端连接路线，以及竞争关系的平行路线。有必要把握其交通流动的路线，以及可能对调查对象路线的交通流动带来影响的路线。特别是当调查对象路线是有进出限制的城市快速路那样的道路时，与出入口相连的所有连接道路都应放入网络。

(二)路网的形成

为了交通分配方便将实际的道路模式化所形成的就是路网(network)。一般来说分配对象道路网包含的是作为分配的对象来处理的道路及其相关道路构成的路网，不是全部，与实际道路网络是有区别的。分配对象道路网中的交叉点作为结点(node),道路区间作为路段(link),把调查对象路线及其相关路线根据交通流研讨的必要性使其具有一对一的关系,对于其他路线可以对若干条进行合并以交通线路(traffic line)的形式表现。

(三)设定交通分配对象区域

通常交通分配对象区域要比进行道路规划的区域大一些,这是因为规划中要考虑对外交通,以及过境交通的影响。通常分配对象区域周边的行政区域要作为分配对象区域加以考虑,一般来说分配对象区域越大,预测的精度越高。

(四)小区划分(zoning)

采用四阶段方法进行交通预测时,需要把交通分配对象区域划分为若干个小区(zone),这一步骤称为小区划分。对分配对象区域进行小区划分时,划分的原则是应该能够适合对于调查对象路线的交通流动的把握。因此,这些路线附近的小区要细分,远处可以适当粗一些。另外,划分时应该注意划分的小区的分割指标应该容易获得。

交通量分配时原则上一个小区中设一个发生、集中点(centroid)。小区内交通量通常不作为分配对象处理。因此,交通量分配的结果中应该关注小区间的路段交通量,而不是小区内的路段交通量。

小区的分割方法可以有图 6-1 中所示的几类,它们各有其特点。

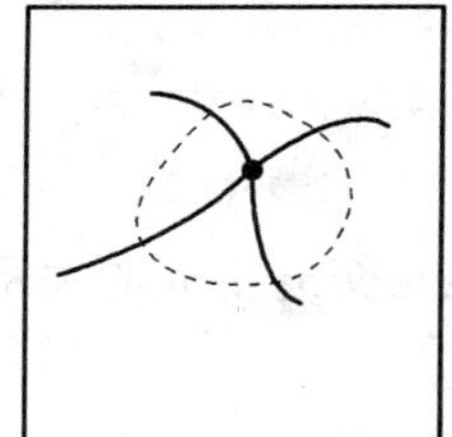

a)不着眼于交叉点的方法

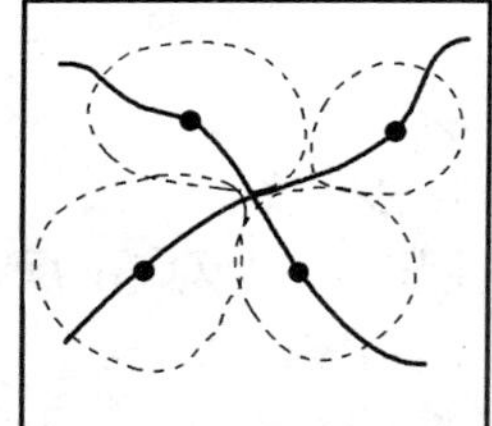

b)着眼于交叉点的方法

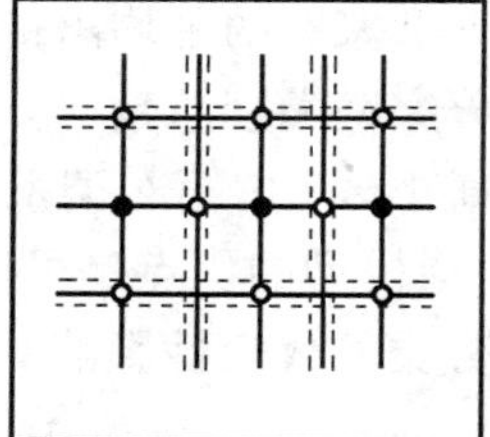

c)着眼于交叉点与街区构成的方法

图 6-1　小区的划分方法

(1)不着眼于交叉点的方法。有利于进行路段交通量分析。

(2)着眼于交叉点的方法。有利于对于交叉口交通量进行分析。

(3)着眼于交叉点与街区构成的方法。适合于进行居住区等地区交通分析。

三、交通量预测的一般步骤

为了获得上述的交通量解析结果,必须在将来城市经济指标以及人口预测的基础上进行交通需求预测。采用的方法通常称为“四阶段预测法”,这种方法就是将复杂的交通需求问题通过分阶段使用数学模型予以简化,从而得到量化的将来需求指标的方法。具体包括把研究对象区域(objective area)划分为适当大小的小区(zone),建立路网,把交通的产生过程分为若干个阶段进行模拟。

(一)设定框架

所谓设定框架是指设定规划对象地区的将来人口等的规划目标。这一框架不仅是道路规划的目标,也应该是所有规划的目标。但是在机动车交通量预测中,可以认为是为了预测发生、吸引的将来值确定所需的指标。

(二)发生吸引交通量的预测

进行发生、吸引交通量预测时通常首先要预测生成交通量[规划对象区域全域的发生、吸引交通量的合计,作为总的控制量(control total)],然后预测规划区域内各个小区假定的发生、吸引量,再按照假定的各个小区的发生、吸引交通量比对生成交通量(也就是总发生吸引量)进行分割,从而预测出各个小区的发生、吸引交通量。

代表性的生成,发生、集中交通量的预测方法有:家庭类别生成模型法、回归模型法、增长率法、发生率法和时间序列法。生成,发生、集中交通量的单位为个人出行端(trip end)数,或是机动车出行端数。

1. 家庭类别生成法

家庭类别生成模型是根据交通调查数据或参考相关城市资料,按土地利用性质、社会经济特性等,将出行主体分类,确定各类出行率。国外在该方法中通常采用的出行主体的基本单位是家庭。该类型方法基本描述为:把家庭按家庭结构、家庭收入或者汽车拥有量的不同加以分类,再依据居民出行 OD 调查统计的各种类型的家庭平均出行率和家庭的总户数来计算生成量。

$$G_i=\sum_{k=1}^{n}\overline{T}_k \cdot F_{ik} \tag{6-29}$$

式中:G_i——交通小区 i 的发生量(个人出行数);

$\overline{T}_k$——第 k 类家庭的平均出行率;

n——划分家庭类别总数;

F_{ik}——交通小区 i 中第 k 类家庭的总户数。

家庭类别生成模型的优点是可比性强,直观反应了用地与交通生成的关系。其缺点是计算分类较烦琐,分类的代表性影响其预测精度。

2. 回归模型

回归模型法主要是建立出行量和相关因素的函数关系,依此类推预测。在居民出行发生预测中一般以土地利用强度指标为自变量,如小区人口数、劳动力资源数、就业岗位数、各类土地利用面积等,然后依据居民出行 OD 调查数据建立模型。其基本形式为:

$$Y=a+\sum_{i}b_i \cdot X_i \tag{6-30}$$

式中:Y——交通小区的出行发生量;

X_i——第 i 种土地利用强度指标;

a,b_i——回归系数。

回归模型的主要优点是函数关系明确,可以统计检验模型精度,其缺点表现在常用的 $Y=a+bX$ 线性方程具体应用时,有时出现相关系数较高但其 a 较大的情况,这样就使出行发生量出现虚假的上升、下降现象。

3. 其他方法

交通小区的居民出行发生量的预测方法还有:增长率法、时间序列法、发生率法等。

增长率法是将现状年的各交通小区居民出行发生量乘以从现状年到规划年的出行增长率,从而得到规划年的各交通小区的居民出行发生量。该方法有利于确定规划区以外的区域出行发生、吸引量,因为,在对规划区域进行预测时,对规划区以外的区域的发生、吸引量也要进行预测。利用该增长率法,可以将发生、吸引量的增长率按照某些特征指标的增长率来加以计算。

时间序列法是按照时间序列预测交通增长，即用现在和过去的交通生成资料，对交通生成与时间的关系进行回归，并利用此回归方程预测未来交通生成。该方法的缺点在于需要多年的交通发生或吸引量的资料，而且对于远景预测其精度一般较差。

发生率法应用时只能用于较为粗略的估计。

(三)分布交通量的预测

分布交通量的预测，就是预测某个小区的发生、吸引交通量与其他小区间的关系，简单地说就是对于从哪里来，到哪里去的预测。分布交通量可以以OD矩阵的形式表示，因此又可以称为OD交通量。这一阶段常用的有以下几种方法。

1. *增长率法*

增长率法分为平均增长率法、Detroit法和Frator法等。它们的基本分析方法和分析步骤如下。

(1)用 t_{ij} 表示现状OD表中交通小区 i、j 间的交通量。$G_i^{(0)}$、$A_j^{(0)}$ 分别表示现在的发生交通量和吸引交通量。

(2)用 G_i、A_j 表示各交通小区将来的发生交通量和吸引交通量。

(3)用下式计算各小区的发生、吸引交通量的增长系数 F_{G_i}、F_{A_j}：

$$F_{G_i}^{(0)} = \frac{G_i}{G_i^{(0)}}, F_{A_j}^{(0)} = \frac{A_j}{A_j^{(0)}} \tag{6-31}$$

(4)作为要推算的交通量的第一次近似值 $t_{ij}^{(1)}$，可由 $F_{G_i}^{(0)}$、$F_{A_j}^{(0)}$ 的函数用下式算出：

$$t_{ij}^{(1)} = t_{ij} \times f(F_{G_i}^{(0)}, F_{A_j}^{(0)}) \tag{6-32}$$

(5)一般来说，由对分布交通量求和得到发生交通量和吸引交通量：

$$G_i^{(1)} = \sum_j t_{ij}^{(1)}, A_j^{(1)} = \sum_i t_{ij}^{(1)} \tag{6-33}$$

与 G_i、A_j 并不一致，这时用 $G_i^{(1)}$、$A_j^{(1)}$ 代替式(6-31)中的 $G_i^{(0)}$、$A_j^{(0)}$，算出增长系数，求解第2次迭代的近似值

$$t_{ij}^{(2)} = t_{ij}^{(1)} \times f(F_{G_i}^{(1)}, F_{A_j}^{(1)}) \tag{6-34}$$

(6)重复上述流程，直至

$$F_{G_i}^{(k)} = \frac{G_i}{G_i^{(k)}}, F_{A_j}^{(k)} = \frac{A_j}{A_j^{(k)}} \tag{6-35}$$

都接近于1时，相应的 $t_{ij}^{(k)}$ 即为所求的OD交通量。

前述的增长率法中各方法的不同取决于式(6-32)中的函数形式 $f(F_{G_i}, F_{A_j})$ 的定义。各法对此函数的定义如下。

(1)平均增长率法

$$f = \frac{1}{2}\left(\frac{G_i}{G_i^{(0)}} + \frac{A_j}{A_j^{(0)}}\right) \tag{6-36}$$

(2)Detroit法

$$f = \frac{G_i}{G_i^{(0)}}\left[\frac{A_j}{A_j^{(0)}} / \frac{\sum_j A_j}{\sum_j A_j^{(0)}}\right] \tag{6-37}$$

(3)Frator法

$$f = \frac{G_i}{G_i^{(0)}} \cdot \frac{A_j}{A_j^{(0)}} \cdot \frac{L_i + L_j}{2} \tag{6-38}$$

其中，L_i 称为小区 i 的位置系数或 L 系数(location faction)：

$$L_i = G_i^{(0)} / \sum_j \left(t_{ij}^{(0)} \cdot \frac{A_j}{A_j^{(0)}} \right) \tag{6-39}$$

$$L_j = A_j^{(0)} / \sum_i \left(t_{ij}^{(0)} \cdot \frac{G_i}{G_i^{(0)}} \right) \tag{6-40}$$

平均增长率法是极为单纯的分析方法，计算也很简单。因此，此法虽然要进行多次迭代，仍然被广泛地使用。但是随着计算机的发展，此法在逐渐被 Detroit 法和 Frator 法所取代。

Detroit 法是 J. D. Carol 于 1956 年提出的。此法认为，从 i 到 j 的交通量与小区 i 的发生量的增长系数及小区 j 的交通吸引占全域的相对增长率成比例地增加。这个模型是以经验为基础开发出来。

2. 重力模型法(gravity model)

重力模型是模拟物理学中万有引力定律而开发出来的交通分布模型。此模型假定 i、j 间的分布交通量 t_{ij} 与小区 i 的发生交通量和小区 j 的吸引交通量成正比，与两小区间的距离成反比。即：

$$q_{ij} = k \frac{G_i^{\alpha} \cdot A_j^{\beta}}{R_{ij}^{\gamma}} \tag{6-41}$$

式中：G_i——小区 i 的发生交通量；

A_j——小区 j 的吸引交通量；

R_{ij}——i、j 之间的距离或一般化费用(包含了真实费用和通过时间价值转化的时间费用)；

α,β,γ,k——模型系数，在已知 q_{ij}、G_i、A_j、R_{ij} 的情况下(如已知现状的 OD 表)，可用最小二乘法等求得。

具体地说，对上式两边求对数，则：

$$\lg q_{ij} = \lg k + \alpha \lg G_i + \beta \lg A_j - \gamma \lg R_{ij} \tag{6-42}$$

上式为线性函数，可用线性重回归分析求各系数。如果假定求得的系数不随时间和地点变化的话，则通过回归分析求得的重力模型，在给定发生交通量、吸引交通量及小区间距离的条件下，可以在任何时候和任何地域应用，用来预测该地域的 OD 分布交通量。

3. 概率模型法

该模型是由 Schneider 提出的。基本思想是把从某一个小区发生的出行选择某一小区作为目的地的概率进行模型化，所以属于概率模型。除此之外，也有人把 Tomazinis 提出的机会模型和佐佐木及 Wilson 提出的熵最大化模型分类为概率模型。

此模型以如下三个基本假定为前提：

(1)人们总是希望自己的出行时间较短；

(2)人们从某一小区出发，根据上述想法选择目的地小区时，按照合理的标准确定目的地小区的优先顺序；

(3)人们选择某一小区作为目的地的概率与该小区的活动规模(潜能)成正比。

现在，对某个起点小区 i，按照与其距离的远近(所需时间的长短)把可能成为目的地的小区 $j(j=1\sim n)$排成一列。把起点小区 i 到第 $j-1$ 个目的地小区为止所吸引的出行量之和用 V 表示，第 j 个目的地小区的吸引交通量用 $\mathrm{d}V$ 表示，在小区 i 发生的出行到第 $j-1$ 个目的地小区为止被吸引的概率用 $P(V)$表示。此外，各个小区吸收出行的概率为 L。那么，如果在小区 i 发生的出行被第 j 个小区吸引的概率为 $\mathrm{d}P$ 的话，则有下式成立：

$$dP = [1 - p(V)]LdV \tag{6-43}$$

将式(6-43)变形,可得下式:

$$\frac{dP}{1 - P(V)} = LdV \tag{6-44}$$

解式(6-44),得:

$$P(V) = 1 - e^{-LV} \tag{6-45}$$

因此,顺序为 K 的小区(小区 j)被选为目的地的概率可表示为:

$$P_{ij} = P(V_{k+1}) - P(V_k) = e^{-LV_k} - e^{-LV_{k+1}} \tag{6-46}$$

现在,如果将存在于小区 j 和到小区 j 为止以前的选择顺序中的小区的累积机会(累积的吸引出行量)用 V_j 表示的话,从小区 i 到小区 j 的分布交通量 q_{ij} 可用下式表示:

$$q_{ij} = G_i(e^{-LV_{i-1}} - e^{-LV_i}) \tag{6-47}$$

另外,为使 $\sum_{j=1}^{n} q_{ij} = G_i$ 成立,将上式两边对 j 求和并令其等于 G_i,同时注意到 $T = V_n$(n 为全小区数),则得下式:

$$q_{ij} = G_i\left(\frac{e^{-LV_{j-1}} - e^{-LV_j}}{1 - e^{-LT}}\right) \tag{6-48}$$

式中:G_i——小区 i 的出行发生的总数。

(四)交通方式分担的预测

交通方式分担的预测,就是预测人(或物)在移动时所使用的交通方式,推定轨道、公交、汽车、自行车、步行等各种交通方式分担交通量的阶段。机动车交通量预测时,过去大都把这一阶段省略了,但是在考虑城市中包括轨道、公交等城市综合交通体系时,需要包含这个阶段,而且包含这一阶段的预测方法正在逐步走向成熟。

1. 分担率曲线法

这是一个从个人出行调查(person trip survey)结果出发,并依据可以认为是影响交通方式的主要因素的地区间距离,地区间交通方式的所需行走时间比或是所需时间差等,做成使用者交通方式选择曲线,从而依据该曲线求出该地区间交通方式分担率的方法。

2. 函数型模型

所谓函数型模型就是把交通方式的分担率用函数式的形式表示,再以此来计算各个交通方式分担交通量的方法。这一方法可以分为线性模型、Logit 模型和 Probit 模型等。

(1)线性模型

这是函数模型中最早开发出来的模型。它把影响交通方式分担的各种要素用线性函数的形式表现,从而推求交通方式分担率。但用这种方法求出的分担率 P_i 无法保证分担率必须满足的 $0 \leqslant P_i \leqslant 1$ 这一条件,为了解决这个问题开发了 Logit 模型和 Probit 模型。线性模型现在已经不再使用。

(2)Logit 模型

为了克服线性模型的缺点,交通研究人员开发了此模型。某个 OD 组间某种交通方式的分担率可以用下式来表示。

$$P_i = \frac{\exp(U_i)}{\sum_{j=1}^{J} \exp(U_j)} \tag{6-49}$$

$$U_i = \sum_k a_k X_{ik} \tag{6-50}$$

以上式中：X_{ik}——交通方式 i 的第 k 个说明要素（所需时间、费用等）；

a_k——待定参数；

j——交通方式的个数；

U_i——交通方式 i 的效用函数；

P_i——分担率。

在这个模型中，存在 $0 \leqslant P_i \leqslant 1$ 和 $\sum_i P_i = 1$ 的关系，具有很容易算出分担率的优点。

这个模型中的参数 a_k 是通过个人出行调查的结果来标定的。

(3)Probit 模型

此模型是为了克服线性模型的缺点而开发的适用于只有两种交通方式的分担率预测模型。交通方式被选择的概率 P_i 可以用下式计算出来。

$$P_i = \frac{1}{\sqrt{2\pi}} \int_{-\infty}^{Y_i} \exp\left(-\frac{t^2}{2}\right) \mathrm{d}t \tag{6-51}$$

式中：Y_i——表示两种方式特性的线性函数值的差。

这种方法对两种方式之间的选择是适用的，而应用于多方式的选择则非常难。其优点是两种方式特性即使不独立也可使用。

在地区间模型中，从预测精度、计算作业及模型构思的合理性来看，Logit 模型是较好的。

除了以上我们介绍的模型外，还有许多其他模型，如牺牲量模型及直接需求模型等。牺牲量模型和我们前面介绍的方法完全不同，它把人们选择交通方式的特性作为基础，即假定人们是选择利用时间损失（牺牲量）最小的交通方式。但无论是从选择意义，还是从分布形式来说都需要很强的假定条件。此外，该模型无论是理论上还是实证上的研究都还很不充分。其特点是无须使用地域特征及交通调查的结果等，预测作业完全是机械地进行的。

(五)分配交通量的预测

分配交通量的预测，就是把汽车或是各个方式的分布交通量分配到各个路线上的阶段，通常需要有复杂的计算过程。为了更接近交通流动的实际的路线选择状况，多种预测模型得到开发，并不断得到改善。

交通分配方法通常都是以 Wardrop 在 1952 年提出的两个分配原理为依据。Wardrop 分配原理具体描述如下。

原理 I　车辆驾驶员总是试图选择使自己行车时间（或行车费用）最小的路径。网络上的交通以这样一种形式分布，使所有被使用的路线比没有被使用的路线一般化费用小。

原理 II　车辆在网络上的分布，使得网络上所有车辆的总出行时间最小。

分配模型满足 Wardrop 原理 I 的称为使用者（用户）均衡模型（user equilibrium model），满足原理 II 的称为系统最优化模型（system optimized model）。此外分配模型也有不使用 Wardrop 原理，而是采用了模拟方法。

用户平衡模型中又根据用户掌握交通信息情况的假设分为两种基本情况：一为用户掌握确定自己交通选择所需的路网交通情况，因而确切知道自己应该走哪条道路，对应形成确定型模型；二为用户并不掌握路网确切的交通情况，而是根据有限的信息选择自认为是正确的路线，由此建立了概率型模型。从 1952 年 Wardrop 提出用户平衡分配原则之后，1956 年 Beckmann 根据这一原理建立了数学模型。直至 1979 年 Smith 在对平衡原理进一步细致分析的基础上提出了变分不等式模型，才使得平衡模型理论形成完整的体系。随着计算机技术的飞速发展，平衡模型已在交通分配理论研究中占据了主导地位。

在此，围绕一些实用性较强的交通分配方法进行简单介绍。

1. 全有全无分配法(all-or-nothing)

在全有全无分配模型中，OD点之间的交通量全部分配到起讫点之间的最短路径上。这种方法也称为0-1分配法。这种方法的计算步骤可归纳如下：

(1)计算网络中每个出发地O到每个目的地D的最短路径；

(2)将O、D间的OD交通量全部分配到相应的最短路径上。

这个模型是与实际不符的，因为首先每个OD对的数值只分配到一条路径上，即使存在另外一条时间、成本相同或相近的路线。另外，交通量分配的时候路段的运行时间为一个输入的固定值(通常为自由流所需的时间)，它不因为路线的拥堵而变化。

全有全无分配法十分简单但却很近似。在道路稀少的偏远地区的交通量分配中可以采用这种方法，一般城市道路网的交通量分配中不宜采用这种分配法。但是，用这种方法获得的分配结果，通常可以在地区边界处准确地表明地区间的交通需求，因此0-1分配法在探讨地区间交通需求时发挥着重要的作用。

2. 增量分配法

增量分配法中OD交通量是分次分步加载的。在每一步中，加载一定百分比的交通需求。单次分配是基于全有全无分配法的。每加载一次之后，路段时间要根据当前交通量重新计算，然后重新寻找最短路径。如果加载的次数很多，分配出的结果看起来就像一个平衡分配法；但事实上，这种方法并未产生一个平衡的结果。因此，交通量和运行时间之间的矛盾就会导致评价指标的误差。同时，每次分配的OD量的比例将影响增量分配法的结果，这增加了分配结果的误差。

当把OD交通量等分时，其计算步骤如下。

步骤一：初始化。将每组OD交通量平分成N等分，即使$q_{rs}^n=\frac{q_{rs}}{N}$。同时，令$n=1, x_a^0=0, \forall a$。

步骤二：更新，$t_a^n=t_a(x_a^{n-1}), \forall a$。

步骤三：增量分配，按步骤二计算所得t_a^n，用0-1分配法将$\frac{1}{N}$的OD交通量q_{rs}^n分配到网络中去。这样得到一组附加交通流量$\{W_a^n\}$。

步骤四：交通流量累加。即令$x_a^n=x_a^{n-1}+w_a^n, \forall a$。

步骤五：判定。如果$n=N$，停止计算，当前的路段交通流量即是最终解；如果$n<N$，令$n=n+1$，返回步骤二。

增量分配法的复杂程度和解的精确性都介于0-1分配法和平衡分配法之间。$N=1$时与0-1分配法的结果一致；$N\to\infty$时，其解与平衡分配法的解一致。

这一交通量分配方法由于简单易操作，而且可以获得路径表，因而直到现在仍然在实际工作中得到广泛应用。通常可以把OD交通量分为3份、4份、5份、10份，分割数越少，计算时间越短。实际工作中不一定把交通量做成N等分，比例可以根据需要定，比如5分割时可为4∶2∶2∶1∶1，也可为3∶2∶2∶2∶1，或是2∶2∶2∶2∶2，分配计算结果表明分割比例的差别对于分配结果影响不是很大。但是，第一分割的比例过大可能会导致少数路段的交通量过高，超过观测值。

3. 用户平衡分配法

1952 年 Wardrop 提出用户平衡分配准则之后的几年里，没有一种严格的方法可求出满足这种分配准则的交通量分配法。直到 1956 年由 Beckmann 提出了一种满足 Wardrop 准则的数学规划模型，奠定了研究交通分配问题的基础。后来的许多分配模型，如变需求交通分配模型、分布—分配组合模型等都是在 Beckmann 模型的基础上扩充得到的。

Beckmann 用取目标函数极小值的办法来求平衡分配的解。提出的平衡分配模型如下。

$$\min Z(x)=\sum_a\int_0^{x_a}t_a(w)\mathrm{d}w \tag{6-52a}$$

s. t.

$$\sum_k f_k^{rs}=q_{rs},\ \forall r,s \tag{6-52b}$$

$$f_k^{rs}\geqslant 0,\ \forall r,s \tag{6-52c}$$

另外，定义约束：

$$x_a=\sum_r\sum_s\sum_k f_k^{rs}\delta_{a,k}^{rs},\ \forall a\in L \tag{6-52d}$$

Beckmann 的交通分配模型中使用了如下的变量：

x_a——路段 a 上的交通流量；

t_a——路段 a 的走行时间；

$t_a(\cdot)$——路段 a 的走行时间函数，因而 $t_a=t_a(x_a)$；

f_k^{rs}——出发地为 r，目的地为 s 的 OD 间的第 k 条路径上的交通流量；

C_k^{rs}——出发地为 r，目的地为 s 的 OD 间的第 k 条路径的总走行时间；

$\delta_{a,k}^{rs}$——0-1 变量。如果路段 a 在出发地为 r，目的地为 s 的 OD 间的第 k 条路径上，则 $\delta_{a,k}^{rs}=1$，否则 $\delta_{a,k}^{rs}=0$；

q_{rs}——出发地为 r，目的地为 s 的 OD 间的交通流量；

N——网络中节点的集合；

L——网络中路段的集合；

R——网络中出发地的集合；

S——网络中目的地的集合；

ψ_{rs}——r 与 s 之间的所有路线的集合。

Bechmann 模型有一些必须满足的基本约束条件。式(6-52b)表示对于分配问题本身应满足的条件是交通流守恒条件，即各 OD 间的交通量应该全部分配到网络中去，或者说 OD 间各条路径上的交通总量应等于 OD 交通量。

式(6-52d)表示的约束条件是变量之间的关系式，即路径交通量 f_k^{rs} 与路段交通量 x_a 之间的关系式。

此外，路径的总走行时间与路段走行时间的关系式为：

$$C_k^{rs}=\sum_a t_a\delta_{a,k}^{rs},\ \forall k\in\psi_{rs},\ \forall r\in R,\ \forall s\in S \tag{6-53}$$

以上模型的目标函数是对各路段的走行时间函数积分求和之后取最小值，很难对它作出直观的或经济学上的解释。

用 Frank-Wolfe 方法可以求解上述平衡分配模型，其步骤可归纳如下。

步骤一：初始化。按照 $t_a=t_a(0)$，$\forall a$，实行一次 0-1 分配。得到各路段的交通流量 $\{x_a^1\}$，令 $n=1$。

步骤二：更新路段费用函数。令 $t_a^n=t_a(x_a^n)$，$\forall a$。

步骤三：寻找下一步的迭代方向。按照$\{t_a^n\}$实行一次 0-1 分配，并得到一组附加交通流量$\{Y_a^n\}$。

步骤四：确定步长。求满足下式的α_n，

$$\sum_a (y_a^n - x_a^n) t_a [x_a^n + \alpha_n (y_a^n - x_a^n)] = 0, 0 \leqslant \alpha_n \leqslant 1$$

步骤五：确定新迭代点。

令

$$x_a^{n+1} = x_a^n + \alpha_n (y_a^n - x_a^n), \forall a$$

步骤六：进行收敛性检验。如果$\{x_a^{n+1}\}$已满足规定的收敛准则，停止计算。$\{x_a^{n+1}\}$即是要求的平衡解；否则令$n = n+1$。

用户均衡分配模型是在明确的用户均衡分配理论基础上建立的，应该说可以较好地描述交通状态。但是在实用当中也仍然存在一些问题，比如，道路网中存在收费道路时，无论是采用时间价值转换方法，或是其他方法都会很大程度地降低交通量预测的精度。

4. 系统最优化的交通分配

Wardrop 在提出交通分配的第一原理，即利用者平衡(UE)理论的同时，还提出了另一原理，即系统最优化原理。该原理为：在考虑拥挤对走行时间影响的网络中，网络中的交通量应该按某种方式分配以使网络中交通量的总走行时间最小。该原理一般称为 Wardrop 第二原理。

第一原理反映了道路网利用者选择路线的一种准则。按照第一原理分配出来的结果应该是道路网的实际分配结果。而第二原理则反映了一种目标，即按什么样的方式分配是最好的。在实际网络中不可能出现第二原理所描述的状态。除非所有的驾驶员互相协作为系统最优化而努力，这在现实中是不可能的。但第二原理为规划管理人员提供了一种决策方法。

系统最优化比较容易用数学规划来表达。其目标函数是对系统的总走行时间取最小值。约束条件则与 UE 模型完全一样。因此，该问题可归纳为下述系统最优化模型 SO(system optimization)。

$$\min \tilde{Z}(x) = \sum_a x_a t_a(x_a) \tag{6-54a}$$

Subject to:

$$\sum_k f_k^{rs} = q_{rs}, \forall r,s \tag{6-54b}$$

$$f_k^{rs} \geqslant 0, \forall k,r,s \tag{6-54c}$$

以上式中：x_a——路段a上的交通流量；

t_a——路段a的走行时间；

$t_a(\cdot)$——路段a的走行时间函数，因而$t_a = t_a(x_a)$；

f_k^{rs}——出发地为r，目的地为s的 OD 间的第k条路径上的交通流量；

q_{rs}——出发地为r，目的地为s的 OD 间的交通流量。

5. 二次加权平均法

二次加权平均法(method of successive averages)是一种介于增量分配法和平衡分配法之间的循环分配方法。其基本思路是通过不断调整已分配到各路段上的交通量，使分配结果逐渐到达或接近平衡分配。其计算步骤如下。

步骤一：初始化。按照各路段的自由走行时间进行一次 0-1 分配，得到各路段的分配交通流量x_a^0。令$n = 0$。

步骤二：按照当前各路段的分配交通量 x_a^0 计算各路段的走行时间，令 $n=n+1$。

步骤三：按照步骤二计算的路段走行时间和 OD 交通量进行一次 0-1 分配，得到各路段的附加交通流量 F_a。

步骤四：用加数平均的方法计算各路段的当前交通量 x_a^n：

$$x_a^n = (1-\phi)x_a^{n-1} + \phi F_a, 0 \leqslant \phi \leqslant 1 \tag{6-55}$$

步骤五：如果 x_a^n 与 x_a^{n-1} 的差值不太大，停止计算。x_a^n 即为分配交通流量。否则返回步骤二。

在步骤五中，判别 x_a^n 与 x_a^{n-1} 差值大小时可控制它们的相对误差在百分之几以内。但为了提高计算效率，节省计算时间，用得更多的准则是循环若干次以后令其停止。

在步骤四中，权重系数 ϕ 需由计算者自己定。ϕ 既可定为常数，也可定为变数。定为常数时，最普遍的情况是令 $\phi=0.5$。定为变数时，通常可令 $\phi=\frac{1}{n}$（n 为循环次数）。有研究表明，$\phi=\frac{1}{n}$时，会使分配尽快接近平衡解。

二次加数平均法是一种简单实用却又最接近于用户平衡分配法的一种分配方法。如果每步循环中权重系数 ϕ 严格按照数学规划模型取值时，即可得到平衡分配的解。

6. 其他分配方法

模拟随机分配（simulation-based）和概率随机分配（proportion-based）两类方法也得到了相对广泛的应用。模拟随机分配方法应用 Monte Carlo 等随机模拟方法产生路段阻抗的估计值，然后进行全有全无分配；概率随机分配方法则应用 Logit 等模型计算不同路径上承担的出行量比例，并由此进行分配。

然而上述方法存在着一些不可避免的缺陷，比如，估计路段阻抗分布相互独立的假设在某些情况下会导致不合理的结果，以及没有很好地考虑拥挤因素等。

此外，以用户均衡理论为依据发展起来的随机用户均衡 SUE（stochastic user equilibrium）模型也得到广泛应用。随机用户均衡分配中出行者的路径选择行为仍遵循 Wardrop 第一分配原理，只不过用户选择的是自己估计阻抗最小的路径而已。SUE 表示了这样一种交通流分布形态，即任何一个出行者均不可能单方面改变出行路径来减少自己的估计行驶阻抗。

7. 其他方式的交通量分配问题

除了上述道路交通量的交通分配问题之外，公共交通，特别是轨道交通的路径交通量预测也是一个应该探讨的问题。另外，随着城市交通系统规划建设更加趋向于以人为本和注重生活质量，在道路的规划设计中也开始要求有人流和自行车流等预测数据作为支撑。这些都给交通需求预测提出了新的课题。

关于铁路路径分配可以使用基于非集计 Logit 模型的轨道路径选择模型。其基本原理是在划定小区的基础上，将路径选择问题转换为对于车站的选择问题，然后来确定最优路径。这种方法原理简单，但是构建预测系统需要大量的数据作为支撑，同时需要进行 SP、RP 数据的调查，以便标定 Logit 模型参数。

对于人流和非机动车流的预测可以说目前还没有成熟的方法，但是由于人与非机动车的出行距离较短，通常在中心商业区或是交通用枢纽附近更为密集，因此可以采用微观仿真的方法来进行预测。

鉴于本书不是交通规划的专门书籍，关于轨道交通，以及人流、非机动车流的路径预测不作详细介绍，有兴趣者可以参见相关专业书籍。

（六）交通预测方法讨论

交通需求预测模型都有着局限性，有着各自的长短，实际工作中需根据实际情况选定需求预测方法。由于集计型的需求预测方法普遍具有移转性差的缺点，因此使用前都需要通过使用调查数据对模型进行标定。哪一种模型更好、预测精度更高是人们关心的一个问题，现阶段对于模型好坏的评定只有通过“现状再现”来检验。所谓现状再现，就是使用模型对于现状进行预测，把道路路段的预测交通量与观测交通量进行比较，其误差越小，说明模型的预测精确度越高。然而在现实中，这一步骤基本上都被省略了，对于使用没有经过“现状再现”检验过的模型，所作的将来需求预测结果的可信度是值得怀疑的。那么，如何提高“现状再现”的精度是一个课题。首先可以考虑通过调整 OD 表，来达到此目的。只是因为 OD 交通量通常是由放大调查样本获得的，本身存在着误差，对其调整是合理可行的。调整时可以使用 OD 反推的技术。提高“现状再现”的精度最重要的还是在交通量分配阶段下工夫。首先可以对路网进行调整，如调整路段的自由流时间（自由流速度）、路段长度、路段通行能力等。还有就是根据具体情况对模型自身进行调整。此外，调整分配小区的大小、发生集中点的位置等也都可以达到提高“现状再现”精度的目的。在实际工作中“现状再现”阶段往往占用了整个预测工作的一半以上时间。

交通预测中存在着许多不确定因素，使用现状再现度很高的模型预测出的将来交通量，也很难说就是准确地。这一点交通规划人员十分清楚。因此对于需求结果要进行定量的解析和定性的分析，这一点也是需求预测中必不可少的。如前所述，对于需求预测进行定量解析，通常需要路径表，而往往有限选择可以获得路径表的分配方法。

将来需求预测结果是一个目标，在实施过程中需要采取多种保障措施，才能达到这个规划目标。

本讲参考文献

[1] 樗木武．土木計画学．東京：森北出版株式会社，2001.

[2] 鲁志强．人口问题与发展战略决策．北京：新华出版社，1988.

[3] 陈阳，陈海丰，李泽斌．中国人口增长预测．http://08jpkc.cug.edu.cn/pengfang57/bigclass/09/lw/026.htm.

[4] 古志超．德尔斐法的特点及应用[J]．中外企业文化，2005，8：60.

[5] 管怀鎏．柯布—道格拉斯生产函数与劳动价值论．经济研究，2007，6：12-14.

[6] 董小花，王欣，陈利．柯布—道格拉斯生产函数理论研究综述．生产力研究，2008，3：148-150.

[7] 刘永呈，胡永远．中国省际资本存量的估计：1952—2003．统计与决策，2006，8：94-96.

[8] 黄谦．交通公平性的层次划分与量化评价方法．北京：清华大学硕士学位论文，2008.

[9] 五十嵐日出夫，等．計画論．東京：彰国社刊，1976.

[10] 河上省吾．土木計画学．東京：鹿島出版社，1991.

[11] 石京．城市道路交通规划设计与运用．北京：人民交通出版社，2006.

第七讲　方案制订评价与调整

第一节　规划方案制订

通过对于土木规划对象所处环境的把握和对将来的预测，我们就可以看到现状的问题以及由于这些问题的延续所导致的将来的问题。另一方面，从规划的目的和课题中，我们可以看到规划内容中应该具有的状态，即期望的水准以及目标。规划的问题实质上就是这两种状态之间的差距，制订规划方案就是要找到填补两者差距的解决方法。以某个地区的道路规划中对于交通问题的处理为例，对于现在或是将来的交通需求，道路设施无法对应时，这将与"解决道路拥堵"的目标产生矛盾，在此，提高现状道路的通行能力，改善交通状态的各种对策（包括建设新线，建设绕行道路，加宽路幅，加强交通管理等），这些就是规划的方案。

看起来十分简单的规划，在制订具体的方案时，也需要下很大的工夫。具体地说，规划中的问题，其本身不是固定不变的，即使问题是定型的，也不是能够获得数学问题一样的唯一解，肯定会有多个妥当合理的解答，需要从中提炼出最为妥当的一个。因此，在规划方案制定过程中，首先需要在大范围内找出解决对策，为此，需要有创造性的思维。需要综合考虑规划的目的以及课题、对现状的把握、对将来的预测、上级规划等，综合地加以活用，规划者个人或是团队，包括社会、市民层面上需要不断地大胆地反复提出并制订方案。

一、方案制订的过程

在规划的问题中，问题本身可能不是确定的，或者即使假设问题是确定的，也很难像求解数学问题一样获得唯一的解答。实际上存在着多种可以认为是妥当的解答，需要通过对比、筛选，最终获得一个最佳的可行方案。因此，在规划方案的制订过程中，需要广泛地提出多种规划比选方案，这一过程的确需要创新性的思考。

方案的制订过程中，首先需要明确规划应该提出的各种问题。通过对目的以及课题的整理，把握现状，明确将来预测等过程，规划问题才能变得明朗。通常方案制订可以按照图 7-1 所列步骤进行。

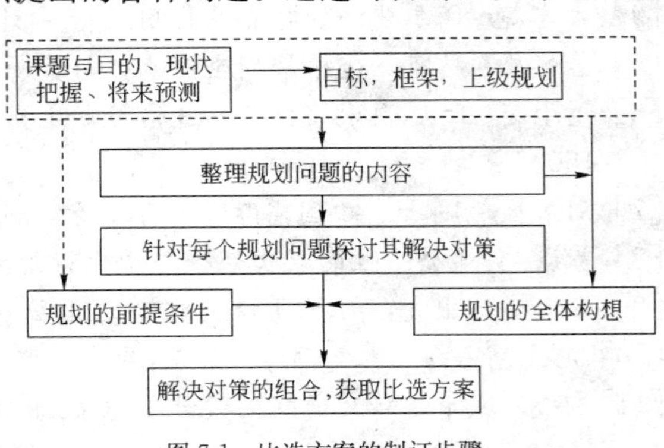

图 7-1　比选方案的制订步骤

对于规划问题进行整理，可以使各个问题的具体内容明确化。然后根据各个问题的具体事项就可以有针对性地考虑具体的解决方案。这时既可以自由地展开创新性的思考，当然也可以参考过去的经验或信息。

规划的比选方案就是在把各个问题的解决方法进行综合与组合的基础上，提出多种多样的方案内容。在这个过程中,需要注意与各种前提条件的适合性,并且注意需要符合规划的整体构想。从这个意义上,规划方案是在前提条件的基础上制定的,可采取的具体解决方案也是有限的,比选方案也是有限的。

在对规划的比选方案进行评价的基础上可以获得一个最终的最期望的方案。随着对于比选方案的选择方法不同,比选方案的制订过程也不同。其中一种方法是首先把所有可行的比选方案全部罗列,然后进行评价、挑选,最终得到一个最佳方案;还有一种方法是首先制定一个方案,然后对其进行评价,如果无法满足要求,再有针对性地制订下一个方案。在规划的内容比较单纯,规划比选方案可以罗列的情况下,第一种方法显然是很好的。但是,当规划内容十分复杂时,可以想到比选方案数量可能会很庞大。一个一个地制订多个比选方案将花费大量的人力财力,在这个意义上,第二种方法更为现实。

在比选方案制订过程中有几点需要特别留意。第一,准确把握具体的问题,时刻把全体放在脑海中。第二,不要拘泥于方案制订的方法。第三,方案探讨中要有大胆的思维和细心的考虑。

二、利用 AIDA 方法制订方案

绕行道路规划、公共交通设置规划,或是住宅开发区选址等规划的内容与目的比较明确,需要研讨的问题不是太复杂,这种情况下,我们可以采用 AIDA(analysis of interconnected decision area)方法将具有实现可能性的所有规划的比选方案制订出来进行探讨。AIDA 方法是 20 世纪 60 年代英国的某个城市在开发规划中采用的一种战略选择方法的一部分。这一方法的步骤如下。

步骤一:提取规划的内容项目进行上下分层的整理。

规划的比选方案,应该由设施单体及其配置、与相关设施的关系、法律约束、建设成本、资金来源、建设时期、事业主体等涉及面广泛的多种多样的内容所构成。在此,按照规划的流程,将需要研讨的内容项目提取出来,将其作为比选方案制订过程中必须探讨的项目加以整理,画出研讨分组项目的分阶层的图。整理时可以灵活采用前面介绍过的 KJ 方法或是 ISM 方法等。分层时上级水平的项目中列出构成规划框架等重要的项目,对应地在其下方列出细分后的项目。按照这样的步骤实施分层。

步骤二:整理各个项目可能实现的选择肢。

对于隶属于研究对象的同层小组的各项内容,可以把比选方案作为一个选择肢抽取出来。抽取过程中注意选取具有实现可能性和重要性的内容,避免选取仅有微小差异的过多的选择肢。从本质上来讲,同样内容的项目中的选择肢应该是具有相互排斥的内容。例如道路规划的路径选择中如果选择了其中一条路径,则不会选择其他路径。

步骤三:探讨内容项目之间选择肢组合的可行性。

通过上下层次之间的选择肢配对筛选,可以去除很多不具有可能性的选择,把精力集中到可行的规划的比选方案制订上。在这个阶段进行具体的操作过程中,可以通过作图和作矩阵表格来进行。在这个阶段明确选择肢配对的判断基准十分重要。

步骤四:制订规划的比选方案。

利用步骤三做成的图或者矩阵,重新整理为更清晰的流程图。在此基础上继续剔除不重要的,或是不想要的一些方案,制订最终的比选方案。此时,可以对于各个比选方案的特征以及需要注意的地方做些记录,或写成文章,或做成图。

三、利用 PERT 方法进行规划流程管理

对于土木规划的制定过程进行管理也需要有方法。项目进度的管理方法，一直属于系统工程的研究领域。具体可以采用项目进度表，或者是 PERT(program evaluation and review technique)，以及 CPM(critical path method)等方法。这些方法对于土木规划制定过程的管理仍然适用，且十分有效。

PERT 是采用了网络规划法(network programming)的一种方法。这种方法将一个项目分解为若干个作业阶段，例如数据收集，现状分析，未来预测等，然后用箭头把这些作业阶段连接起来，从而制定最优的进度规划。除了利用箭头图之外，还可以利用工程进度图来制定规划的进度。这种方法应用更为普遍，首先在一个表格中，纵轴列出所有作业项目，横轴作为时期或时间轴，然后把每个作业项目预定起止日期以棒图的形式绘在图中。图 7-2 为箭头图、工程进度图示例。

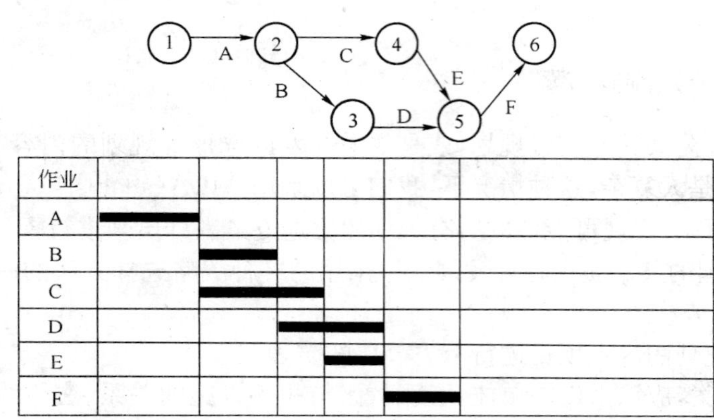

图 7-2　箭头图、工程进度图示例

利用流程图进行规划进度的管理也是一种重要的方法。这种方法在编制计算机程序等工作中必须用到，在此不做介绍。这种流程图的箭头表示时间上的顺序，以及逻辑上的关系。本书介绍规划的过程时采用的就是这种图。

第二节　规划评价的基础知识

制订比选方案之后，需要通过评价来判断各个方案的优劣，从中选取并确定最佳方案。方案评价也是规划过程中一个重要的步骤。遗憾的是这个步骤由于操作复杂、技术不成熟等多种原因往往被忽略。评价首先涉及谁来评价，或者说站在谁的立场上进行评价的问题，也就是评价主体的问题。评价还需要价值基准才能够进行。在评价方法上需要尽可能对评价内容进行量化，既易于比较，也容易理解，这就涉及评价项目的计量问题。这些都将在本节作介绍。传统上对于规划项目的评价，更多地采用的是成本效益分析的方法，在下一节加以介绍。目前，兼顾公平性和效率性的综合评价方法越来越受到重视，在本章的后半部分，将介绍综合评价的方法，并以交通公平性为例，展开对于公平性评价的讨论。

一、评价主体

土木规划的评价，由于评价主体有着不同的立场，应该从运营机关、设施使用者、附近居

民、地区社会、地方政府、国家等不同的立场进行评价，然后加以汇总做出综合判断。通过对不同的方案进行客观的评价，从而得到最佳的方案。

评价的时候，应把规划目标分解为若干独立的评价项目，对各个评价项目设立具体的可以客观评价的评价指标，得到它们的评价数值。土木规划评价的一般步骤如图 7-3 所示。

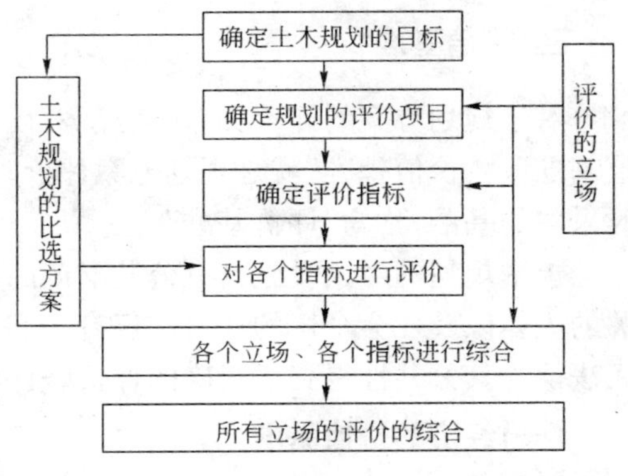

图 7-3　土木规划评价的一般步骤

通常土木工程项目评价时，应该尽可能地使用客观的评价指标，所以应尽可能地把该项目产生的效果和代价（如对生态环境的不利影响）、效益(benefit)和成本(cost)以货币形式表现出来。这就是通常所说的成本效益分析，当效益超过费用时可以认为这个项目值得进行。问题是效益和成本是针对谁来说的，如何才能合理地把它用货币形式表现出来。

通常，土木规划的评价主体可分为使用者、经营者、交通设施周围居民、地方政府和国家等。表 7-1 中列出了土木规划评价主体，以及各个评价主体的评价项目及其指标。

土木规划中开发规划的评价主体、评价视点　　表 7-1

评价主体	评价视点	
事业主（政府、民间、或政府＋民间的联合体）	◎事业的需求 ◎事业的经济性 ○事业的技术的可能性、实现可能性 ○事业推进的难易程度	
管理运营者（政府、民间、或政府＋民间的联合体）	△事业的效率性、效果 ◎管理运营上的经济性（收益性） ○运营管理的难易 ○运营管理的技术难题 ○对于社会经济环境的变化的弹性	
利用者（受到直接影响的居民）	◎效用、方便性、利益 △环境性、舒适性 ○现实性	△安全性 △信赖性
周围居民（受到间接影响的居民）	△社会经济上的波及效果 △环境性、舒适性 ○文化的形成	
全体（行政、社会等）	△社会的公平性 ○与上级规划的一致性 △资源的开发、有效利用 ◎税收 ○国计民生的安定性	

注：①○-主要是定性的、记述性的评价；△-定性、定量评价均可；◎-有可能进行定量评价；

②本表参照参考文献[1]P201 绘制。

土木规划评价是判断规划方案能在多大程度上达到预期目标的过程。为对土木规划进行综合评价，必须将各种角度的评价意见加以综合。目前，将不同角度的评价进行综合的方法应该说还不完善，目前最常用的是费用效益分析。

二、价值基准

对于规划方案的评价，应该从经济、社会、技术等各种观点进行。这一观点，通常称为“价值基准”。“价值基准”就是规划方案评价时所取的价值观。基于这样的价值基准在具体评价时采取的基准，称为“评价基准”。

土木规划的对象设施具有公共财产的性质，作为基础的评价基准需要客观，需要与规划相关的主体以及社会全体的认可。仅有一部分利用者的认可而无法得到当地居民认可的规划，无法认为其公共性得到了正确的评价。评价还要反映人与人之间的公平性、社会的公平性。

（一）经济的价值基准

所谓经济的价值是指把使用设施所带来的各种各样的效用转换成货币价格的形式进行表示。在经济学中，假定可以把人们对于物质或是时间的满意程度用效用（utility）进行计量，通过找到这样的效用与货币价格之间的关系，从而使对于基于经济的价值的规划所产生的各种影响的评价成为可能。经济的价值并不意味着追求金钱的利益，而是指包括景观、环境在内的所有东西的价值用货币价格进行计量的统一尺度。过去对于土木规划的评价，集中在收益以及成本的直接货币价值的计量上，现在利用者的便利性、舒适性，对于环境与景观的影响等也被考虑在内。

（二）社会的价值基准

社会的价值是指规划所带来的社会所要求的绝对水准的达成程度。土木事业中的最低标准原则（civil minimum）是一个重要的理念，它本是城市规划中的用语，是指公园以及上下水道等为了居民舒适、健康、安全地生活，城市中必备的设施的最低的必要的水准。

社会的价值的获取十分困难。作为获取这一价值的可能的方法包括：使用已有的状态良好的社会基准作为基准；从对于人体的影响等科学依据来获得；作为居民的全员的意志进行确定。基准不是一成不变的，当然其中要反映技术水准与居民的价值观等。

（三）技术的价值基准

技术的价值，是对支撑某项土木事业的各个部分的技术的安全性、可靠性等进行评价时的基准。其中包括了各项技术的价值和积累而得作为规划全体的价值。前者包括国家以及相关机构的标准、规范。后者为对规划相关的技术的实现可能性进行评价的内容。

三、评价项目的计量

基于上述评价基准对规划进行评价时，需要计量规划实施带来的各种影响。计量时通常采用货币价值，以利于比较。所要计量的项目中包括可以货币化直接计量的价值，以及舒适程度等无法直接进行计量的东西。当评价内容无法以货币价值计量时，评价结果无法直接进行叠加，这时需要进行变换，进行综合评价。

以交通投资项目为例，目前其评价（project evaluation）大致可以分为财务分析（financial analysis）、经济分析（economic analysis）和社会分析（social analysis）这三种。其他的土木规划项目也有类似性。

财务分析是站在建设、运营这一项目的投资者（企业或是政府）立场上，对该项目财务上的收益性进行评价。它的目的是判断经营主体在财务上能否持续经营下去。判断的基准是预定期间内的交通收入是否足以偿还借款。这时有必要对投资主体的性质进行区分，也就是说要考虑投资主体是私人企业还是政府部门。对于由政府出资的交通项目，预想的收入中包括盈利、税金，对于受政府补助的工程项目，把政府的补助金包含在内能够收支合算的话就可以认为投资没有问题。

与上述着眼于收支合算的财务分析相比，经济分析则是从国家或地方政府的立场，或者说从社会的立场上从资源的最佳分配和有效分配这一观点出发，在考虑了机会成本(opportunity cost)的基础上，对该项目进行费用和效益分析(cost-benefit analysis，CBA)，来判断是否应该实施这一项目。通常这里所说的社会，指的是国民经济。现代经济学中，所有的公共设施的建设目标应该是增加社会福利。而社会福利的增加又可以表现在社会的效率性与公平性两方面。对于交通设施给社会带来的变化，可以认为希望享受这些效果的人会付出与其享受的效果相符合金额，这也就是通常所说的 WTP(willingness to pay)原则。另一方面，受到该交通设施建设的负面影响的人则想要得到最小限度的补偿金额，这可以理解为负的 WTP。于是，当社会全体正值的 WTP，超过了社会全体负值的 WTP 时，就认为该设施可以建设。在这种思考的基础上分别计量正的与负的 WTP 进行评价的方法，就是经济分析，也叫做成本效益分析。从而可以说 CBA 是判定国民经济效率性的方法。

这里所说的社会分析可以理解为项目实施对于社会公平性的影响的分析。其重点是对于效益归属的分析。也就是说分析项目所带来的效益和费用是如何在各个主体之间分配的。有时候一个项目的效益非常大，但是获益者可能只是少数人，而更多的人承担了更多的费用，从社会公平的角度看这样的项目是不合理的。这些不公平有时还体现在不同地区之间、不同代际。

在评价中，特别是经济分析中经常需要定量地对投资效果加以分析，本节将在对土木设施的投资效果加以分类的基础上，介绍效用的计量方法、时间价值的计量方法等。

(一)效果的分类

土木设施的投资建设会给人们的生活、社会经济、自然环境乃至地球环境带来各种各样的影响，同时会产生许多效果。**影响**是指由于基础设施投资给社会、经济带来的客观的变化，也就是说是表面现象。**效果**(effect)则是按照一定的价值观念去判断某种影响是有利还是不利时所用的术语。如果影响是不利的，可以称其为**负面效果**。把效果通过货币换算进行计量后得到**效益**(benefit)。负面效果通过货币换算进行计量后得到**成本**。

在对土木设施进行经济效益计量评价之前，必须搞清楚其投资效果，并加以区分。基础设施投资所带来的经济效果有很多种分类方式，经济学上一般多分为外部经济效果和外部非经济效果。为了便于分析和理解，进一步将外部经济效果分为直接效果和间接效果。而且在这些经济效果中，为正值的经济效果的货币换算值通常被称为效益。在进行经济效益分析时，通常采用这样的划分。

另外，外部非经济效果是指交通设施的新建或改良自身，或是由于这些设施的利用，给不利用这些设施的人及这些设施所在地所带来的负的经济效果。有代表性的外部非经济效果包括：①噪声、振动、排放尾气等社会公害；②交通设施的建设或是改良所造成文化遗产，以及旅游资源的破坏；③生态平衡的破坏等。这些外部非经济效果的货币计量值，也可以被称为社会成本，社会成本的减少也被定义为效益。

公共投资，特别是交通投资所带来的效果有多种多样。它的分类则根据评价的目的和评价的立场不同，有多种形式。以下以交通投资为例，介绍投资效果的各种划分方式。

1.从市场的角度划分(市场内效果和市场外效果)

交通可以看作是一种服务，称为交通服务(transport service)，即“为人或物的地点之间的移动所提供的服务”，它属于无形商品。对交通进行市场分析属于交通经济学的研究范畴。从市场的角度可以将交通投资所产生的效果分为**市场内效果**和**市场外效果**。市场内效果是指在交通服务市场内部发生的效果，而市场外效果是指在交通服务市场外部发生的效果。

2. 按效果的波及过程分类(直接效果，间接效果)

交通投资给社会、经济带来各种各样的效果，这些效果会波及很多方面，具体内容可以参见表 7-2。从效果的波及过程来分，可以将效果分为**直接效果**和**间接效果**。

直接效果指的是由于交通投资，即通过建设或对现有交通设施进行改良，这些交通设施的使用者可以直接享受到的经济效果。使用者可以直接享受到的效果在绝大多数情况下都为正面效果，货币计量后被定义为**使用者效益**(user benefit)。

以道路为例，有代表性的直接效果主要包括：①运输时间或行车时间的缩短；②行车费用的节省；③安全性、舒适度、可靠性等服务质量的提高等。另外，直接效果除了上述内容外，还包括那些虽然未直接使用上述土木设施，但是利用了由这些设施而产生的新的服务而享受的经济效果。

间接效果指的是由于基础设施投资、建设或对现有土木设施进行改良，这些设施的非使用者间接地享受到的经济效果，以及这些设施所在地所能享受的经济效果。根据这些效果所发生的时期，又可将其分为短期效果和长期效果。

为了加强对直接效果和间接效果的理解，此处以交通工程项目中最有代表性的道路为例进行说明。道路投资不仅对道路的使用者，而且对社会的各个方面产生各种各样的影响。这些影响可以整理成表 7-2 所示。

道路建设的直接效果与间接效果 表 7-2

<table>
<tr><th>效果类型</th><th>影响对象</th><th>效果的大项目</th><th>效果的具体项目</th></tr>
<tr><td rowspan="10">直接效果</td><td rowspan="4">道路使用者</td><td rowspan="4">道路利用</td><td>行车时间缩短，行车费用减少(包括作为对象的道路和其他道路，其他交通手段)</td></tr>
<tr><td>交通事故减少(包括作为对象的道路和其他道路，其他交通手段)</td></tr>
<tr><td>行车舒适度的提高</td></tr>
<tr><td>行人的安全性、舒适度的提高</td></tr>
<tr><td rowspan="15">沿途以及地区社会</td><td rowspan="5">环境</td><td>空气污染(包括作为对象的道路和其他道路，其他交通手段)</td></tr>
<tr><td>噪声(包括作为对象的道路和其他道路，其他交通手段)</td></tr>
<tr><td>景观</td></tr>
<tr><td>生态系统</td></tr>
<tr><td>地球环境和能源</td></tr>
<tr><td rowspan="5">居民的生活</td><td>道路空间的利用</td></tr>
<tr><td rowspan="11">间接效果</td><td>灾害发生时确保代替道路</td></tr>
<tr><td>增大交流的机会</td></tr>
<tr><td>公共服务水准的提高</td></tr>
<tr><td>人口的安定化</td></tr>
<tr><td rowspan="5">地区经济</td><td>建设事业所带来的需求产生</td></tr>
<tr><td>工农业等新的布局带来生产增加</td></tr>
<tr><td>就业机会增加，收入增多</td></tr>
<tr><td>物价降低(包括商品和服务)</td></tr>
<tr><td>资产价值的升高</td></tr>
<tr><td rowspan="2">公共部门</td><td>商品性支出</td><td>公共设施建设成本的节约</td></tr>
<tr><td>税金收入</td><td>地方税，国家税</td></tr>
</table>

3. 效果的发生原因分类(事业效果,设施效果)

从效果的发生原因上,可以把它分为**事业效果、设施效果**。事业效果也被称为**流动效果**(flow effect),是指由于设施的建设事业产生的效果。设施效果又称**储备效果**(stock effect),是指设施投入使用后,利用这些设施所提供的服务所带来的效果。另外,交通设施的所占空间被应用到本来目的以外的其他目的时所产生的效果被称为**空间创造效果**。表 7-3 为交通设施的效果与功能。

交通设施的效果与功能 表 7-3

效果分类	分类	具体项目
设施效果	存在效果	国家、地区或是城市一体化的象征
		形成国土的骨架
	使用者的效果	时间缩短,降低费用,减少货物损失
		安全、舒适性提高,减少疲劳,时间确定性加大
		缓解其他路径、其他方式的拥挤
	供给者效果	交通运营者经费节约
	波及效果(经济)	提高生产力
		提高生产收入
		收入增加
		物价降低
	波及效果(社会、自然)	土地价格上升
		就业机会增多
		文化生活水平提高
		能源节约
		环境影响
		社会与政治的安定
事业效果	规划阶段	示范效果
		调查带来的经济、教育效果
	建设阶段	建设材料需求加大
		就业机会增大
		教育效果
		资源开发效果
		对于环境的影响
		其他

4. 按效果的显现时间分类

对于交通设施来说,按照投资效果表面化的期间划分,可以分为建设中效果、短期效果、中期效果、长期效果和超长期效果。

建设中效果为交通设施建设期间显现的效果。短期效果为交通设施在投入使用 5 年以内显现的效果。中期效果为交通设施在投入使用 5～10 年以内显现的效果。长期效果为交通设施在投入使用十年至数十年以内显现的效果。超长期效果为交通设施在投入使用 50～100 年显现的效果。

总而言之，人们对公共投资效果的认识是有着一个变迁过程。现在，尽管用词、对效果的定义、分类与政策课题的对应等正在趋于成熟，但是仍然存在许多值得研究的问题。特别是一些与主观因素有关的效果，随着时间、地点、评价主体的变化而时时刻刻发生变化，如何定义、分类、计量是一个十分困难的课题。

（二）效用的计量

个人或是企业对于财富或是时间所持有的满意与否的态度是有程度的。将满足度作为尺度进行衡量所得到的则为效用。人们拥有的财富可以是不同的，但是如果满足度相同，则认为其效用相同。利用效用的概念，可以对各种效果进行综合处理。

在交通投资的社会经济效果评价中，如何对效益定义，如何加以计量，是值得研究的一个重要课题。在此介绍几种有代表性的定义方法和主要的计量方法。这里首先需要介绍的是效用的概念。效用可以通过使用效用函数来计量，效用的推定方法可以通过问卷调查的方法，但通常需要假定效用函数。所谓效用在经济学中用来表示能够满足人的欲望的物质的能力。无论具有多大的效用，如果这种物质对于消费者的欲望来说不具有稀少性的话，消费者主观上的对于它的评价价值仍为零。在这一节里将利用效用的概念给效益定义。

所谓效益计量是指在评价公共事业投资的效果时，对于投资给人民（居民）带来了多少效用(utility)，具体地说带来了多少便利、多少幸福、多少满足进行计量。对交通工程项目进行评价时，通常效用可以假定为价格、环境、收入的函数。

通常，在对交通项目进行评价时，需要有比较的对象。这就需要对交通项目有、无的两种情况进行需求预测。具体到交通设施上，需要对有投资时的效用和没有投资时的效用进行比较。

在此，我们假设无投资和有投资情况的效用可以用下式来表示。

无投资(without)时的效用假定为：

$$V^{a} = V(p^{a}, Q^{a}, I^{a}) \tag{7-1}$$

有投资(with)时的效用假定为：

$$V^{b} = V(p^{b}, Q^{b}, I^{b}) \tag{7-2}$$

以上式中：V——（间接）效用函数；

p——价格变量（矢量）；

Q——环境变量（矢量）；

I——收入。

通常价格上涨，人们的效用会降低，而收入增加，环境得到改善时，效用会增加。在上式中，效用与价格成反比$\left(\frac{\partial V}{\partial p}<0\right)$，与收入增加、环境改善成正比$\left(\frac{\partial V}{\partial Q}>0, \frac{\partial V}{\partial I}>0\right)$。效益可以根据上述的效用等式做出定义。

（三）时间价值的计量

时间价值是一个在量化分析中经常用到的概念。例如，交通设施的建成通车会带给使用者时间上的节约，而项目建成前后的时间差值，也就是时间的节约，所带来的价值有多大？为了把所节约的时间转换为价值（以货币形式计量的效益）则需要利用时间价值。时间价值(time value)，可以通过收入来估算，也可以利用效用的概念来获得。具体的方法有收入接近法、费用函数法和利用行为模型的方法。

(1)收入接近法(income approach)

个人所节约的时间如果投入生产的话,以个人每个小时的收入作为时间价值的方法。如果缩短以工作为目的的交通时间,显然节约的时间投入到生产中是有效的,因此此法不适合于其他目的的出行。

(2)费用函数法(cost function method)

移动总费用中包括了固定费用,以及移动时间的转换价值。

$$C_T = C_F + V \times T \tag{7-3}$$

式中:C_T——移动所需要的一般化费用;

C_F——固定费用;

V——时间价值;

T——移动时间。

移动所需一般化费用的表达函数,也叫做牺牲量模型(sacrificed value model)。

(3)利用行为模型(behavior model)的方法

以非集计模型为代表的说明个人出行方式选择或是路径选择行为的方法,是从交通方式的水平和个人的社会经济水平要素,来推定选择的概率的方法,是一种应用效用理论的方法。

(四)规划效果的其他计量方法

1.利用资产价值的变化来计量规划效果

土地的价格是由该地到市中心的通勤时间,到附近的超市的远近等交通条件,由绿化的多少、日照条件的好坏等居住环境的好坏等生活中的所有条件来决定。城市经济学认为,如果土地市场是开放的,可以证明,上述条件的变化可以引起土地价格,即资产价值的变化。

资产价值,或是地价变化的计量方法有 Hedonic 方法(Hedonic approach),其实用性较高,也可以使用回归的方法。使用 2 个以上的不同时点的土地条件和实际价格,利用重回归分析,推定通过土地的条件来说明地价的地价函数。此外分别对规划实施与否两种情况进行预测,利用差值来计量地价或资产价值的变化。

2.利用收入的变化来计量规划效果

微观经济学中的部分均衡理论认为,各个家庭在一定的收入条件下,消费一定价格的商品,市场上所有的变化都可以认为是商品价格的变化带来的实际收入的变化。基于这样的考虑,可以认为规划的实施所带来的种种变化,会带来家庭收入的变化,因此可以通过推定收入的变化,来计量规划效果。

3.利用机会成本来计量规划效果

所谓机会成本(opportunity cost)是指某片土地或是某种资源用于与规划方案不同的目的时,所需要的费用。规划实施时机会成本的增大或减小,可以通过实施规划与未实施规划时的费用或效益的差来计量。此方法适用于计量由于规划实施而带来的被破坏的环境或是景观所拥有的效益。

(五)环境影响等的计量

规划对于环境的影响越来越受到重视,计量方法也很多。采用的方法是,通过计算需要创造与失去的环境相同的环境,或是转移原有环境所必需的成本,包括替代成本(replacement cost)、转移成本(relocation cost),来计量环境的价值。需要特别注意,环境破坏仅用金钱补偿是没有意义的。

在计量舒适程度(amenity)、环境改善所带来的效益时,只有采用间接计量的方法。**Hedonic 方法**(Hedonic approach)就是在资本化假设(capitalization theorem)基础上所发展起来的具有代表性的一种方法。

舒适程度、环境质量(下面总称为环境质量)的价值,是在将其转换为用代理市场,例如,土地市场(土地的租金或是土地价格)及其劳动市场(工资)这样一个资本化假设的基础上,把环境质量价格作为被说明变量,把包含环境质量的所有属性的地价函数或者工资函数(这些总称为 **Hedonic 价格函数**)作为说明函数,通过推定这些函数,把环境质量转换为货币价值进行评价。这就是通常所说的 Hedonic 方法。

Hedonic 方法有着比较长的历史。查阅字典可以看到 Hedonic 一词本来的意思是"享乐主义的"、"快乐的"等意思。这样命名的理由可能是,"资产的特性决定了使用那种资产时的快乐"。后来的学者把 Hedonic 方法和微观经济学结合起来,使其在理论上得到发展。把这个方法最早应用到环境质量评价上的是 Ridker 和 Henning。他们对不动产价格和空气污染的关系进行了研究。在这之后,这一方法不仅在环境质量评价方面,而且在交通设施建设的效益评价,各种资产、服务的效益评价方面得到了应用。

第三节　成本效益分析

通过经济评价方法对规划进行评价时,代表性的方法是费用效益基准(cost benefit criteria)。这种方法分别计量规划实施时的效益 B 与费用 C,通过比较 B 与 C,决定规划实施与否。当效益值 B 大于成本 C 时,认为该项目可以实施,否则不可以实施。效益的计量在前一节已经作了介绍,目前可以计量的项目还很有限。例如道路建设项目的可计量效益包括:行车时间缩短,行车费用降低,交通事故减少,环境污染改善。而相对应的成本则应该为该项目的全寿命成本(life cycle cost,LCC)。

一、费用效益的产生与社会的折现率

(一)现值(present value)

现金流折现法折现货币流动法是考虑了将来收益价值的投资基准的计量方法,现在一般使用这种方法。这种方法具体可分为**净现值法**(net present value method)、**效益—费用比率法**(benefit-cost ratios method)、**内部收益率法**(internal rate of return method)三种方法。

在此首先对现值和折现的概念定义。由于将来的收益总是比现在产生的同数值的收益低,所以不得不以 0 年为基准把将来的费用和效益转换为现在价值即现值。这时候折现的概念被利用,折现率 d 可以从利息公式来推导。

(二)社会的折现率(social discount rate)

下面的利息公式中,如果把本金作为 P,利息率作为 r,年数为 t,则将来的金额 F(本金+利息)则可表示为:

$$F = P(1+r)^t \tag{7-4}$$

这时给将来金额赋值的话,等式两边用非零的 $(1+r)^t$ 去除,则可获得将来金额 F 的现值 P。

$$P = \frac{F}{(1+r)^t} = F(1+r)^{-t} \tag{7-5}$$

上式即为折减后现值的公式，r 则为折现率。但是通常习惯上折现率用 d 来表示。

二、费用效益基准

费用效益基准有三种，分别为效益—费用比率法、净现值法、内部收益率法。目前常用的是效益—费用比率法。

（一）效益-费用比率法（benefit/cost ratio，B/C）

效益—费用比率法是以转化为现值的纯效益（收益）与费用的比率作为投资基准进行投资间比较的方法。

$$BCR=\frac{\sum_t \frac{B_t}{(1+d)^t}}{\sum_t \frac{C_t}{(1+d)^t}}=\frac{\sum_t \frac{B_t}{(1+d)^t}}{\sum_t \frac{K_t+O_t-S_t}{(1+d)^t}}\% \tag{7-6}$$

式中：B_t——效益；

C_t——成本；

d——折现率；

t——年数；

K_t——固定设施投资；

O_t——运营费用；

S_t——残存价值。

（二）净现值法（net present value，NPV）

净现值法是以折现后的收益作为投资基准进行投资间比较的方法。按照收益从大到小的顺序来决定投资的顺序。

$$NPV=\sum_t \frac{B_t-C_t}{(1+d)^t}=\sum_t \frac{B_t}{(1+d)^t}-\sum_t \frac{K_t+O_t-S_t}{(1+d)^t} \tag{7-7}$$

由于净现值表示为转换为现值的效益与费用的差值，所以这一方法也被称为效益—费用差法。这个方法也有它的不足之处，那就是当投资额有限时，净现值大的大规模规划项目容易被采纳。

（三）内部收益率法（internal rate of return，IRR）

$$K=\sum_t \frac{B_t-C_t}{(1+d)^t}=0 \tag{7-8}$$

满足上式的折现率 d 就是内部收益率 IRR。当内部收益率大于社会平均折现率，则规划可被采纳，否则不能采纳。

第四节　兼顾公平性与效率性的综合评价方法

一、社会的公平性评价

对于推进土木规划的事业主体而言，经常会受到来自考虑公众立场的政府的行政干预，这种情况下对社会公平性的要求显得尤为强烈。所谓的社会公平性，即指构成社会的个人如果他们具有相当的条件，那么他们的幸福度、满足感以及负担等也应该是相当的这样一种伦理性的评价观点。最近由于政府资金短缺等原因，许多国家出现了民间团体成为事业主体，以及民间团体和政府联合协作的情况，为了促进地区开发和振兴，民众对民间团体的期待也越来越大。对于民间团体或者特定的事业主体而言，他们所期望和考虑的是事业的推进能够给他们带来什么样的经济上的利益或者效用。在这种情况下，必须避免土木规划的推进给特定的团体或个人带来过度的利益的问题。土木规划的对象空间分布很广，规划的实施会给多数的居民和社会带来直接的或者间接的影响，因此未必能全面地考虑个人方方面面的利益，也因此必须要从社会公平性的观点出发进行研究探讨。总之，谋求个人或者民间团体的效用最大化、效益归属的公平性，以及从整个地区角度出发来看的公平性之间的整合是十分重要的。

成本效益分析把重点放在项目效率性的评价上，忽视了项目投资公平性的分析，其评价结果可能会造成投资过度集中于发达地区，应该说评价结果不够全面、合理。对于土木规划项目的评价应该做到效率性评价与公平性评价相结合，但是关于社会的公平性的分析现在还没有成熟的方法。

土木工程项目，特别是交通项目投资的公平性问题可归纳为三个方面：①项目的透明度和公众参与度；②考虑地区经济水平差距的区域公平性；③不同受益群体之间的效益分配公平性。

(一)基于效用值的社会公平性评价

一般而言，构成社会的个人在评价各个比选方案的时候，考虑的是各个方案能给自己带来的效用(utility)，这个效用值的大小因人而异。如果用 u_{ik} 来表示方案 $k(k=1\sim m)$ 能给个人 i 带来的效用值，那么个人 i 在进行方案选择的时候将遵循效用最大化原则，即选取 $\max\{u_{ik}\mid k=1,2,\cdots,m\}$ 所代表的方案。通过这种方式得出的个人方案选择的评价和基于社会公平性的评价未必是一致的。

假设社会构成共有 n 人，各自对于备选方案的效用评价为 u_1、u_2……u_n。此时，社会公平性的概念可以通过如下三种方式进行考虑，至于具体采取何种表达方式，根据社会经济环境条件、历史背景、规划内容情况来决定。

(1)个人效用值和全体平均效用值之差的绝对值最小化（$\sum\limits_i |u_i-u_j|$）。

(2)个人效用值的乘积最大化（$\prod\limits_i \mathrm{u}_i$）。

(3)辅助效用值最小的个人[$\min(u_1,u_2,\cdots,u_\mathrm{n})$]。

另外，最近社会资本筹集利用越来越追求质量上的提高。这种情况下，个人与个人之间所获得的效用差异很大，甚至有时候只有特定的团体获得了效用，这与社会公平性的原则未必相符。与其如此，不如基于构成社会的个人的效用值总和乃至平均值最大化来对方案进行评价，这也可以说是基于效用基准的区域效用最大化(regional-maximum)评价。

实际问题中，方案从社会公平性 V 和效用基准 U 两个方面进行评价，并对二者采用加权平均的方式 $\omega V+(1-\omega)U$，据此进行综合评价。明显可以看出，当 ω 趋近于 1 时，综合评价强调的是社会公平性，相反则重视的是效用基准，ω 只能根据决策者的意向、民意调查的结果，以及规划者的判断来决定。

[例题 7-1]　有备选方案甲、乙，就两个方案效用程度如何随机抽取了 10 人进行问卷调查，以 10 分为满分进行评价，结果如表 7-4 所示。基于调查结果进行社会公平性、效用基准的评价，并对应该采用哪个方案进行探讨①,[1]。

---

① 本例题参照了参考文献[1]P215 例题。

对于甲、乙两个方案的问卷调查结果　　表 7-4

编号	1	2	3	4	5	6	7	8	9	10	平均
A	8.4	6.0	7.7	4.8	5.6	9.0	7.1	4.3	3.9	6.2	6.3
B	5.5	6.3	8.2	7.1	4.7	6.8	8.6	9.4	6.5	5.9	6.9

用 a～c 来表示社会公平性指标，并且效用基准 U 采用平均效用，$\omega=0.6$。此时，方案甲、乙的评价如表 7-5 所示，采用 a 指标评价的时候得出结果为 A 方案较好，采用 b、c 指标的时候结果显示 B 的综合评价要高。而且，根据 regional-maximum 总效用最大化来考虑，也应当选择 B 项目。

评 价 结 果　　表 7-5

公平性指标	方 案 A			方 案 B			判 定
	V	U	$0.6V+0.4U$	V	U	$0.6V+0.4U$	
a	14		10.96	11.4		9.6	采用 A
b	6.08	6.30	6.17	6.76	6.90	6.82	采用 B
c	3.9		4.86	4.70		5.58	同上

(二)洛伦兹曲线与基尼系数①,[2]

1. 洛伦兹曲线

洛伦兹曲线研究的是国民收入在国民之间的分配问题。它是美国统计学家洛伦兹提出的。它先将一国人口按收入由低到高排队，然后考虑收入最低的任意百分比人口所得到的收入百分比。例如，收入最低的 20%人口、40%人口等所得到的收入比例分别为 3%、7.5%等，最后，将这样得到的人口累计百分比和收入累计百分比的对应关系(表 7-6)描绘在图形上，即得到洛伦兹曲线。参见图 7-4，ODL 为该图的洛伦兹曲线。

收 入 分 配 资 料　　表 7-6

人口累积百分比	收入累积百分比
0%	0%
20%	3%
40%	7.5%
60%	30%
80%	50%
100%	100%

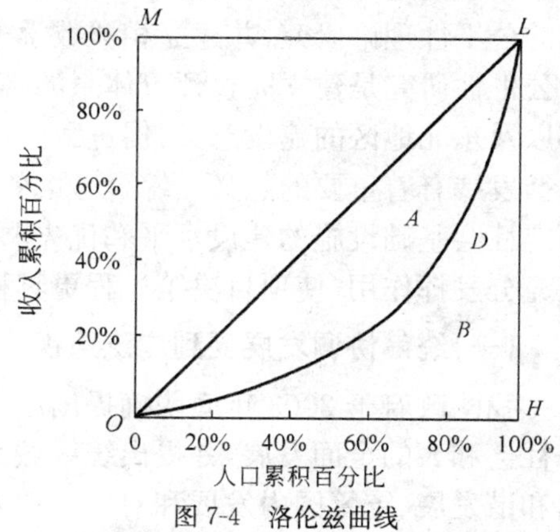

图 7-4　洛伦兹曲线

显而易见，洛伦兹曲线的弯曲程度具有重要意义。一般来说，它反映了收入分配的不平等程度。弯曲程度越大，收入分配程度越不平等；反之亦然。特别是，如果所有收入都集中在某一个人手中，而其余人口均一无所有，收入分配达到完全不平等，洛伦兹曲线成为折线 OHL；另一方面，如果任一人口百分比等于其收入百分比，从而人口累计百分比等于收入累计百分比，则收入分配就是完全平等的，洛伦兹曲线成为通过原点的 45°线 OL。

① 参照参考文献[2]编写。

2. 基尼系数

一般来说，一个国家的收入分配，既不是完全不平等，也不是完全平等，而是介于两者之间；相应的洛伦兹曲线，既不是折线 OHL，也不是 45°线 OL，而是像 ODL 那样向横轴凸出，尽管凸出的程度有所不同。收入分配越不平等，洛伦兹曲线就越是向横轴凸出，从而它与完全平等线 OL 之间的面积越大。

因此，可以将洛伦兹曲线与 45°线之间的部分 A 叫做“不平等面积”；当收入分配达到完全不平等时，洛伦兹曲线成为折线 OHL，OHL 与 45°线之间的面积 $A+B$ 就是“完全不平等面积”。不平等面积与完全不平等面积之比，称为基尼系数，是衡量一个国家贫富差距的标准。设 G 为基尼系数，则

$$G = A/(A+B), 0 \leqslant G \leqslant 1$$

$$A = 0, G = 0, \text{收入分配绝对平等}$$

$$B = 0, G = 1, \text{收入分配绝对不平等}$$

基尼系数被西方经济学家普遍公认为一种反映收入分配平等程度的方法，也被现代国际组织（如联合国）作为衡量各国收入分配的一个尺度。

按国际上通用的标准，基尼系数小于 0.2 表示绝对平均，0.2～0.3 表示比较平均，0.3～0.4 表示基本合理，0.4～0.5 表示差距较大，0.5 以上表示收入差距悬殊。

二、交通公平性的基础理论

随着可持续发展战略的提出，人们逐渐重视经济、社会、环境的全面发展，关注经济发展中的各种社会因素。交通基础设施作为社会经济快速发展的物质支撑，其投资和建设不能单纯地追求财务及经济目标，局限于项目的效率性的评价，针对交通公平性问题的研究变得十分必要而且日益迫切了。

关于交通项目投资的公平性研究在我国刚刚起步，现阶段的研究重点是进行适合我国国情的公平性理论研究，并建立相关数学模型，量化评价结果，见参考文献[3-4]。交通项目投资的公平性研究是建立完整评价体系的必要基础，尤其对我国而言，它对探讨道路基本设施在西部以及东北地区的建设意义，促进我国西部经济发展、东北经济振兴，促进国民经济的可持续平衡发展有着重要的意义。综合考虑效率性和公平性的完整的道路投资项目评价体系，将为确定社会基础设施的建设水平和优先顺序提供强有力的判断依据，积极促进社会政策、经济政策充分发挥作用，使项目决策过程更具科学性。

（一）统筹协调发展受到广泛重视

我国政府于 2003 年底明确提出以人为本，全面、协调、可持续发展的新发展观，以促进经济社会和人的全面发展，并提出统筹城乡发展、统筹区域发展、统筹经济社会发展、统筹人与自然和谐发展、统筹国内发展和对外开放要求的“五大统筹发展”的理念，以此来完善我国的市场经济体制，达到全面建设小康社会的奋斗目标。

要实现这一目标，不仅要使经济更加迅速发展、民主更加健全、科教更加进步、文化更加繁荣，还要使各种社会资源分配更加均衡，社会发展更加和谐。比如，医疗卫生服务设施、交通基础设施等这些基本的社会公共资源，在投资建设时，必须全面考虑不同阶层社会成员的需求，尤其是要维护社会中弱势群体的基本权益。

（二）作为可持续交通发展的重要因素

20 世纪 80 年代初，可持续发展作为一个完整的理论体系提出之后，受到国际社会的极大

关注，在短短的10余年间，可持续发展的“发展”、“公平”、“合作”、“协调”的目标和原则已经被世界各国普遍认同，成为全球和国家发展战略的必然选择[1]。

交通可持续发展作为可持续发展战略的必要组成部分，有着极其重要的意义。世界银行的报告[5]指出：“运输是发展的关键，如果没有为工作、健康、教育和其他令人舒适的环境提供便利的交通设施，生活质量就会变差，如果没有通向资源和市场的运输设施，经济增长就会停滞，消除贫困的目标也难以实现。”就可持续交通发展的内涵而言，可以精辟地概括成三个因素之间的平衡：①经济发展；②环境保护；③社会公平。如图7-5所示。但实践中可持续发展概念主要集中在经济发展和环境保护之间的平衡，交通项目评价中目前日本、欧美、中国等普遍采用的成本一效益分析法和多目标决策法[6-11]，只考虑可以定量分析的建设运营成本、行车时间、行车费用、环境污染物排放等因素，毫无例外地把社会公平这一因素排除在外。为了真正地实现社会、经济、环境的协调均衡发展，必须填补理论研究的空缺，针对交通项目带来的社会公平问题进行深入分析和评价。

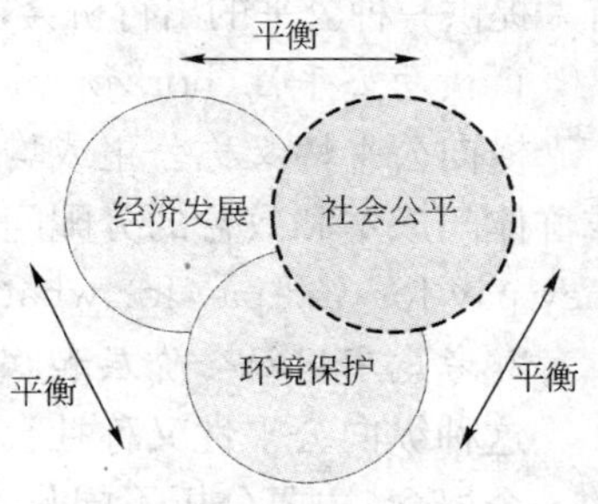

图7-5　可持续交通发展的平衡因素

(三)交通公平性的多种诠释

公平也被称为正义和公正，是指各种效果(效益和成本)的分配，以及这种分配被认为是公正、合理的程度。公平的本质是社会成员之间利益进行合理调整的一种分配理念和由此建立的分配机制，同时也包括利益分配不合理时的相应补偿机制。从现实性来看，它必须以经济的发展为基础，以人类社会的文明与进步为价值导向，是社会各种关系就利益问题成功合作、达成妥协的产物[12]。由于公平的概念通常是一个社会和历史的范畴，而人们对其收入状况、交往状况、政治地位和权力等状况进行比较、分析、衡量与评价时，总是带有各自的立场、观点、方法和标准，因此，与公平相关的问题一直以来都是极易引起争议的话题。

最经典的公平理论是Rawls在1971年提出的两条公平原则[13-14]。第一原则又称为平等原则，是指每个人都具有这样一种平等权利，即与其他人同等自由相容的最广泛的基本自由。第二原则又称为不平等原则或差别原则，针对的是社会合作中利益和责任的分配问题。它承认人们在分配的某些方面是不平等的，但要求这种不平等对每个人都有利；人们在使用权力方面也是不平等的，但同样必须遵从机会对一切人开放的原则，即具有同样才能的人具有参与的同等机会。Rawls从各个角度反复论述了这两条公平原则，他表述了一个更一般的正义观，即所有社会价值——自由和机会，收入与财富、自尊的各种基础，都应平等地分配，除非其中的一种或若干种价值的分配对每个人都有利。

交通公平性思想的提出可以追溯到1776年，市场经济学的创始人亚当·斯密潜在性地提出了通行收费的公平理念，其观点是，当对奢侈的消费品征收比生活必需品要高得多的通行费时，富人们虚荣心的满足能通过减少沉重货物的运输费用而减轻穷人的生活压力。

1994年，国家联合高速公路研究(National Cooperative Highway Research)的项目报告中指出[15]：“交通公平性是指某项政策产生的成本和效益的分配问题，通常这种分配考虑了不同收入的人群。”

欧联盟第四次交通运输框架研究(2000年)提出公平性包括横向公平性和纵向公平性两个层面，横向公平性主要从每个人具有均等出行机会的角度考虑，而纵向公平性比较关注现在和过去交通出行条件的差异，以及个人之间或不同群体之间效益和费用的平衡[16]。

Litman(2005年)针对交通公平性做出了较为全面的诠释[17]，他认为交通运输系统必须向所有人提供一种公平的出行机会，交通公平是社会公平的一种基本要求，具体包括三个方面。

1. 横向公平性(horizontal equity)

横向公平性又称公正或均等主义(egalitarianism)，考虑的是具有相当财富和能力的个人或群体间成本和效益的分配问题，它认为消费者应该获得和他们付出相一致的效益(get what they pay for and pay for what they get)。

2. 考虑不同社会阶层和收入差异的纵向公平性(vertical equity)

这种纵向公平性又称社会包容(social inclusion)，是与社会排除(social exclusion)相对立的一个概念，主要分析不同收入群体和社会阶层的成本、效益分配，最有效的分配形式是给予低收入群体或弱势群体最大的效益或最少的成本，从而补偿整个社会的不公平性。

3. 考虑交通能力和需求差异的纵向公平性(vertical equity)

这种纵向公平性是比较不同个体交通需求的满足程度，它假设每个人至少应该具有享受基本可达性的权利，即使那些具有特殊交通需求的人要求额外的资源。考虑交通能力和需求差异的纵向公平性主要集中于两个方面，即适合身体残疾人群使用的各种交通设施，以及对公共交通和特殊移动性工具发展的大力支持。

三、评价模型和算法

(一)区域投入产出模型

REAL实验室(Regional Economics Application Laboratory)是由伊利诺亚州立大学和芝加哥联邦银行联合投资建成的。它的主要研究领域是区域经济发展的公平性(regional equity)以及空间公平性(spatial equity)问题[18]。

为了分析交通设施改善对增加区域公平性的效果，REAL实验室以Minas Gerais州作为案例，并在区域投入产出模型和空间CGE模型的基础上，假设简化数据需求，作了进一步改进，建立了新模型，新模型中的投入产出关系如图7-6所示。

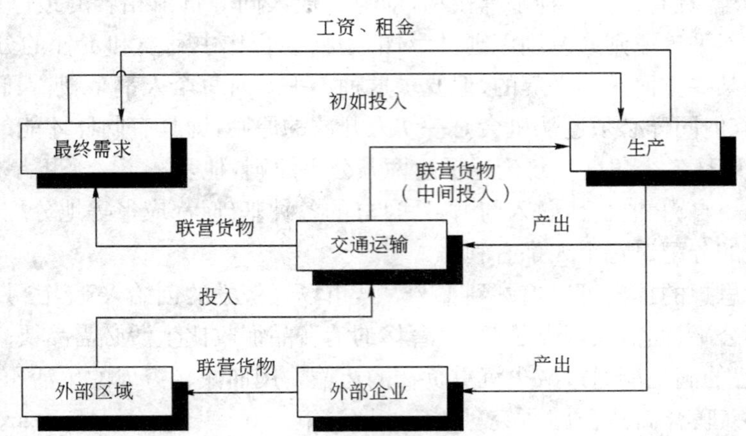

图7-6　新模型中经济活动之间的投入产出关系

研究结果表明，在Minas Gerais州，如果只改善经济不发达地区的交通基础设施，区域公平性的提高并不明显；如果只改善经济发达地区的交通基础设施，区域收入的不公平性增加；但如果改善连接不发达地区和发达地区之间的交通通道，区域公平性将会有较为明显的提高。

因为这些通道的改善能够减少运输成本，缩短运输时间，从而减少了交通不便给区域之间经济贸易带来的阻碍，这样可以为不发达地区创造更多的发展机遇。

(二)多目标决策模型

Silva 和 Tatam(1996 年)在问卷意向调查的基础上对评价指标进行筛选，并针对多目标决策模型(multi-criteria assessment，MCA)进行改进[19]，具体步骤如图 7-7 所示。改进后的新模型能解决传统的交通项目评价中经常忽略的两个问题：

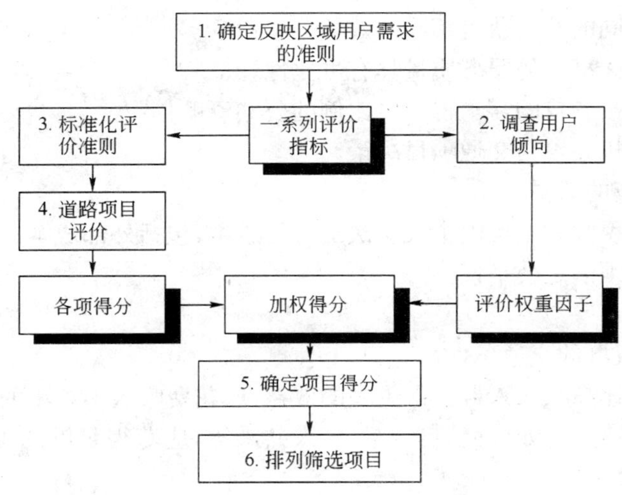

图 7-7　改进的多目标决策模型的评价过程

(1)从效率角度考虑，能获悉公众认为交通项目投资带来的"最有价值"的效益，比如交通安全、减少环境污染等，在评价过程中可以相应地增加该项目的加权比重；

(2)从公平角度考虑，增加了一些评价项目，以保障不同地区之间或者不同群体之间社会效益的合理分配。

改进的多目标决策模型综合考虑了交通项目对社会效益、环境影响、经济效益、交通服务四个方面的影响，具体的评价指标如图 7-8 所示。

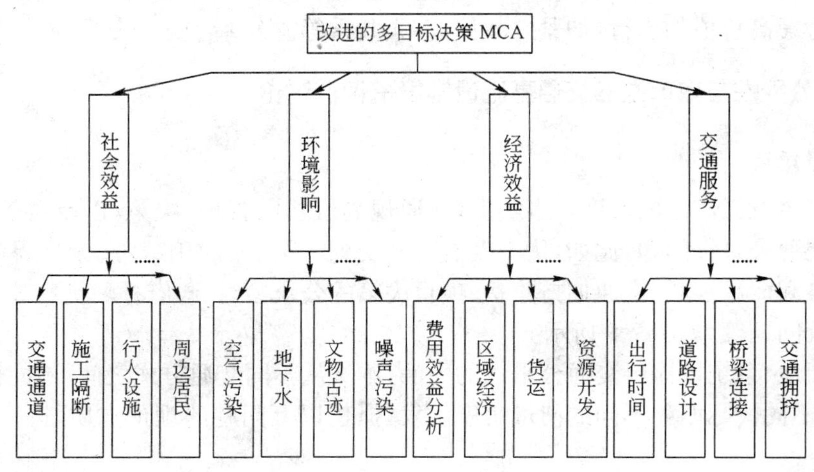

图 7-8　改进的多目标决策模型的评价指标体系

(三)等级评分法

Litman(2005 年)基于横向公平性和纵向公平性的理论研究,列出了五个评价项目及详细的评价指标,评价过程采用的是等级评分法[17],即对每个指标的评价细分为从 3 到－3 共七个等级,3 表示项目对该指标非常有利,－3 表示非常有害,0 为中立状态,将所有指标的评价乘以权重并相加,从而获得项目的最终得分,得分越高,项目建设的优先权越大。

1. 横向公平性

(1)平等对待

①每个人承担相同的费用获得相同的效益;

②不同群体和地区享有的服务质量具有可比性;

③不同交通方式按各自的需求得到成比例的公共资助;

④所有群体都有机会参与交通项目决策。

(2)个人承担相应的后果

①使用者费用和税收完全反映个人每次出行的成本,包括外部成本;

②补贴的提供必须满足公平性。

2. 纵向公平性

(1)改善低收入人群的交通条件

①低收入人群相比高收入人群获得更多的效益,或花费收入中更小的部分用于交通支出;

②容易负担的交通方式如公交、自行车、多人共乘等,应获得足够的支持并形成一个综合的系统;

③根据收入和经济情况提供优惠的交通服务;

④交通投资和服务应有利于低收入人群和不发达地区。

(2)有利于交通弱势群体(残疾、儿童、老人等)

①土地利用政策应鼓励非汽车引导型发展模式;

②交通服务和设施应满足无障碍设计;

③向具有特殊移动性要求的人群提供专门服务。

(3)改善基本可达性,支持必需而非奢侈的交通出行行为

①提供通往医疗服务、学校、就业岗位的交通服务;

②优先考虑高价值的出行,如紧急救护、多人共乘等。

四、兼顾公平性与效率性的交通基础设施投资评价讨论

(一)衡量角度

公平是一个意义广泛的尺度。事实上,交通规划、设计、管理、决策,以及政策制定的诸多方面均涉及交通公平性问题,比如,优先发展公共交通、小汽车使用政策、无障碍的交通设计、减少环境污染和能源消耗、交通拥挤收费、项目决策的公众参与、政府补贴优惠政策、不发达地区的交通投资问题等,如图 7-9 所示。

为了全面地、系统地诠释交通公平性的内涵,本文从不同交通方式之间、不同群体之间、不同地区之间、不同代际四种不同的衡量角度出发,抓住以上问题的理论本质,进行逐层次的详细分析。

其中,不同交通方式之间的公平性问题是基于横向公平性的原则,而不同群体之间、不同

地区之间，以及不同代际的公平性问题是基于纵向公平性的原则，各个衡量角度之间并不属于完全独立的关系，比如，优先发展公共交通能够减少交通系统损失的外部成本，缓解不同交通方式之间社会成本分担的不合理现象；能够为低收入群体提供一种高效、节约的交通方式，改善交通弱势群体的出行条件；也能够减少能源消耗和环境污染，提高代际公平性，促进交通的可持续发展。

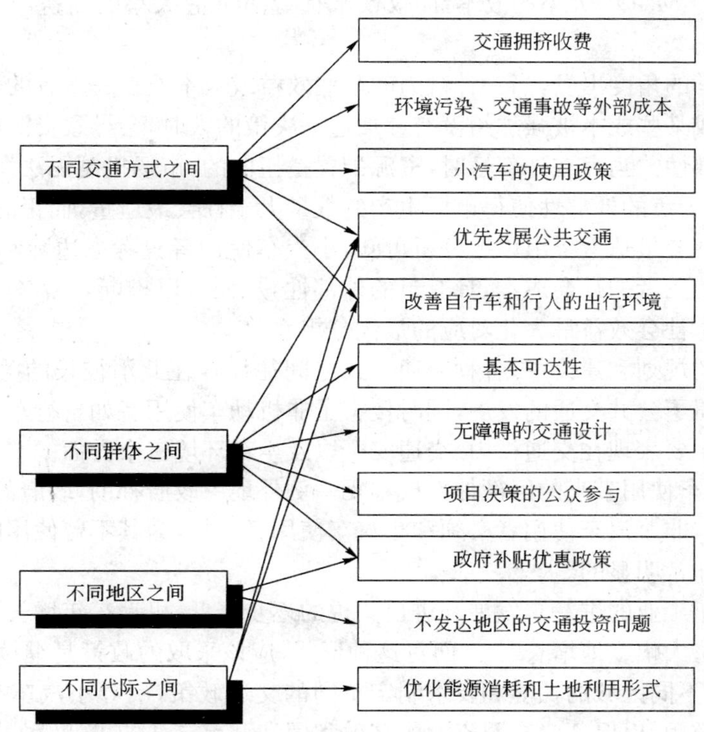

图 7-9　从四个不同的衡量角度分析交通公平性问题

(二)不同交通方式之间

不同交通方式之间公平性问题的根源是社会成本的不合理分担，也就是各种交通方式直接承担的私人成本与社会成本之间存在着一定的差异。这种差异性通常表现为道路系统中某些使用者强加给其他使用者身上的外部成本，具体以交通拥挤、噪声污染、空气污染，以及交通事故等形式体现。

图 7-10 显示了小汽车使用的供需曲线，*MC* 表示边际成本曲线，*AC* 表示平均成本曲线，*Demand* 表示交通需求曲线。有效定价原理要求每一位道路的使用者支付由其引起的所有边际成本，这包括自己驾车的时间成本、燃油费、维修费、车辆折旧损失的费用，以及对其他道路使用者带来的时间损失、环境污染、交通安全等方面的影响，最优交通量应为边际成本曲线 *MC* 与需求曲线 *Demand* 的交点值 Q_G。但从行为科学角度分

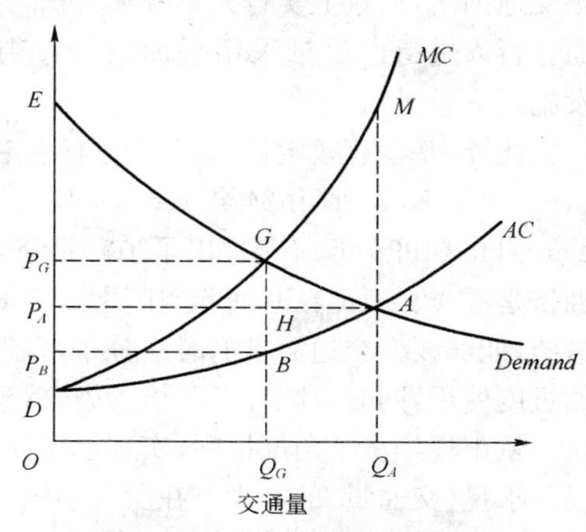

图 7-10　小汽车使用的供需曲线

析，驾车者在选择出行路径和出发时间时，只考虑其个人直接负担的成本，在大多数情况下，他或者不知道，或者不愿意知道其施加给其他道路使用者的外部成本。导致的结果是，各个驾车者只考虑道路使用的平均成本也就是边际私人成本 AC，而不考虑其出行对其他道路使用者造成的各种后果，实际交通量趋向于平均成本曲线 AC 与需求曲线 $Demand$ 的交点值 Q_A（$Q_A>Q_G$）。从社会观点来看，实际交通量 Q_A 造成道路资源的过度使用，因为超出最优水平 Q_G 的外加交通量产生 Q_AMGQ_G 大小的成本，而仅仅享有 Q_AAGQ_G 大小的效益，其代价是强加的多余社会成本 AMG。

从交通经济学的角度出发，当一种行为的某些效益或成本不在决策者的考虑范围之内，即某些效益被给予或某些成本被强加给没有参加这一决策的人时，会导致资源的低效率使用，产生正的或负的外部性。当存在外部性时，资源配置是扭曲的，市场机制无法发挥其最大化社会总效益的作用，因为负的外部性使得市场生产的数量大于社会最适量，而正的外部性使得市场生产的数量小于社会最适量。由以上分析可知，小汽车使用者只考虑边际私人成本而忽视了强加给其他道路使用者的社会成本，具有负的外部性，从而可以推断，小汽车这种交通方式的实际分担率超出了社会效益最大化对应的最优分担率[20]。

在交通系统的规划和建设中，各种交通方式之间往往存在此消彼长的关系。小汽车的大量运行限制和阻碍了公共交通的发展，同时侵害了非机动车使用者如自行车和行人的利益，这种不公平的侵害主要表现在交通权力、交通安全以及生存环境三个方面。

事实上，小汽车使用带来的巨额外部成本无一例外地由政府补助，政府的资金来自于全部纳税人，换句话说，非小汽车使用者必须和小汽车使用者一样，为其不曾使用的交通方式付费，这种不公平性是非常明显的。

随着我国汽车工业的进一步发展和进口关税的逐步降低，机动车年增长率将进一步提高，机动车保有量也将大幅度地增长[21]。面对这种形式，应该采取的政策是继续允许小汽车的普及，同时根据城市不同区域的功能和要求制定不同的交通政策，引导小汽车有理智地使用，限制其过度使用和滥用，以保证对有限资源的高效利用和城市交通的可持续发展。也就是说，小汽车的拥有政策和使用政策完全可以分开而区别对待，小汽车保有量的增长与道路负荷的增长不一定成等比关系，只要交通方式正确，就能够满足未来对交通的新需求。

为了突出体现公平性和以人为本的交通思想，城市交通系统应该将有限的道路空间优先分配给公共交通、自行车交通和步行交通，建设安全舒适的、无障碍化的步行交通网络和自行车交通网络，路权上实行人车分离、机非分离、步行者优先，大力倡导使用公共交通和自行车交通。行人过街也尽量采用平面信号过街（人行横道）方式，或者采用带有电梯的立体过街设施。

此外，基于有效定价原理，为了使各种交通方式的外部成本内部化，一些学者比如 Pigou（1920 年）、Knight（1924 年）、Smeed（1960 年）、Richard（1964 年）、Vickrey（1967 年），以及 Yang Hai（1998 年）[23]，提出了道路拥挤收费（road congestion pricing）的概念[22]。因为交通拥挤是源于交通流在时间和空间上的高度集中，道路拥挤收费作为城市交通管理的一项有效措施，能够改变交通需求的时空分布，合理地引导和调节人们的交通出行行为，减少道路资源的过度使用，同时也减轻了环境污染，减少了交通事故，并增加了城市的财政收入。

从市场经济学角度推断，实施道路拥挤收费会导致交通服务价格的上涨，这样必然引起市场需求量（交通量）的减少。在所有小汽车使用者中，那些对自己时间价值估计最低的人，对交通拥挤带来的损失估计也最低，所以最不愿意支付拥挤费用；而在不征收拥挤费用的情况下，这些人实际上又是那些最不担心被堵在道路上的人。一旦开始实施道路拥挤收费，这些人可能就会选择不交费而放弃在拥挤道路上占据空间，并改变自己的出行路径、出发时间，或者转移到其他公共交通方式上，从而减少了小汽车出行的分担率，提高了道路网络的服务水平。

目前有不少城市已经实行道路拥挤收费政策，包括新加坡（1975 年），挪威的卑尔根（1986 年）、奥斯陆（1990 年）和特隆赫姆（1991 年），澳大利亚的墨尔本（1999 年），加拿大的多伦多（2001 年），英国的伦敦（2003 年）等[24-28]。至于拥挤收费的收入可以按照三分法的原则部分返还给城市道路的使用者，即 1/3 的收入作为城市政府的财政收入，1/3 用于修建、改良城市道路，剩下的 1/3 用于改善公共交通系统、实施其他优惠政策[29-31]。

（三）不同群体之间

交通可持续发展指出，部分群体在获得交通便利的同时，不能牺牲社会其他群体的交通权利，特别是不能牺牲交通弱势群体（如低收入人群、残疾人、老年人、小孩、妇女等）的利益。

Litman（2003 年）的研究结果表明，大约有 1/3 的加拿大家庭中至少一个人是属于交通弱势群体，而不合理的交通资源配置会导致这种群体的社会排除现象。所谓社会排除（social exclusion）是与社会包容（social inclusion）相对立的一个概念，指人们参与基本社会活动，包括教育、工作、公共服务、娱乐等的适当机会受到限制[32]。造成社会排除的因素很多，如缺乏经济能力、处于地理隔绝状态、身体缺陷、交流障碍等。由于社会排除的概念并未被广泛接受，所以一些学者也常用交通弱势群体（transportation disadvantaged）或者缺乏基本可达性（lack basic mobility/access）来表达相似的意思。

美国联邦运输管理局（Federal Transit Administration）统计了 1999～2000 年不同收入水平的家庭用于交通出行的支出占总收入的比重，如图 7-11 所示。最贫困的 1/5 家庭不得不将总收入的 42%用于交通出行，而最富有的家庭仅需支出 12%的比重，很明显日常工作和生活所必需的基本交通出行给低收入家庭带来较为沉重的经济负担，减少了他们的净收入，也减少了他们对其他社会经济活动的投入，从而丧失了一些平等的参与机会。

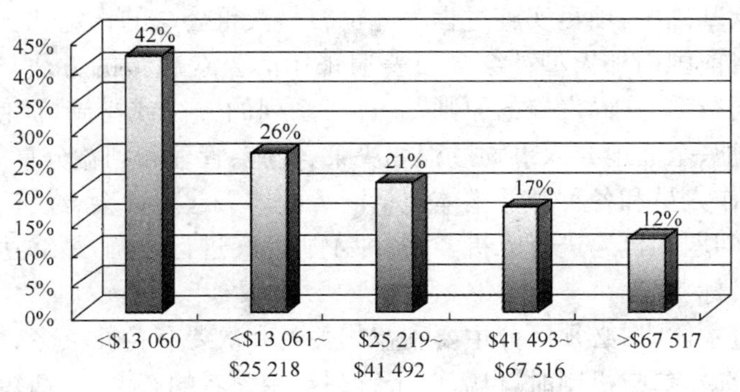

图 7-11　1999～2000 年美国不同收入水平的家庭交通出行支出占总收入的比重

为了弥补这种不公平性，应当采取一定的措施和政策来改善低收入人群的交通出行条件。由于低收入人群主要选择公共交通、自行车、步行等费用相对较低的交通方式，这就从另一个侧面说明支持公共交通发展的重要性。此外，应提供通往医疗服务、学校、就业岗位等的优惠交通服务以改善低收入人群的基本可达性，并优先考虑具有较高价值的出行行为，如紧急救护、多人共乘等。

随着社会进步和人口的高龄化，交通弱势群体的交通出行情况越来越受到关注，基于公平性的原则，他们应当享有与正常人同等的交通权利[33]。比如，美国的 TEA-21 法案专门拨出一部分基金用于满足美国残疾人法案(Americans with Disabilities Act)规定的各种交通设施的建设;日本2000年的可达、有效交通运输法案(Accessible and Usable Transport Law)规定在大型交通枢纽、站前广场等处必须设置无障碍的交通设施。

针对具有特殊移动性要求的人群如残疾人、老年人、小孩和妇女的专项交通服务设施一般被称为普适性的交通设计(universal design)或者无障碍的交通设计(barrier-free design),有:

(1)低底板的公共汽车;

(2)电梯和自动扶梯;

(3)入口盲道;

(4)残疾人专用的洗手间设施;

(5)车辆到站出站的广播;

(6)无障碍的上下车平台;

(7)车内轮椅空间;

(8)宽阔的步行道,方便轮椅活动;

(9)交通信号声音导航。

要真实反映和体现社会不同群体的切身利益,交通项目决策和政策制定过程中必须加入公众的参与,以保证各种利益主体拥有均等的机会和发言权,而不仅仅局限于政府计划的延伸和规划专家的精英谋略[34]。

美国的联合运输效率法案(ISTEA)指出基础设施项目的建设必须是一个广泛包括公众参与的过程。为了缓解社会不同利益主体的对抗和冲突,提高社会公正性,在交通发展战略到具体设计方案的各个阶段,都应该采取公开听取、吸收、综合和调解不同利益主体意见分歧的方法,以网上公布、新闻发布会、展览、专家咨询和论证、问卷调查、研讨会等形式,让公众了解交通设施建设的各个方面,并征询公众的意见和建议,再经主管部门汇总,公众听证会,专门委员会审定,直至政府批准拨款并公布,整个过程必须保持高度的透明性,最后通过的交通项目方案是具有广泛群众基础的,项目实施过程因此也容易获得公众的肯定和支持。

参与式方法是目前国内外大型社会项目普遍采用的公众决策的方法[35]。它是基于分享知识、共同决策、共同行动、共同发展的原则,通过一系列的方法或措施,促使事物(事件、项目等)的相关群体积极地、全面地介入事物过程如决策、实施、管理和利益分享等。这种方法的应用能使专家、政府工作人员和各种利益主体包括弱势群体一起对社会、经济、文化、自然资源进行评价,对所面临的问题和机遇进行分析,对各种矛盾冲突进行协调,最终达到优化配置资源,增加社会总效益的目标。

在界定不同利益主体时,必须区分主要利益相关者和次要利益相关者,对他们的重要性和影响力进行分析;在选择参与机制时,也需要了解利益相关者的态度,权衡短期和长期目标,考虑资源和时间的限制。一般来说,参与机制主要包括利益相关者研讨会、访谈和小组讨论两种形式。组织利益相关者参加研讨会是听取不同群体意见的一种行之有效的方法,研讨会有助于消除各个机构之间、不同利益主体之间的隔阂,同时还能使利益相关者对项目的拥有感得到增强。此外,这类研讨会还有助于了解利益相关群体所关心的问题,对利益相关者的共同想法和需求进行识别和界定,促进他们共同参与。参与式方法的另一个重要工具是访谈和小组讨论,进行参与式评价的访谈者一般需要事先准备进行讨论的问题清单(或访谈提纲)。在实际工作中一般采用所谓的半正式访谈,而不是完全采用问卷调查方式进行,以便为受访者创造有效参与的机制,访谈的重点和形式应根据所要调查的问题而有所不同。

根据以上原理，参与式方法用于社会公共项目评价的具体工作流程如图 7-12 所示，具体步骤如下：

(1)识别和确定社会项目评价的目标及任务要求；

(2)根据目标和任务要求，组织由项目评价专家、政府官员、各种利益主体组成的社会项目评价工作小组；

(3)对工作小组成员开展参与式社会项目评价工作方法等方面的培训，以便更好地开展工作；

(4)通过召开研讨会等形式，交流有关意见，收集相关资料；

(5)通过收集统计资料等二手资料，以及通过实地调查获取第一手资料，详细了解有关背景情况；

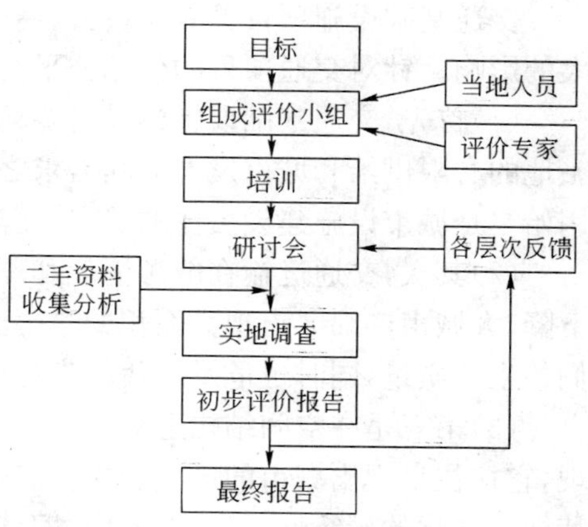

图 7-12　参与式社会项目评价的工作流程

(6)撰写初步评价报告；

(7)将初步报告提交有关各方，听取反馈意见；

(8)根据反馈意见进行修改，形成最终社会项目评价报告。

参与式方法强调邀请不同方面的利益主体参与到社会项目评价的具体过程中，倾听弱势群体的需求和意见；在社会调查中，要求广泛调查收集有关利益主体的意见，在调查过程中充分体现参与的过程；在初步报告完成之后，强调广泛征求有关利益主体的修改意见，重视信息的反馈。

(四)不同地区之间

由于交通基础设施项目具有明显的地域性，即项目带来的社会经济效益主要集中作用在该项目的建设地点附近的区域，所以在项目投资和规划阶段必须基于纵向公平性的原则考虑地区公平性的问题。根据边界效用递减原理，同样数额的资金，与高收入人群相比，对于低收入人群而言，应该具有更高的价值；与改善高收入阶层经济状态的政策相比，大多数人应该更倾向于改善低收入阶层经济状态的政策。那么，与改善经济发达地区经济状态的交通投资项目相比，改善经济不发达地区经济状态的交通投资项目应该更有意义，更容易获得社会公众的肯定。

为了减少地区间的差距，达到统筹协调发展的目标，将来国家综合交通规划和政策的制定应该综合考虑项目投资的效率性和公平性，对较不发达的西部地区采取某种程度的优先或倾斜性政策，建设一批西部开发性的公路和铁路新线，进一步完善路网和扩大路网规模，全面提高交通基础网络对地区经济发展的适应能力，发挥交通的先行引导作用。

(五)不同代际

以时间为纵轴，分析交通投资项目和政策对不同年代社会的影响，从而引发了对代际公平性的思考。1987 年世界环境与发展委员会在《我们共同的未来》报告书中指出，可持续发展应当满足当代人的需要而又不削弱子孙后代满足其需要的能力[36]。代际公平性的概念最早是由塔尔博特·佩奇(T. R. Page)在社会选择和分配公平的基础上提出的，它主要涉及了当代人与后代之间福利和资源的分配问题。而 Brundtland 清楚地证实可持续发展也具有代际公平的含义[37]。

交通基础设施项目具有投资大、使用寿命长的特点，而且对社会、经济、区域的发展都有较大的影响。针对交通项目的代际公平性问题，经分析主要体现在以下三个方面。

(1)首先，交通基础设施建设需要耗费大量的土地资源。在我国，由于土地资源的稀缺性，土地的有限供给和城市发展空间需求之间的矛盾将长期存在。节约土地资源、集约化土地使用始终是城市设施建设关注的热点，而浪费土地无疑是对下一代发展权的剥夺。

(2)其次，交通运输在能源消耗和环境污染方面也带来了沉重的负面效果，诸如大气质量下降、大城市连绵区出现大面积的酸雨区，产生大量噪声及光化学辐射等。这些污染降低了人们的生活质量，同时也危及后代的生存环境。

(3)第三是在空间结构上对城市文化脉理的破坏和割裂。城市空间是城市结构形态的表现，它往往呈现出城市的历史和文化底蕴。大型交通设施规划时，应该表现和协调这种城市的特征和文化的延续性，然而现实中，旧城区却常因交通设施的新建而拆毁。

针对交通运输的能源消耗问题，统计数据表明，在加拿大，交通运输系统燃油消耗量占城市能源总消耗的66%，其中绝大部分为汽车运输所消耗；在美国，交通运输系统燃油消耗量占城市能源总消耗的60%，其中73%为汽车运输所消耗。我国目前的交通能耗所占的比重还不是很高，燃油消耗中交通运输所占的比例一般在30%左右。尽管如此，随着交通机动化的进一步加剧，交通系统所占的能源消耗比重将会逐年增加。

曾经有学者做过这样的估算：目前中国四轮机动车保有总量约为3 000万辆，以耗油量1 500L/(年·辆)计算，中国现有探明的石油储量可维持100年。从动态消耗角度分析，中国目前每年机动车保有量的增长幅度在10%～15%，综合考虑汽车工业的发展、交通行驶条件的改善、平均每辆车出行频度的增加等因素，可以认为每年每辆车的油耗量下降3%左右。如果保持这一机动化进程，则中国的石油储量仅能维持大约28～35年的时间。如果以极端情况考虑，若按发达国家平均4人拥有一辆汽车计算，中国将达到4亿辆车，这样不到10年就会把中国的石油储量消耗完毕[38]。

可以看出目前的形势十分严峻，对于交通运输系统而言，对能源消耗问题影响最大的是城市交通结构和土地利用形态，也就是说，要高效率利用能源，改善代际公平性必须从城市交通结构和土地利用形态两个角度进行优化。

表7-7是根据英国能源部1990年的报告计算出的各种城市客运交通方式在不同载客率情况下的能源消耗状况[39]。很明显，公共交通如BR电车、地铁、公共汽车的人均能耗量要比小汽车低得多。公共交通的优先发展无疑能促进资源的有效利用和城市的可持续发展。此外，自行车交通具有低能耗、零污染、形式灵活、存放方便省地的特点，在短距离(2～5km)出行

各种交通方式在不同承载率下的能耗量 表7-7

交通方式	座位容量	车公里能耗(MJ)	不同承载率(%)下的能耗(MJ/人公里)			
			25	50	75	100
小汽车	4	3.64	3.64	1.82	1.21	0.91
摩托车	2	1.25		1.25		0.63
BR电车	330	88	1.06	0.53	0.31	0.27
地铁	580	122	0.84	0.42	0.28	0.21
公共汽车	75	14.05	0.74	0.37	0.25	0.19
步行						0.16
自行车						0.06

中可作为一种较为理想的选择，而且能作为公共交通的端末交通工具，弥补公共交通线网密度不足的缺陷，并向公共交通提供客源。所以在城市多元客运体系中自行车交通应该看作是一个有利条件，而不应看成包袱或累赘。

分析世界各大城市的交通能源消耗与土地利用形态之间的关系，可以看到城市的人口密度越高，相应的人均交通能源消耗量反而越低，即以小汽车为主导的分散型城市（如美国大多数城市），其人均交通能耗比公共交通为主导的紧凑型城市（如东京、伦敦、巴黎、新加坡等）的人均交通能耗要高出 2.5～4 倍。从节约资源和代际公平性的角度出发，选择紧凑型城市形态，并且选择以公共交通为主导的城市交通发展模式是最理想的可持续发展模式。

（六）兼顾效率性与公平性的评价模型

1. 模型的基本内容

判断社会收入分配差别的基尼系数法，以及其他分配模型，包括最小方差的数学模型，都是以“平均分配”为最优状态。对交通设施项目效益归属公平性的表现形式的分析，可知交通设施受益的平等性包含一种对弱势群体的“补偿”，且公平具有“历史补偿性”的特点。

所以，交通项目的群体决策的公平性模型必须考虑人们对社会公平的价值取向，可以在效益层次结构分析的基础上，采用服从 Wilson 熵分布的模型假设[40-41]，并引入效益补偿因子和区域修正系数，建立用于评价的数学模型。

（1）Wilson 熵分布假设

自从 1976 年 Wilson A. G. 应用数学方法对量子力学中熵的微观理论进行了适当的简化和诠释，发表了著名的《空间分布模型的统计理论》以后，威尔逊熵理论在各个领域得到了广泛的应用。

针对交通项目的公平性问题实质上也是一种分配问题，即交通设施项目给社会不同利益群体带来的效益是否平等分配的问题，我们尝试从分配效益额符合“Wilson 熵分布”的假设出发建立模型。

实际上，熵是来自于热力学的一个概念。在哲学和统计物理中，熵被解释为物质系统的混乱和无序程度。而信息论则认为它是信息源的状态的不确定程度。所谓的“熵增加原理”意味着孤立系统向着微观状态最混乱的方向变化，直到熵达到最大[42]。

假如把熵作为一个随机事件，从概率分布的角度可以对其加以分析。

如果随机变量 X 取值为 $X_i(i=1,2,\cdots,n)$，且 $X=\{X_i\}$ 全体是两两不相容的，X_i 出现的概率为 $P_i(i=1,2,\cdots,n)$，$\sum_{i=1}^{n}P_i=1$ 称为 X 的概率场。可以证明

$$H(X)=-c\sum_{i=1}^{n}N_i=-c\sum_{i=1}^{n}P_i\ln P_i,c>0 \qquad (7\text{-}9)$$

是满足下列条件的唯一函数：

①H 是 P_1、P_2……P_n 的连续函数；

②当且仅当 $P_1=P_2=\cdots\cdots=P_n$ 时，H 取最大值；

③$H(X)=H(Y)+H(X/Y)$，其中 $Y=f(X)$，$H(X/Y)$ 为已知 Y 的条件下 X 的条件熵，此时称 $H(X)$ 为概率场 X 的熵。

如果随机变量 X 是连续分布的，其分布密度函数为 $f(X)$，X 的熵定义为：

$$H(X)=-\int_R f(X)\ln f(X)\mathrm{d}X \tag{7-10}$$

式中：R——$f(X)$的定义域。

最大熵分布原理所描述的最小偏见的概率分布是这样一种分布：使其熵在根据已知样本数据信息的一些约束条件下达到最大值，即：

$$\max H=-\int_R f(X)\ln f(X)\mathrm{d}X \tag{7-11}$$

$$\text{s. t.}\qquad \int_R f(X)\mathrm{d}X=1 \tag{7-12}$$

$$\int_R X^m f(X)\mathrm{d}X=\mu_m,m=1,2,\cdots,M \tag{7-13}$$

式中：μ_m——第 m 阶原点矩，由样本数据可算出。

(2)模型系统设计

①效益补偿因子

建立数学模型时，我们引入效益补偿因子 α_i，对弱势群体而言，$\alpha_i>1$，对其他群体而言，取 $\alpha_i=1$，以反映对弱势群体的“补偿”以及公平的历史补偿性的特点。

②区域修正系数

同样金额对低收入水平的人群和区域而言，效用价值更大。在考虑区域间福利水平差距的基础上，我们导入考虑区域公平性的修正系数，其影响因素有区域的物价水平、地价水平、收入水平以及社会对公平性的认识程度。

计算时，必须预先设定一个基准区域 i，所要计算的区域 j 的区域修正系数为 β_j，这时，

$$\beta_j=\left(\frac{P_j}{P_i}\right)^{-(1-B)(1-\varepsilon)}\left(\frac{R_j}{R_i}\right)^{-B(1-\varepsilon)}\left(\frac{Y_j}{Y_i}\right)^{-\varepsilon} \tag{7-14}$$

式中：P_i,P_j——区域 i、j 的物价水平；

R_i,R_j——区域 i、j 房租(或地价)的水平；

Y_i,Y_j——区域 i、j 的收入水平；

B——家庭支出中房租(或地价)所占的比例；

ε——表示社会对于公平性认识程度的参数，$\varepsilon\geqslant0$；

社会对公平性的认识越高，ε 值越大，收入水平越高的区域，修正系数 β_j 就越小，即从公平性的角度有意识地减小经济发达区域的效益值。

③模型的构成

当系统可能处于几个不同的状态，每种状态出现的概率为 $P_i(i=1,2,\cdots,n)$时，则系统的熵形式为：

$$E=-\sum_{i=1}^{n}P_i\ln P_i \tag{7-15}$$

熵值实际上是系统不确定性的一种度量。熵具有下列性质。

可加性：熵具有概率性，系统的熵等于其各个状态熵之和。

非负性：系统处于某种状态的概率必为 $0\leqslant P_i\leqslant1(i=1,2,\cdots,n)$，从而系统的熵是非负的。

极值性：当系统状态概率为等概率 $P_i = 1/n(i = 1,2,\cdots,n)$ 时，其熵值最大。

$$E(P_1,P_2,\cdots,P_n) \leqslant E(1/n,1/n,\cdots,1/n) = \ln(n) \tag{7-16}$$

对称性：系统的熵与其出现概率 P_i 的排列次序无关。

加法性：系统 A、B 相互独立，系统 A 的熵为 $E(A)$，系统 B 的熵为 $E(B)$，则复合系统 AB 的联合熵 $E(AB)$ 为：

$$E(AB) = E(A) + E(B) \tag{7-17}$$

这就说明由相互独立的体系构成的复合系统的熵（联合熵）等于各单独系统熵（边际熵）之和。

强加法：系统 A、B 统计相关，$E(A/B)$ 是系统 B 已知时系统 A 的熵（条件熵），从而有：

$$E(AB) = E(B) + E(A/B) \tag{7-18}$$

同理有：

$$E(AB) = E(A) + E(B/A) \tag{7-19}$$

基于这种熵的形式，我们引入效益补偿因子 α_i 和区域修正系数 β_j 建立模型。

群体决策型的公平性模型：

判断基准：

$$\min R = 1 - \frac{S}{S_{\max}} \tag{7-20}$$

$$S = -\beta_j \sum_{i=1}^{n} \frac{G_i(\ln G_i - \ln\alpha_i)}{\alpha_i} \tag{7-21}$$

$$\beta_j = \left(\frac{P_j}{P_i}\right)^{-(1-B)(1-\varepsilon)} \left(\frac{R_j}{R_i}\right)^{-B(1-\varepsilon)} \left(\frac{Y_j}{Y_i}\right)^{-\varepsilon} \tag{7-22}$$

$$\text{s. t.} \begin{cases} \beta_j \sum\limits_{i=1}^{n} \frac{1}{\alpha_i} G_i = 1 \\ 0 \leqslant G_i \leqslant \alpha_i \end{cases} \tag{7-23}$$

以上式中：R ——交通项目的公平性参数，$0 \leqslant R \leqslant 1$，且 R 值越小越公平，$R = 0$ 为最优状态，$R=1$ 为极不公平；

G_i ——受益群体的效益费用比值，费用—效益分析法和层次分析法综合评价后，经归一化处理；

α_i ——效益补偿因子，反映对弱势群体的“补偿”以及公平的历史补偿性的特点，$\alpha_i \geqslant 1$ 且 α_i 越大补偿越多；

β_j ——区域修正系数，以区域 i 为基准，与物价水平、地价水平、收入水平以及社会对公平性的认识程度有关，经济水平越低，β_j 值越大，β_j 有可能小于 1 也有可能大于 1，这与选择的标准区域有关；

P_i,P_j ——区域 i、j 的物价水平；

R_i,R_j ——区域 i、j 房租（或地价）的水平；

Y_i,Y_j ——区域 i、j 的收入水平；

B ——家庭支出中房租（或地价）所占的比例；

ε ——表示社会对于公平性认识程度的参数，$\varepsilon \geqslant 0$；

$S_{\max}$ ——在约束条件式(7-23)和最大区域修正系数 $\beta_{\max}$ 下的最大熵值。

2. *最优分配及敏感度分析*

考虑模型的最优分配值，有约束条件优化可用拉格朗日乘子法，求 S 的极值 $S_{\max}$。

$$L=S+\lambda\left(\beta_j\sum_{i=1}^{n}\frac{1}{\alpha_i}G_i-1\right) \tag{7-24}$$

$$\begin{aligned}\frac{\partial L}{\partial G_i}&=\frac{\partial S}{\partial G_i}+\lambda\frac{\beta_j}{\alpha_i}\\&=-\beta_j\left[\frac{1}{\alpha_i}(\ln G_i-\ln\alpha_i)+\frac{G_i}{\alpha_i}\cdot\frac{1}{G_i}\right]+\lambda\frac{\beta_j}{\alpha_i}\\&=-\frac{\beta_j}{\alpha_i}(\ln G_i-\ln\alpha_i)+\frac{\beta_j}{\alpha_i}(\lambda-1)\end{aligned} \tag{7-25}$$

令 $\frac{\partial L}{\partial G_i}=0$，则：

$$\begin{aligned}&-\frac{\beta_j}{\alpha_i}(\ln G_i-\ln\alpha_i)+\frac{\beta_j}{\alpha_i}(\lambda-1)=0\\&\Rightarrow\ln G_i-\ln\alpha_i=\lambda-1\\&\Rightarrow\ln G_i=\lambda+\ln\alpha_i-1\\&\Rightarrow G_i=\alpha_i e^{\lambda-1}\end{aligned} \tag{7-26}$$

加上约束条件 $\beta_j\sum_{i=1}^{n}\frac{1}{\alpha_i}G_i=1$ 解得：

$$e^{\lambda-1}=\frac{1}{n\beta_j}$$

那么，最优：

$$G_i=\frac{1}{n}\cdot\frac{\alpha_i}{\beta_j} \tag{7-27}$$

此时，

$$S_{\max}=-\beta_j\sum_{i=1}^{n}\frac{\frac{\alpha_i}{\beta_j}\cdot\frac{1}{n}\ln\frac{1}{n\beta_j}}{\alpha_i}=\ln(n\beta_j) \tag{7-28}$$

取 $\beta_{\max}$，则：

$$S_{\max}=\ln(n\beta_{\max}) \tag{7-29}$$

分析熵最大时，各受益群体的效益最佳值为式(7-27)。

其中，$\frac{1}{n}$ 项是不考虑任何补偿和差异的最优分配量，也就是前面提到的“平均分配”的概念；而交通设施的群体决策的公平性模型的最佳解，还包括 $\frac{\alpha_i}{\beta_j}$ 的影响项，α_i 是效益补偿因子，表示不同受益群体间的效益“补偿”，$\alpha_i\geqslant 1$，且 α_i 越大，补偿越多；β_j 是区域修正系数，考虑不同区域福利水准的差异，与物价水平、地价水平、收入水平以及社会对公平性的认识程度有关，经济水平越低的区域，β_j 值越大。

由式(7-29)可以看出最佳分配值 G_i 与 α_i 成正比，α_i 越大，G_i 也越大，即“补偿”效应越多效益分配越多，这是符合常理判断的，因为弱势群体应分配给更多的效益才能称之为公平，满足建模时的“补偿”效应设想。

G_i 与 β_j 区域修正系数成反比，可通过反映交通项目的公平性参数 R 来解释：

$$R=1-\frac{S}{S_{\max}}$$

将 $S=-\beta_j\sum_{i=1}^{n}\frac{G_i(\ln G_i-\ln\alpha_i)}{\alpha_i}$ 以及 $S_{\max}=\ln(n\beta_j)$ 代入上式，则：

$$R=1-\frac{\beta_j}{\ln(n\beta_j)}\sum_{i=1}^{n}\frac{-G_i(\ln G_i-\ln\alpha_i)}{\alpha_i} \tag{7-30}$$

把不受 β_j 影响的 $\sum_{i=1}^{n}\frac{-G_i(\ln G_i-\ln\alpha_i)}{\alpha_i}$ 部分用参数 $K(>0)$ 替代，则：

$$R=1-K\frac{\beta_j}{\ln(n\beta_j)} \tag{7-31}$$

那么：

$$\begin{aligned}\frac{\partial R}{\partial\beta_j}&=-K\frac{\ln(n\beta_j)-\beta_j\frac{1}{n\beta_j}}{[\ln(n\beta_j)]^2}\\&=K\frac{\frac{1}{n}-\ln(n\beta_j)}{[\ln(n\beta_j)]^2}<0\end{aligned} \tag{7-32}$$

由于 $\ln n>\frac{1}{n}$，知道 $\frac{\partial R}{\partial\beta_j}<0$，即 β_j 增大将导致 R 值的减小，经济不发达区域的 β_j 值大而 R 值小，公平性越高，交通项目越容易被采纳，这样模型就能体现这种区域补偿的要求。

所以说，建立的数学模型能很好地体现弱势群体和不发达区域的效益“补偿”作用，接下来我们考虑模型对受益群体效益值的敏感度：

$$S=-\beta_j\sum_{i=1}^{n}\frac{G_i(\ln G_i-\ln\alpha_i)}{\alpha_i}$$

$$\begin{aligned}\Rightarrow\frac{\partial S}{\partial G_i}&=-\frac{\beta_j}{\alpha_i}\left(\ln G_i-\ln\alpha_i+G_i\frac{1}{G_i}\right)\\&=-\frac{\beta_j}{\alpha_i}(\ln G_i-\ln\alpha_i+1)\end{aligned} \tag{7-33}$$

$$\Rightarrow\frac{\partial^2 S}{\partial G_i^2}=-\frac{\beta_j}{\alpha_i}\cdot\frac{1}{G_i} \tag{7-34}$$

式(7-33)和式(7-34)分别表示熵 S 对效益费用比值 G_i 的一阶偏导和二阶偏导，可以看出 S 对 G_i 的敏感度不是很高，介于 G_i 和 G_i^2 之间，但是超过了 G_i 的增长速度，这是因为在 $\beta_j\sum_{i=1}^{n}\frac{1}{\alpha_i}G_i=1$ 的限制下，G_i 不光自身值增加还必然带动其他 G_K 值的减少，导致受益群体间的不均衡性加速增大，而超过 G_i 本身的变化。

第五节　环境影响评价——环评法的实施

进行社会基础设施建设等公共事业可能会带来公害或是对环境造成破坏。环境影响评价就是为了保护环境，避免给人民生活造成危害，在公共事业开始前，也就是规划阶段就要对其影响进行预测，并进行评价。

一、环境影响评价的涵义

环境影响评价是对包括建设项目、资源利用、区域开发、规划和立法等人类活动可能造成的对环境产生的物理性、化学性或生物性的作用，造成环境变化和对人类健康、社会发展或生活福利的可能影响，进行系统的分析和评估，并提出减少不利影响的对策措施。

环境影响评价可分为环境质量评价、环境影响预测评价和环境影响后评价。

二、国外环境影响评价制度的发展历程

环境影响评价是从源头防治环境破坏的重要手段。“环境影响评价”的概念最早产生于1964年。其目的是通过预测和评估拟议中的开发建设活动可能造成的环境影响和危害，有针对性地提出相应的防治措施。1969年，美国颁布《国家环境政策法》，标志了环境影响评价制度的创立。70年代，日本、德国、加拿大、印度等许多国家建立了环境影响评价制度。目前，全世界已有100多个国家推行建设项目环境影响评价制度，政策规划的环境影响评价也有了飞速发展。

三、我国环境影响评价制度的发展历程

我国于1972年就引入环境影响评价方法，并开展相关研究。1979年，《中华人民共和国环境保护法(试行)》颁布，首次明确了环境影响评价制度的法律地位。1981年，《基本建设项目环境保护管理办法》对建设项目环境影响评价制度作了具体规定。1986年，《建设项目环境保护管理办法》进一步明确了环境影响评价的有关内容、编制和审批程序。1996年，《关于环境保护若干问题的决定》提出环境影响评价应当从微观评价向中观、宏观评价发展。

1998年，国务院颁布《建设项目环境保护管理条例》，第二章为环境影响评价，第一次用国务院行政规章规范了环境影响评价，提出对建设项目实行分类管理，完善了申报、审批程序及法律责任。

2002年10月全国人大常委会通过《中华人民共和国环境影响评价法》，2003年9月1日执行。环境影响评价制度扩展为规划环境影响评价和建设项目环境影响评价两部分。其法律解释：本法所称环境影响评价，是指对规划和建设项目实施后可能造成的环境影响进行分析、预测和评估，提出预防或者减轻不良环境影响的对策和措施，进行跟踪监测的方法和制度。

在道路领域，1996年依据《中华人民共和国环境保护法》、《建设项目环境保护管理办法》和《交通建设项目环境保护管理办法》，制定了中华人民共和国行业标准《公路建设项目环境影响评价规范(试行)》(JTJ 005—96)，该规范适用于汽车专用公路及其他有特殊意义公路的新建、改建项目的环境影响评价。

四、《中华人民共和国环境影响评价法》

与具体的建设项目相比，政府的一些政策和规划，对环境影响的范围更广，历时更久，而且影响发生后更难改变。2002年10月，九届全国人大常委会第三十次会议通过的《中华人民共和国环境影响评价法》，在对建设项目进行环境影响评价的基础上，又推进一步，扩展到对政府规划也进行环境影响评价，即把可能产生环境影响的政府规划，包括土地利用、区域、流域、海域的建设和开发利用规划以及工业、农业、畜牧业、林业、能源、水利、交通、城市建设、旅游、自然资源等专项规划，也纳入了环境影响评价的范围，并确立了公众参与环境影响评价、专家参与审查监督的制度和程序。它把政府的规划行为也纳入到了法律规定的范围中，力求从决策的源头防止环境污染和生态破坏，从项目评价进入到战略评价，是我国环境立法最为重大的进展，标志着我国环境与资源立法进入了一个新阶段。

2003年9月1日《中华人民共和国环境影响评价法》开始施行，标志着环境影响评价在我

国得到了法律保护。立法宗旨是:①环境问题从源头抓起;②综合决策,共同把关;③实施可持续发展战略,促进经济、社会和环境的协调发展。

适用范围包括:①规划:政府拟定的、经济发展方面的、实施后对环境有影响的规划;②建设项目:在中华人民共和国领域或管辖的其他海域内建设对环境有影响的项目。

第六节　规划的调整

规划的调整,确切的说法应该是规划内容面临的各种利害关系的调整。很多相关书籍中把这个步骤当作一个数学或是经济学的方法来介绍,但实际上是一个与规划的相关主体对话的过程。

人类社会的价值观与时俱进,随着文明的进步不断地发生着变化,现在迎来了价值观多样化的时代。伴随着价值观的变化,以发展公共福利为目的的土木规划领域,客观地顺应时代的要求,在对公众履行说明责任方面做了很多工作。在对规划评价的过程中,前面讲过,要从不同的立场,也就是从不同规划主体的角度,进行全面的综合评价。而有时这些规划主体的利益是互相冲突的。这样就需要规划的制定或是主管人员从中进行调整。

当利益发生冲突时,采用有效的方法在相关主体之间进行利益的协调,取得一致的意见十分重要。这个过程叫做形成一致意见。在这个过程中,最为重要的步骤应该是与规划相关的信息公开。这样可以让居民以及使用者事先对规划有所了解,在保证公平性的同时使得在主体之间进行调整成为可能,最终形成一致意见。

在介绍公平性的部分,我们讲到保证公平性的一个重要部分就是公众参与(public involvement)。如果公众参与能够得到认真贯彻执行,调整的过程就很容易。也就是说调整的工作,在前面的阶段已经做了。

规划的信息对居民公开,把握居民对于规划的评价,并将其反映到规划中十分重要。这些需要与居民进行对话来实现。现在,公听会或是说明会已经变得越来越普及,有些已经受到了法律的保护。但是在我国的土木规划领域这样的做法还不够普遍。的确,市民的参与会使规划程序变得更加复杂,甚至烦琐。规划的制定方一般不愿意公开。其原因还有一些信息公开可能造成的问题,即:规划主体内部还没有形成一致意见的规划内容的公开会给评价主体带来混乱;中间阶段的公开可能会带来外部压力,影响规划主体内部自由的意见交换;公开可能会给特定的群体带来利益。

在考虑了形成一致意见的基础上进行综合评价时也有一些方法,其中博弈论是一种。

博弈论又被称为对策论(games theory),是研究具有斗争或竞争性质现象的理论和方法,它既是现代数学的一个新分支,也是运筹学的一个重要学科。

博弈论是指某个个人或是组织,面对一定的环境条件,在一定的规则约束下,依靠所掌握的信息,从各自选择的行为或是策略进行选择并加以实施,并从各自取得相应结果或收益的过程,在经济学上博弈论是个非常重要的理论概念。

博弈论的英文名为game theory,直译就是“游戏理论”。游戏则有输有赢,一方获胜则另一方必输,游戏的总成绩永远是零,因此也称“零和游戏”。之所以广受关注,主要是因为人们发现,在社会的方方面面都有与“零和游戏”类似的局面,土木规划的各个主体之间的关系也十分类似。

但20世纪人类在经历了两次世界大战、经济高速增长、科技进步、全球一体化以及日益严重的环境污染之后，"零和游戏"观念正逐渐被"双赢"观念所取代。人们开始认识到"利己"不一定要建立在"损人"的基础上。通过有效合作，皆大欢喜的结局是可能出现的，也就是所谓的"正和"。而双赢的概念也正是土木规划所一贯追求的目标，我们希望土木设施的建设能给人类带来福利的改善和生活品质的提高，同时希望土木设施的建设不会造成环境与生态的破坏，希望所有相关群体都从中获益。

从"零和"走向"正和"，要求各方要有真诚合作的精神和勇气，遵守游戏规则，否则，"双赢"的局面就不会出现。

博弈包含了以下要素①,[43]。

(1)局中人：在一场竞赛或博弈中，每一个有决策权的参与者成为一个局中人。只有两个局中人的博弈现象称为"两人博弈"，而多于两个局中人的博弈称为"多人博弈"。

(2)策略：一局博弈中，每个局中人都有选择实际可行的完整的行动方案，即方案不是某阶段的行动方案，而是指导整个行动的一个方案，一个局中人的一个可行的自始至终全局筹划的一个行动方案，称为这个局中人的一个策略。如果在一个博弈中局中人总共有有限个策略，则称为"有限博弈"，否则称为"无限博弈"。

(3)得失：一局博弈结局时的结果称为得失。每个局中人在一局博弈结束时的得失，不仅与该局中人自身所选择的策略有关，而且与全局中人所取定的一组策略有关。所以，一局博弈结束时每个局中人的"得失"是全体局中人所取定的一组策略的函数，通常称为支付(pay off)函数。

(4)博弈结果：对于博弈参与者来说，存在着博弈结果。

(5)博弈涉及均衡：均衡是平衡的意思，在经济学中，均衡意即相关量处于稳定值。在供求关系中，某一商品市场如果在某一价格下，想以此价格买此商品的人均能买到，而想卖的人均能卖出，此时我们就说，该商品的供求达到了均衡。所谓纳什均衡，它是一稳定的博弈结果。

博弈的类型可以分为以下几类。

(1)合作博弈：研究人们达成合作时如何分配合作得到的收益，即收益分配问题。

(2)非合作博弈：研究人们在利益相互影响的局势中如何选决策使自己的收益最大，即策略选择问题。

(3)完全信息博弈和不完全信息博弈：参与者对所有参与者的策略空间及策略组合下的支付函数有充分了解称为完全信息；反之，则称为不完全信息。

(4)静态博弈和动态博弈

静态博弈：指参与者同时采取行动，或者尽管有先后顺序，但后行动者不知道先行动者的策略。

动态博弈：指双方的行动有先后顺序并且后行动者可以知道先行动者的策略。

博弈论的研究方法和其他许多利用数学工具研究社会经济现象的学科一样，都是从复杂的现象中抽象出基本的元素，对这些元素构成的数学模型进行分析，而后逐步引入对其形势产影响的其他因素，从而分析其结果。

基于不同抽象水平，形成三种博弈表述方式，标准型、扩展型和特征函数型。利用这三种

① 主要根据参考文献[43]编写。

表述形式，可以研究形形色色的问题。因此，博弈论被称为“社会科学的数学”。从理论上讲，博弈论是研究理性的行动者相互作用的形式理论，而实际上正深入到经济学、政治学、社会学等，被各门社会科学所应用。

诺贝尔经济学奖获得者保罗·萨缪尔森曾经说过：要想在现代社会做个有价值的人，你就必须对博弈论有个大致的了解。在土木规划中期待着博弈论能够发挥更大的作用。

本讲参考文献

[1] 樗木武. 土木計画学. 東京：森北出版株式会社，2005.

[2] 卢锋. 经济学原理. 中国版. 北京：北京大学出版社，2002.

[3] Sanchez T, Stolz R, Ma J. Moving to equity: addressing inequitable effects of transportation policies on minorities. A Joint Report of the Civil Rights Project at Harvard University and the Center for Community Change, 2003.

[4] Center for Community Change. Transportation equity projects. 2004. http://www.transportationequity.org/index.shtml.

[5] Feitelson E. Introducing environmental equity dimensions into the sustainable transport discourse: issues and pitfalls. Transportation Research Part D, 2002, 7: 99-118.

[6] Lee D B. Methods for evaluation of transportation projects in the USA. Transport Policy, 2000, 7: 41-50.

[7] Vickerman R. Evaluation methodologies for transport projects in the United Kingdom. Transport Policy, 2000, 7: 7-16.

[8] Quinet E. Evaluation methodologies of transportation projects in France. Transport Policy, 2000, 7: 27-34.

[9] Rothengatter W. Evaluation of infrastructure investments in Germany. Transport Policy, 2000, 7: 17-25.

[10] Morisugi H. Evaluation methodologies of transportation projects in Japan. Transport Policy, 2000, 7: 35-40.

[11] Talvitie A. Evaluation of road projects and programs in developing countries. Transport Policy, 2000,7: 61-72.

[12] 厉以宁. 经济学的伦理问题. 北京：三联出版社，1996.

[13] 任志林. 罗尔斯和诺齐克正义论比较研究. 重庆：西南师范大学，2002.

[14] Rawls J. A theory of justice. Cambridge: Harvard University Press, 1971.

[15] Burris M, Hannay R L. Equity analysis of the Houston , TEXAS, quickride project. TRB 2003 Annual Meeting CD-ROM, 2002.

[16] PATS (Pricing Acceptability in the Transport Sector). European Union transport research fourth framework program. Urban Transport, 2000.

[17] Litman T. Evaluating transportation equity: guidance for incorporation distributional impacts. Canada: Victoria Transport Policy Institute, 2005.

[18] Almeida E, Haddad E, Hewings G. The transport-regional equity issue revisited. http://www.uiuc.edu/unit/real, 2004.

[19] Silva H, Tatam C. An empirical procedure for enhancing the impact of road invest-

ments. Transport Policy, 1996, 3: 201-211.

[20] Surface transportation policy project: transportation and social equity. http://www.transact.org, 2003.

[21] 王蒲生. 轿车交通的伦理问题——作为技术论理学的一个典型案例. 道德与文明, 2000, 3: 41-44.

[22] Richard N F. The economics of congestion. Transportation Journal, 1964, 3: 28-34.

[23] Yang H, Huang H J. Principle of marginal-cost pricing: how does it work in a general road network? Transportation Research Part A, 1998, 32: 45-54.

[24] Phang S Y, Rex S T. From manual to electronic road congestion pricing: the Singapore experience and experiment. Transportation Research Part E, 1997, 33: 97-106.

[25] Phang S Y, Rex S T. Road congestion pricing in Singapore: 1975 to 2003. Transportation Journal, 2004, 1: 16-25.

[26] Odeck J, Brathen S. Toll financing in Norway: the success, the failures and perpectives for the future. Transport Policy, 2002, 9: 253-260.

[27] Prianka N S, Malik R. Transportation infrastructure financing: evaluation of alternatives. Journal of Infrastructure Systems, 1997.

[28] Ison S. Local authority and academic attitudes to urban road pricing: a UK perspective. Transport Policy, 2000, 7: 269-277.

[29] Jose M Viegas. Making urban road pricing acceptable and effective: searching for quality and equity in urban mobility. Transport Policy, 2001, 8: 289-294.

[30] Winston H, Alan J K, Anna A. Overcoming public aversion to congestion pricing. Transportation Research Part A, 2001, 35: 87-105.

[31] Carol D, Stephen I. Survey probes attitudes to urban road pricing at local authority level. Traffic Engineering Control, 2000, 3: 102-113.

[32] Litman T. Social inclusion as a transport planning issue in Canada. Transport and Social Exclusion G7 Comparison Seminar, 2003.

[33] 郭伟和. 福利经济学. 北京:经济管理出版社,2001.

[34] 陈清明,陈启宁,徐建刚. 城市规划中的社会公平性问题浅析. 人文地理,2000,1: 39-43.

[35] 中国国际工程咨询公司. 世界银行、亚洲发展银行资助项目——中国投资项目社会评价指南. 北京:中国计划出版社,2004.

[36] 曾珍香,顾培亮,张闽. 可持续发展公平性问题研究. 中国人口资源与环境,1999,4: 5-10.

[37] 李春晖,李爱贞. 环境代际公平及其判别模型研究. 山东师大学报:自然科学版,2000,1: 62-64.

[38] 陆化普,王建伟,张鹏. 基于能源消耗的城市交通结构优化. 清华大学学报:自然科学版, 2004,44:383-386.

[39] Frost M, Linneker B, Spence N. Energy consumption implications of changing work-travel in London, Brimingham and Manchester. Transportation Research Part A, 1997, 31: 1-19.

[40] 杨朗,石京,陆化普. 道路设施项目投资公平性的评价方法. 清华大学学报:自然科学版,2005,45(9):1162-1165.
[41] 石京,杨朗,应习文,黄谦. 基于 Wilson 熵分布假设的交通公平性量化评价模型. 武汉理工大学学报:交通科学与工程版,2008,32(1):1-4.
[42] 张文泉,张世英,江立勤. 基于熵的决策评价模型及应用. 系统工程学报,1995,10(3).
[43] 肖条军. 博弈论及其应用. 上海:三联书店上海分店,2004.
[44] 杨博文. 社会系统工程概论. 北京:石油工业出版社,2008.
[45] 刘宁. 工程目标决策研究. 北京:中国水利水电出版社,2006.
[46] 陆化普,石京,李瑞敏. 城市交通规划案例集. 北京:清华大学出版社,2007.

第八讲　规划政策与规划环境①,[1-2]

第一节　我国土木规划的规划环境

一、土木规划环境的界定

规划环境的研究主要关注在什么条件下,某人或某单位能够做出怎样的决策。规划环境包括了规划主体、规划对象以及约束条件。具体说来,规划主体指各国的政府部门(包括中央政府和地方政府)。规划对象一方面包括各种社会公共基础设施,另一方面包括这些基础设施的使用者(例如各种交通方式的使用者)。约束条件包括:规划体制与市场条件(政府与市场的相互作用是影响基础设施规划政策的最重要的因素);资源条件(能够支配的社会资源,资金、融资方式等)、空间条件(可规划、可利用的物理空间范畴)、环境条件(规划要满足环境保护的要求)和技术条件(规划方面的规范、法规,从事规划工作的人员、专家等)。

规划环境的问题实际上是分析有哪些条件制约或有利于规划活动,有哪些资源可以利用的问题。

二、规划环境的必要性

特定的规划环境是特定的政策出台的前提和保障,决策是具有时间意义的行为,离开规划环境谈规划政策是没有意义的。同时,深入研究规划环境也为政策分析提供了一个方法,可以考量并评估某些政策是否合理或可行。

三、我国的规划环境分析

基础设施具有基础性、自然垄断性、公共产品性、外溢性等特征,历来被认为是政府最有理由干预的经济领域。事实上,基础设施规划只能是政府的职能,即使使用民间资本,也要由政府加以组织和引导。各国政府,特别是发展中国家的政府在基础设施规划中起着非常重要,甚至是主导作用。根据世界银行的研究报告,发展中国家的政府投资占基础设施全部投资的90%以上。在我国,政府几乎承担着所有基础设施的提供任务。从基础设施的规划设计、筹资,到建设、运营和维护,政府几乎垄断了全部基础设施的发展。研究规划环境与规划政策,离不开对政府职能的考量。

(一)政府与市场

1.政府与市场的调控特点

市场机制是最有效的经济运行机制,它以价值规律为轴心,以利益最大化为动力诱导生产

① 本章主要根据参考文献[1-2]编写。

者和消费者进行竞争,优胜劣汰的竞争规律最有效率地保障了各种资源的合理利用。但市场机制并不能解决全部的经济问题,它对公共产品、外部性、公平分配、失业、通货膨胀和经济稳定等经济中的重大问题是无能为力的,由此而产生了政府干预经济活动的必要性。

政府作为超越任何微观经济组织和个人的权利机构,在协调微观经济主体行为和解决多个微观主体面临的问题方面具有权威性优势。在没有受到个别微观组织控制、影响的情况下,政府通过自身的权利能够强制地获取信息制定宏观计划,强制地获取收入进行投资和转移支付,从而达到协调各微观组织行为、公平收入分配、提供公共产品等弥补市场缺陷的目的。但信息不足与信息陈旧以及政府利益与公共利益的矛盾也常常导致政府失灵。

2. 利用公共产品理论分析土木规划中政府所扮演的角色

(1)公共产品的定义及其分类

保罗·萨缪尔森(P. A. Samuelson)给出了公共产品的经典定义,他把公共产品定义为每个人对这种产品的消费都不会导致其他人对该产品消费减少的产品。

公共产品与私人产品的区别在于消费上具有非竞争性与非排他性,严格地讲,只有同时具有非竞争性与非排他性两种特征的产品才是公共产品,但是在实际中,学者们根据公共产品非竞争性与非排他性程度不同将公共产品分为两大类:第一类,纯公共产品,是指在消费上具有完全的非竞争性和完全的非排他性的产品,较典型的是国防、法律法规、灯塔、港口等;第二类,准公共产品,是指在消费上具有有限非竞争性和非排他性的产品。准公共产品又分为两类:一类是与规模经济有联系的产品,称之为自然垄断型公共产品,还有一类是优效型公共产品(merit goods),即那些不论人们的收入水平如何都应该消费或得到的公共产品。准公共产品的这两类产品有一个共同的特点,即它们具有“拥挤性”,也就是当这类产品的消费达到一定程度的时候,就会显得十分拥挤,如公路、铁路等交通基础设施。鉴于这一点,有学者称之为“有限的公共产品”或“俱乐部经济理论”,该理论认为,消费同一社区的公共产品的消费者为同一俱乐部的“成员”,其中,每个成员对与该俱乐部范围内的既定数量与质量的公共产品消费的效用都是其他成员消费该公共产品的减函数,即消费该公共产品的其他成员越多,该成员的消费效用越小。

(2)公共产品的供给理论

公共产品消费上的非竞争性与非排他性给公共产品带来了一个重要特点:外部性。外部性导致市场无法提供足够的公共产品,因此 2001 年诺贝尔经济学奖获得者斯蒂格利兹说“政府是否应该提供公共产品,这似乎已没有什么疑问”。但是不是所有的公共产品都应当由政府来提供呢?公共经济学理论认为这是不可能也是不合理的,因为:①政府的能力总是有限的,政府能力的有限性反映在其财政收入规模的有限性,如果某一种公共产品提供多了,必然导致另外的公共产品提供数量减少;②由政府提供所有公共产品既会损害公平,也会损害效率,公共产品的公共性程度存在着很大的差别,如果政府将所有这些公共产品都纳入其供应范围,会造成不公平和低效率;③政府提供公共产品的范围界定不清,某些准公共产品的实际消费过程具有强烈的私人产品性质,所以,如果政府免费提供这些产品,人们就可能过度消费该产品。政府提供私人产品一般是处于下述两种目的:一是为了限制产品的使用量,二是为了实现社会公平的目的。一般说来,政府提供的私人产品总是那些额外使用会导致很大的边际成本的私人消费品,这样政府可以达到限制消费量,增加社会福利的目的[3]。政府为多供一些人消费所花费的边际成本很大。这是一种不合理的资源配置方式,通常的做法是引入市场机制,让私人部门参与投资或以私人部门投资为主。

目前较为统一的观点是，公共产品供给的核心问题是共同消费要求联合资助：大部分公共产品的生产由消费者联合承担。因为从供给主体看，政府只是市场的替代之一，除此之外还有多种选择。市场制度无法提供质量和数量都令人满意的公共产品的根源在于私人利益与公共产品的矛盾。作为私人对立面的，是集体，而政府只是代表集体的一种形式。因此，要提供众多的公共产品，必须求助一定形式的集体行动，而集体行动的方式是丰富多彩的。具体来说，在融资方式多元化的情况下，供给主体的选择空间扩大，除了政府，还有私人、社区、各种合作部门等，也即那些主要按照市场经济原则建立起来的“俱乐部”性质的机构，通过赋予他们相关权利来承担这种公共产品的供给。

(3)建立多层次基础设施体系(仅考察交通基础设施)

从支撑经济的意义上，交通基础设施是先行地、直接地支撑整个国民经济的物质基础，是国家所拥有的或能控制的且需要先行由政府有效供给的、对社会经济效益起着基础作用的重要的公共资源。交通基础设施本来应该是为社会经济发展先行提供的基础性的公共产品，由于引入市场运行机制，它又会成为准公共产品、混合产品，但仍旧没有失去公共产品的基本特性。

所谓多层次基础设施体系是基于现代社会经济条件下，根据产品不同程度的公共特性，将基础设施体系划分为若干个层次，以明确政府与市场机制的功能发挥，并促进基础设施体系投融资体制的转变。基于世界银行的研究成果，可以对我国多层次基础设施体系的层次、内容以及相应的投融资特征，归纳如表 8-1 所示。

我国多层次基础设施体系的层次、内容以及相应的投融资特征 表 8-1

<table>
<tr><th colspan="2">部门和子部门</th><th colspan="2">竞争潜力</th><th>商品或服务的特点</th><th>向用户收费补偿的可能性</th><th>公共服务的责任(公平角度考虑)</th><th>环境外部性</th><th>市场化指数</th></tr>
<tr><td rowspan="9">交通运输</td><td rowspan="2">铁路</td><td>铁路路基与火车站</td><td>低</td><td>俱乐部产品性质(准公共产品)</td><td>高</td><td>中等</td><td>中等</td><td>2.0</td></tr>
<tr><td>铁路货运与客运服务</td><td>高</td><td>私人产品性质</td><td>高</td><td>中等</td><td>中等</td><td>2.6</td></tr>
<tr><td rowspan="3">城市交通</td><td>城市公交</td><td>高</td><td>私人产品性质</td><td>高</td><td>中等</td><td>低</td><td>2.4</td></tr>
<tr><td>城市地铁</td><td>高</td><td>私人产品性质</td><td>中等</td><td>中等</td><td>中等</td><td>2.4</td></tr>
<tr><td>城市道路(非收费道路)</td><td>低</td><td>公共产品性质</td><td>中等</td><td>很少</td><td>高</td><td>1.8</td></tr>
<tr><td rowspan="2">公路</td><td>一级公路、高速公路等收费道路</td><td>中等</td><td>俱乐部产品性质(准公共产品)</td><td>中等</td><td>很少</td><td>低</td><td>2.4</td></tr>
<tr><td>二级以下公路、农村公路</td><td>低</td><td>公共产品性质</td><td>低</td><td>很多</td><td>高</td><td>1.0</td></tr>
<tr><td rowspan="2">航空水运</td><td>港口与机场设施</td><td>低</td><td>俱乐部产品性质(准公共产品)</td><td>高</td><td>很少</td><td>高</td><td>2.0</td></tr>
<tr><td>港口与机场服务</td><td>高</td><td>私人产品性质</td><td>高</td><td>很少</td><td>高</td><td>2.6</td></tr>
</table>

注：市场化指数是指各种设施的商品化程度：1.0 表示不适宜在市场出售，2.0 表示基本适宜在市场出售，3.0 表示最适宜在市场出售。

(4)基于多层次基础设施体系建设的政府职能

根据上述分析，对于纯公共产品和部分准公共产品性质的基础设施的提供可作为中央和地方政府财政支出的重要组成部分，而对于部分准公共产品性质的，特别是俱乐部型的基础设施，充分发挥市场机制，积极引入私人资本很重要，政府在这其中的作用依然巨大，但其功能的定位已经不同于纯公共产品中的情形，相应的公共财政制度与政策安排也将转换。

3. 我国基础设施领域市场与政府共同参与的现状

从表 8-2 可以看到，公路领域的市场引入力度是相当大的，对于国内贷款以及地方自筹资金的使用相当充分；相比之下，铁路较多地依靠铁道部的专项资金，是市场准入条件最高，垄断性最强的领域；民航领域超过三分之一利用地方自筹资金，这是因为很多地方政府认为建设机场对于拉动当地经济意义重大；水运领域主要的资金来源为企事业单位资金，一定程度上反映了我国水运领域经营权下放的现状。这些数据也反映出我国交通基础设施领域不同分支之间的运行、管理都存在很大差异，各部门之间缺乏统一管制的局面。

1998～2003 年交通投资来源结构(单位：%)　　表 8-2

交通投资	公路	铁路	水运	航空
国家预算内投资	5.6	8	2	1
专项资金	9	36	9	26
国内贷款	39	25	20	21
利用外资	3	3	5	7
地方自筹资金	33	8	13	35
企事业单位资金	—	—	41	—
国债	—	3	—	3

注：①数据来源于参考文献[4]；

②公路及水运数值根据固定资产投资额计算，航空及铁路根据基本建设投资额计算，数据来源于历年《从统计看民航》、《交通统计资料汇编》及《铁路统计资料汇编》中的统计数据；

③由于部分数据难以查到而缺失，对某一种类型的各项投资所占百分比不一定是 100%，而是小于 100%。

我国重大基础设施项目的建设资金来源经历了以下变化过程：财政资金—政府性投资公司资金—外国企业资金—国有企业资金—民营企业资金—社会个人投资者资金。前面的成分逐渐减少，后面的成分逐渐增加。

我国重大交通设施项目的运作方式经历了一个市场化程度不断提高的过程：政府建设、政府经营—政府建设、非政府经营—非政府建设、非政府经营。这里前面的模式并未被后面的模式所取代，而是逐渐多元的过程。

我国重大交通设施项目的融资方式经历了如下变化过程：财政出资—银行贷款间接融资—资本市场直接融资。这里不表示前者完全转变为后者，而是表示融资手段逐步多元，融资成本逐步降低的趋势。尤其要指出的是，尽管有了多种资本市场直接融资的手段，银行贷款仍然是目前重大基础设施项目的最主要融资方式。

下面利用四个案例考察我国交通基础设施领域政府与市场的参与情况[5-6]。

[案例 1]　上海南浦大桥工程

南浦大桥于 1988 年 12 月 15 日动工，1991 年 12 月 1 日建成通车，是 1991 年上海市政府“头号工程”。

大桥累计投资 8.18 亿元人民币，由久事公司和上海城市建设基金会共同投资。工程利用亚洲开发银行贷款 7 000 万美元，并有数家国际商业银行为该项目提供了联合贷款，其余部分来源于政府城建资金。

南浦大桥工程是中国第一个亚行贷款项目。大桥计划通过收取车辆过桥费还款并取得利润。

主要特点：利用外国银行贷款，间接融资，存在还本付息压力。

[案例 2] 南浦大桥、杨浦大桥、打浦路隧道、徐浦大桥经营权转让

南浦大桥和杨浦大桥建设总投资分别为 8.2 亿元和 13.3 亿元，两座桥分别于 1991 年 12 月和 1993 年 10 月建成通车。1995 年以前，两桥由建设投资方久事公司和城投公司共同经营、收益。1994 年底，两家国有投资公司将两座大桥连同政府投资建设的打浦路隧道 20 年经营权 45％的股份一起转让给香港中信泰富集团，成立合资项目公司"浦江隧桥"，合同期限自 1995 年 1 月至 2014 年 12 月。转让两座大桥、一条隧道共回收城建资金 24 亿元，用于随后开始的徐浦大桥项目。总投资 20.5 亿元的徐浦大桥建成后也归入"浦江隧桥"名下，中信泰富集团占 45％股份，20 年收益权。

主要特点：政府建设，然后移交外资公司，是典型的 TOT 模式，效率不高。

[案例 3] 泉州刺桐大桥项目

刺桐大桥位于福州厦门的 324 国道上，其建设规模为福建省特大型公路桥梁之一，被列为福建省的重点建设项目。总投资 2.5 亿人民币，是我国第一例利用民营资本、采用 BOT 投资方式建设的基础设施项目。1995 年 5 月 18 日正式开工，1996 年 11 月 18 日竣工试通车，工期仅 18 个月，比原计划三年的工期提前一年半。

泉州刺桐大桥的建设采用的是公司型合资结构，四家公司（其中一家民营公司和三家国有企业）于 1994 年 5 月 28 日以 60∶15∶15∶10 的比例出资注册成立泉州刺桐大桥投资开发有限公司，注册资金 6 000 万元一次性到位。项目投资者在合资协议的基础上组成了四方代表参加的最高管理决策机构董事会，董事会拥有成员七名，名额按出资比例分配，名流实业股份有限公司占了四席。董事会负责项目的建设、资本注入、生产预算的审批和经营管理等一系列重大决策。

刺桐大桥的资金结构包括股本资金和债务资金两种形式。项目的四位直接投资者在 BOT 模式中所选择的融资模式是由项目投资者直接安排项目的融资，并且项目投资者直接承担起融资安排中相应的责任和义务。这是一种比较简单的项目融资模式。大桥运营后的收入所得，根据与贷款银行之间的现金流量管理协议进入贷款银行监控账户。并按照资金使用优先顺序的原则进行分配，即先支付工程照常运行所发生的资本开支、管理费用，然后按计划偿还债务，盈余资金按投资比例进行分配。

主要特点：BOT 作为基础设施项目融资较为普遍采用的一种方式，具有以下优点：

第一，使急需建设而政府一时无力投资的基础设施项目得以提前建成，提前发挥经济和社会效益；

第二，建设资金来源于外商或民间企业，减少了政府的财政负担和财务风险；

第三，有关贷款机构对外商或民间企业的贷款要求比对政府来得严格，有利于更好地控制项目风险；

第四，外商或民间企业为获得更多收益，必然强化项目管理，有利于控制成本和提高效率。

[案例 4] 磁悬浮列车计划

2003 年 1 月建成通车的上海磁悬浮列车工程是世界上第一条投入商业运营的磁悬浮列车交通线，由上海申通集团有限公司、上海汽车工业总公司等 8 家企业共同组成的注册资本 30 亿元的磁悬浮交通发展有限公司承担，项目总投资 89 亿元，有 1.88 亿元以信托方式筹得。

2002 年 9 月 8 日，上海国际信托投资有限公司推出"上海磁悬浮交通项目股权受益权投资计划"，这是国内第一个股权信托计划。信托资金总规模 1.88 亿元人民币，个人认购起点 5 万元，以万元增加，期限 18 个月，预期年收益率为 3.80％，项目收益将主要来源于以下三个方

面：一是线路的营运收入；二是沿线的土地开发；三是当项目正式投入商业运营后，如果股权收益率低于6%时，市政府将给予一定的财政补贴。

该项目受到市民热烈欢迎，1.88亿元总发售量在1小时内售完。

主要特点：在有效调动了社会零散资本的同时，分散了筹资人自身的风险。向社会公开发行信托凭证的筹资方式，一方面作为直接向市场融资的方式，融资成本较低，另一方面将项目公司的财务风险分散至大量的信托认购者。而多方委托贷款一方面分散了风险，另一方面借款人所需支付利率低于银行贷款利率，也有利于节约成本。同时，两者均无须政府财政担保，政府没有风险。

基础设施项目公司上市筹资和发行企业债券筹资也已在上海等一些大城市建设中得到运用。由于城市基础设施项目具有一定自然垄断性，收益稳定，风险较低，因而随着我国金融市场的完善和市民投资理财意识的增强，类似的融资方式有望更多地用于基础设施建设领域。

4.政府的角色

《1997年世界发展报告：变革世界中的政府》提出要重新思考关于政府的基本问题："它的角色是什么？它能或不能做什么？以及它如何能做得最好？"政府角色问题之所以重要，是因为"没有一个有效的政府，无论是经济还是社会的可持续发展都是不可能的"。在我国推动土木规划的进程中，政府应该扮演好以下几个方面的角色。

(1)全局意义上的规划者与领导者

土木规划的最基本思想就是系统工程的思想，能够把全社会的基础设施当作一个系统来考虑和规划，只有政府才能做到。只有通过行政手段，才能打破我国目前各类基础设施相对独立的局面，才能站在社会进步与经济发展的立场上来统一进行社会公共基础设施的规划。一般来说，政府要做好全局意义上的规划者与领导者，应该做好以下几个方面的工作。

①基础设施的发展必须与经济发展水平相适应并适当超前。从总量上看，基础设施的发展不能落后于经济发展的需要，但同时也应注意基础设施的永久属性，基础设施一旦建成，将为社会服务相当长的一段时间，而且基础设施的重建相当困难，基础设施的不足将成为经济发展的瓶颈。政府应根据经济发展的水平与发展的走势科学地制定基础设施的中长期规划，消除市场的盲目性，提高基础设施的投资效率。

②基础设施必须统筹规划，协调发展，注意贯穿土木规划的思想。以交通基础设施为例，应该认识到各类交通方式要交织成为一个网络，才能更好地为经济发展服务，单一的对某一类基础设施进行规划，不能达到网络的最优效果，也有可能造成各类基础设施功能重叠，造成资源浪费。另外由于基础设施具有较强的外溢性，投资额巨大，沉淀资本又多，对生态环境的影响力强，特别是随着我国基础设施市场化进程的向前推进，随着企业、个人、外资等进入基础设施投资领域，基础设施的投资主体开始呈现多元化，政府必须统筹规划基础设施，才能避免重复建设造成的资源浪费和环境破坏。

③按一定的顺序发展基础设施。基础设施能否对经济发展发挥现行资本的基础性作用，不仅在于基础设施的总投资水平高低，而且在于认识并遵循不同基础设施的发展顺序也是保证为经济发展成功地提供基础设施的决定因素。基础设施是一个外延较大的概念，包括的种类较多，不同种类的基础设施在经济发展的不同阶段所起的作用是不同的。政府应根据经济水平不同的发展阶段和不同地区的经济水平差异，优先发展最需要的基础设施，同时考虑到在未来时期内的优先顺序。

④创造优越的土木规划的规划环境。政府应注意根据经济发展的需要，改革规划机制与

机构，科学有效地推动土木规划进程；同时应注意营造良好的投融资环境，制造激励机制，鼓励基础设施投资多元化，大力发展社会公共基础设施。

(2)游戏规则的制定者与监管者

政府作为土木规划的有效监管者，实质上是对于市场机制的运行进行监督和管制。政府监督的目的是通过完善法律法规实现的，必须承认市场机制的运行存在一定的规律，但大规模的基础设施的提供不能依赖市场机制本身。政府需要根据国家经济发展对于社会公共基础设施的需求，制定相应的政策、法规、法律来限制、引导市场活动。法律的稳定性、普遍性是土木规划得以顺利推行的重要保障，用于统筹规划，规范秩序，保障各规划主体、建设单位和使用者的权益。我国的基础设施法律领域的现状令人担忧，更没有出台一部系统描述整个社会公共基础设施领域的法律，加强法制建设，完善规划环境是我国走土木规划道路的必备条件。但同时应注意完善立法绝不能一味抄袭发达国家的经验，可行、高效的立法应建立在对国情的充分了解与实事求是的基础上。政府管制是指由政府机构制定并执行的直接干预市场配置机制或间接改革企业和消费者供需决策的一般规则或特殊行为，它是政府干预经济的方式之一。政府管制对于基础设施领域是非常必要的，尤其是对于基础设施生产和供给的市场化运作方式。“在任何情况下，民营化的基础设施特许权都需要有效的政府规制”。这是因为一方面基础设施是自然垄断产业，自然垄断产业存在规模经济，一家企业垄断经营，就容易形成垄断价格，给消费者带来损失；同时相同的企业会因为这家垄断企业高额利润的吸引，进入产业与之竞争，这样就与规模经济相矛盾，造成生产成本的提高。这就要求政府管制，以保证适度竞争，防止过度竞争造成的损失。另一方面，对于具有外部性的基础设施，政府管制的必要性在于外部性不能通过市场机制形成收益获取和成本补偿机制。科斯①(R. H. Coase)认为这是由以下两个原因造成的：一是缺乏明确界定的产权，二是存在交易成本。政府管制的作用在于明确产权和削减交易成本。

(3)具体规划中的合作者和支持者

在宏观上，政府应注意把握全局，作为领导者与监管者有力控制国家社会公共基础设施的投放与供应；在微观意义的规划领域，如某地区高速公路网规划中，政府应与民间建立公私伙伴关系，形成亲善市场的、协调增效的公共事务的良好治理状态。在这一微观层面上，政府与企业或社会组织的关系不再是控制与被控制关系、领导与被领导关系，而是合同关系和平等伙伴关系，它们共同分担风险、责任和回报。政府应扮演合作者和支持者的角色。

①政策支持

首先，遵循土木规划的思想，规划直到具体的基础设施被建设完成以后才能视为“结束”。政府不仅要负责制订规划方案，更要努力帮助实现规划。政府应积极推动在基础设施领域中引入市场机制，对原来的基础设施管理体制作重大改革，建立新的游戏规则，培植新的市场主体，实现以上这些目标都需要政府的政策支持和引导。

其次，我国基础设施市场化的实质是民间资本的“基础设施化”，如何更有效地激励民营企业、吸引民间资本，就需要政府制定公平、合理、开放的市场准入政策和投资政策，通过建立一套明智的政策框架，来阐明国家的发展战略、近期的发展目标、重点进行的建设项目，为投资者形成一个稳定的预期，提供一个适宜的政策环境。

②制度支持

---

① 罗纳德·哈里·科斯(Ronald H. Coase)——新制度经济学的鼻祖，1991年诺贝尔经济学奖的获得者。

根据基础设施发展的需要，消除政府对基础设施产业不必要的干预，扩大市场机制作用的范围，是营造良好土木规划环境进程中需要着力解决的问题，但这并不意味着政府的简单退出。政府作为基础设施管理体制创新的主体，应该为基础设施市场化的健康发展提供制度支持。因为“制度”是通过一种机制而建立的社会秩序，相对于政策来讲它是更加稳定和持久的游戏规则。主要内容包括以下几个方面。

首先，稳定的经济环境和自由市场经济体制。基础设施市场化之所以在最早发生和成熟于发达国家，是因为发达国家的市场经济体制较完善，有良好的投资环境，竞争的过程和程序有市场游戏规则的保证。

其次，一个稳定的政治环境。基础设施建设关系到国计民生，投资和建设的周期长。例如特许权是一国政府与民间的协定，为了降低投资的风险，必须保证政治环境的稳定。

最后，完善的资本市场运行规则和准则。包括市场准入制度、信息披露的动态监控和事后检查制度、招投标制度等。以市场准入制度为例，它是关于市场主体和交易对象进入市场的有关准则和法规，是政府对市场管理和经济发展的一种制度安排。具体通过政府有关部门对市场主体的登记、发放许可证、执照等方式来实现。市场准入制度制定得合理与否直接关系到市场主体的进入门槛和成本，从而影响着基础设施市场化的发展。因此，政府提供合理的制度支持是非常必要的。

（二）规划体制的现状（以交通基础设施领域为例）

1. 规划部门

中国现行的交通管理体制是在计划经济条件下形成的分散管理模式，即按运输方式从中央到地方政府分别设立若干交通主管部门，分别对各种运输方式实行条条管理。

对我国交通基础设施规划的管理部门情况整理如表 8-3[7]。

2008 年 3 月前我国交通基础设施规划的管理部门现状① 表 8-3

基础设施类型	管理部门	规划职责
铁路	铁道部	拟定铁路发展方针政策、对各类铁路协调监督，组织铁路网规划。国家的铁路网规划由铁道部起草，国务院讨论审批
公路	中央政府设交通部；省、自治区、直辖市人民政府内设交通厅(局)	公路网规划分别按国家、省(自治区、直辖市)、地(市)、县行政区划，由各级交通主管部门负责组织编制。交通部负责拟定公路建设和道路运输的行业政策、规章和技术标准；编制国道主干线、国道网规划。地方政府公路运输管理机构负责拟订公路客货运输场(站)建设计划；编制相应等级的公路规划
水路	交通部，交通部设三个航务管理局；各省交通厅设航港管理局	交通部负责拟定水运基础设施建设的规划，水路运输的行业政策、规章和技术标准；负责水运基础设施建设相关项目的管理
民用航空	中国民航总局与地区管理局	制定民航空管系统的需求和发展战略；编制民航空管系统中长期发展规划与年度建设计划。全国民用机场的布局和建设规划，由国务院民用航空主管部门会同国务院其他有关部门制定，并按照国家规定的程序，经批准后组织实施
管道运输	国家发展与改革委员会	负责对管道运输有关行业规划、行业政策进行归口管理
城市道路/地铁	建设部与各地方政府	建设部拟定方针政策；各地方政府针对地区情况规划城市道路与地铁建设，并筹集建设资金

① 2008 年 3 月 23 日，新组建的交通运输部正式挂牌。新组建的交通运输部整合了原交通部、原中国民用航空总局的职责以及原建设部的指导城市客运职责，并负责管理国家邮政局和新组建的国家民用航空局。交通运输部的主要职责是拟订并组织实施公路、水路、民航行业规划、政策和标准，承担涉及综合运输体系的规划协调工作，促进各种运输方式相互衔接等。

对于规划体制的研究帮助我们发现我国的基础设施规划存在一个根本性的问题，即“系统”的思想并未被贯彻，各个规划部门各司其职，仅仅是在交通运输领域，也有多家政府部门负责规划，在规划时缺乏统筹的考虑。

目前，国家发展与改革委员会下设交通运输司，统筹负责综合交通运输体系的规划，但最后针对具体某一种类型的交通基础设施规划依然要落实到交通运输部、铁道部等各部委，因此对于综合规划的影响较小。这是因为政府并未明确国家发展与改革委员会的权利，而仅仅是有利用该机构来进行综合规划的趋向。

2008 年 3 月交通运输部成立，整合了原交通部、原中国民用航空总局的职责以及原建设部的指导城市客运职责，并负责管理国家邮政局和新组建的国家民用航空局。虽然在现阶段铁道部还没有被整合，可以看到体制改革已经向前迈进了一大步。

2. 政企分开

改革开放以来，为了建立社会主义市场经济体制，政府逐渐开始按照市场经济的要求，转变政府职能，推行政企分开，这样既使原有基础设施运营企业成为独立的市场主体成为可能，也使政府提供公平的市场、竞争环境成为可能。1984 年，根据《中共中央关于经济体制改革的决定》，交通部率先对交通体制进行了改革，提出了“转变职能、政企分开、下放权力”的改革原则和要求。

民航方面，国家民航总局早在 1985 年就开始了政企分开的试点工作，到 1992 年完全实现了从民航总局到下面企业的政企分开。民航总局和各地区管理局作为国家管理民航事业的政府机构，均不再直接进行企业经营活动，只行使行业管理职能，主要是制定标准、制度、规章，搞好协调服务。目前已有十多家骨干企业与地方合资成立了有限责任公司。南方航空公司的股票已被批准在美国和国内上市，海南省已率先成立了海南机场股份有限责任公司。深圳、厦门和上海虹桥机场则先后在深交所、上交所上市。

铁路方面，当前中国铁路管理体制正酝酿重大改革，预计用 10 年左右的时间，对全路进行“网运分离”的改造，把具有自然垄断性的国家铁路网基础设施管理与具有竞争性的铁路客货运输经营分开；全国铁路将组建成若干客运公司、货运公司和一家路网公司；客、货运公司将成为使用路网进行运输经营的完全独立的市场个体。政府铁路主管部门的职能转向宏观管理和行业管理，不再干预铁路企业的日常经营活动。

在其他交通基础设施领域，“政企分开”改革都在以不同的方式进行着，以便更好地服务于市场机制。“政企分开”的体制改革是符合土木规划思想的，未来的“网运分离”中的“网”将是综合交通网，成为土木规划的对象，国家设立相关部门对这个综合运输网进行规划和控制；而现有各相关部门如铁道部、交通运输部、住房和城乡建设部保留对于“运”的管理，而对于“网”的权利将会转移到相应的专门的规划部门。这样，与社会公共基础设施(至少是交通基础设施)相关的主体至少有三方，即网络的规划者与建设者，网络的管理者与网络的使用者。各方权利明确，相互制约，社会公共基础设施的投放效率也就提高了。

(三)规划法律法规的现状(以交通运输领域为例)

“十五”期间，我国交通法制建设实现历史性突破，《港口法》、《道路运输条例》、《收费公路管理条例》、《国际海运条例》等法律法规先后颁布实施。制定和修订 54 件部颁规章，精简 48%的行政审批项目，清理废止 247 件部颁规章。

公路领域的法制法规建设开始得比较早，相对于其他交通运输领域也发展地比较完善。从可查到的最早的法规开始，我国颁布了以下的重要法律法规。这些法律法规在一定程度上确定了公路建设的资金来源与筹资部门，并在一定程度上反映了我国公路基础设施建设的政策变化。

1939 年《公路征收汽车养路费规则》；

1950 年 7 月《公路养路费征收暂行办法(修正草案)》；

1953 年《公路养路费征收暂行办法》；

1960 年《公路养路费征收和使用的暂行规定》；

1979 年《公路养路费征收和使用的规定》；

1987 年《中华人民共和国公路管理条例》；

1990 年《公路网规划编制方法》；

1997 年 7 月 3 日《中华人民共和国公路法》(根据 1999 年 10 月 31 日第九届全国人民代表大会常务委员会第十二次会议《关于修改〈中华人民共和国公路法〉的决定》修正；根据 2004 年 8 月 28 日中华人民共和国主席令第十九号发布的《关于修改〈中华人民共和国公路法〉的决定》将本文修正）。

公路领域法律法规有很大一部分是围绕“养路费”展开讨论的。养路费一直是我国公路建设资金的重要来源。关于公路养路费的沿革和交通税费改革的情况是，1996 年以前公路养路费作为预算外资金管理，实行“统收统支、收支两条线”[8]。早在 1950 年，原政务院就制定了“用路者养路”的政策，对汽车、拖拉机征收公路养路费，同年交通部颁发了《公路养路费征收暂行办法》；1987 年国务院发布的《中华人民共和国公路管理条例》第 18 条规定：“拥有车辆的单位和个人，必须按照国家规定，向公路养护部门缴纳养路费”；1991 年原交通部、财政部、原国家计委、原国家物价局联合发布了《公路养路费征收管理规定》；从 1996 年起，根据《国务院关于加强预算外资金管理的决定》，公路养路费纳入地方财政预算管理，即收入应当由地方交通主管部门全部上缴地方国库，支出通过地方财政预算安排，实行专款专用。1997 年全国人大常委会审议通过的《中华人民共和国公路法》第 36 条规定：“公路养路费用采取征收燃油附加费的办法”，“燃油附加费征收办法施行前，仍实行现行的公路养路费征收办法”。1999 年全国人大常委会对《中华人民共和国公路法》作了修改，将第 36 条修改为：“国家采用依法征税的办法筹集公路养护资金，具体实施办法和步骤由国务院规定”。这些修改实际上体现了我国进行税费改革的政策走向，但引起了社会上的一些讨论。于是根据《中华人民共和国公路法》的规定，国务院有关部门共同制定了《交通和车辆税费改革实施方案》，2000 年 10 月经国务院批准后发布。《交通和车辆税费改革实施方案》规定：“在车辆购置税、燃油税出台前，各地区和有关部门要继续加强车辆购置附加费、养路费等国家规定的有关政府性基金和行政事业性收费的征管工作，确保各项收入的足额征缴”。交通税费改革是依《中华人民共和国公路法》的授权，由国务院决定分步骤进行的，在燃油税没有出台前，各地仍按照现行规定征收公路养路费等交通规费，是符合法律规定的。

同时，为加强农村公路的管理和养护，确保公路完好畅通，2005 年《国务院办公厅关于印发农村公路管理养护体制改革方案的通知》明确规定，公路养路费(包括汽车养路费、拖拉机养路费和摩托车养路费)应主要用于公路养护，首先保证公路达到规定的养护质量标准，并确保一定比例用于农村公路养护，如有节余，再安排公路建设。

从实际使用的情况看，自 2003 年以来，全国每年征收的公路养路费中，用于公路日常养护、小修保养、大中修和改建工程的费用比例约占 45％；用于公路新建项目补助的公路建设费用约占 15.5％；用于农村公路养护和建设补助的费用约占 15％；用于生产设施费、科研教育费、路政管理费、路况及交通量调查费等的公路养护事业费约占15%；用于职工劳动保险、退休离休人员费等其他支出约占4%；地方财政安排用于交警经费约占2.5%；按照国务院规定划入地方水利建设基金约占3%。

在规划方法方面，1990年出台的《公路网规划编制办法》详细地规定了公路网规划的流程与格式，规划中需要考虑各方面问题，但是这种规划方法依然停留在传统的规划意义上，以方案的最终出台为目标，但是其意义在于使规划过程标准化，有利于提高规划的科学性。目前，交通运输部有关部门正在修编该规划办法，新的版本将会出台。

铁路领域，仅有一部法律，就是1990年9月7日第七届全国人民代表大会常务委员会第十五次会议通过的《中华人民共和国铁路法》。但这部法律中并未涉及任何规划问题，再一次暴露出我国铁路的高度垄断性；铁路领域另有四部行政法规，分别为《铁路运输安全保护条例》(国务院第430号令)、《铁路军运暂行条例》、《铁路留用土地办法》以及《铁路运输安全保护条例》，也均未涉及规划方面；但值得注意的是，国务院分别于1992年8月11日和2000年10月11日颁布了《国务院批转国家计委、铁道部关于发展中央和地方合资建设铁路意见的通知》和《国务院关于进一步推进全国绿色通道建设的通知》两部法规性文件，对规划的资金来源问题做出了部分规定与指导意见。

民航领域，1995年10月30日第八届全国人民代表大会常务委员会第十六次会议通过《中华人民共和国民航法》，其中与规划相关的条例有“第五十四条 民用机场的建设和使用应当统筹安排、合理布局，提高机场的使用效率。全国民用机场的布局和建设规划，由国务院民用航空主管部门会同国务院其他有关部门制定，并按照国家规定的程序，经批准后组织实施。省、自治区、直辖市人民政府应当根据全国民用机场的布局和建设规划，制定本行政区域内的民用机场建设规划，并按照国家规定的程序报经批准后，将其纳入本级国民经济和社会发展规划。第五十五条 民用机场建设规划应当与城市建设规划相协调。第五十六条 新建、改建和扩建民用机场，应当符合依法制定的民用机场布局和建设规划，符合民用机场标准，并按照国家规定报经有关主管机关批准并实施”。

但是从以上发展历史来看，仍然不难看出我国社会公共基础设施法律法规存在的一些问题：首先，公路领域的法律法规发展历史比较长，因为公路领域的市场准入条件比较低，相关法律法规着重解决资金来源的问题，围绕“养路费”问题反复修改，目的就是拓宽公路建设的资金来源；其次，各领域法律中对于规划问题都较少涉及规划方面，仅仅指明了规划部门，对于规划的具体细节没有起到约束、监管的作用；最后，各领域各自立法，缺乏一部统筹的法律把整个社会公共基础设施(至少是交通基础设施)整合在一起。

第二节　土木规划的规划政策研究

一、公共政策的内涵

一般而言，政策是指国家政权机关、政党、团体在一定历史时期为实现特定社会政治的、经济的、文化的等目标所制定的规划、计划和行为准则、规范。在政府的公共管理过程中，公共政策是政府行政的行为规范、行为准则或策略，是公共管理的一切法规、措施、办法等的总称。行政管理与公共政策是密不可分的，公共政策是行政管理的起点，并且贯穿行政管理的全过程。而公共政策是要依靠行政管理去推行的。从这个意义上讲，行政管理活动也可以归纳为是一种制定公共政策、选择公共政策、执行公共政策和评价公共政策的管理活动[9]。

公共政策首先具有强烈的阶级性。一个政党、一个国家是把政策作为阶级统治的基本工具来运用的，这是不可否认的。不同的阶级、不同的政党，可以有不同的公共政策，但其本质则是相同的，那就是作为一个阶级、一个政党的控制手段、管理手段所运用。其次，公共政策是各种利益关系的调节器。全体社会成员获得的整体利益是需要公平分配的，公共政策就是政府在特定时期、特定目标上进行公平分配社会利益的行为准则。

公共政策的本质决定了它具有导向、控制和协调等基本功能。公共政策的导向功能，就是公共政策能够引导全社会公众政治的、经济的或文化的行为向政府所期望的方向发展。公共政策的控制功能，就是公共政策能够促进或制约全社会公众政治的、经济的或文化的行为按照政府规划的蓝图去发展。公共政策的协调功能，就是公共政策能够协调全社会公众政治的、经济的各种利益关系之间的矛盾。

二、国外的规划相关政策综述

纵观国外（尤其是发达国家）的社会公共基础设施规划领域（尤其是交通基础设施领域），不难得出一些共有的特点：首先是法制化程度非常高，规划紧紧依靠法律，使规划的执行效率与科学性都得到了有力保障；其次是重视发展综合交通运输系统，贯彻土木规划的思想，把基础设施规划与建设和社会公平、人民幸福、社会和谐、环境保护综合起来考虑；最后是政府与市场角色分明，确保基础设施建设有足够、稳定的资金来源。

（一）日本的土木规划特点

1. 规划建设法规完善，政府职责明确，依法管理[10]

日本与城市规划有关的国土规划法有《国土综合开发法》和《国土利用规划法》，根据这两个法制定的日本《全国土地利用规划》和《都道府县土地利用规划》具有指导城市规划的作用。日本的《城市规划法》通篇都贯穿着“法”，它的每一条文都有相关“法”的根据与保证。比如，城市基础设施规划就有《道路法》、《停车场法》、《下水道法》，街区开发规划里就有《工厂选址法》等。日本的市政府，市长下面设部，相当我国的局，每个市一般有十来个部，不超过 15 个，而与城市规划建设有关的则有五六个部，有都市规划部、建设部、下水道部、环境部和规划推进部。政府各部门依法办事，效率高，没有出现我们经常碰到的违章建设之事。

2. 基础设施要超前建设

日本的经济高速发展起步于 20 世纪 50 年代，大量产业、人口向东京、大阪、名古屋三大都市集聚，厂房住宅道路等建设全面铺开，日本政府于 60 年代初即着手基础设施大规模更新。著名的铁路新干线高速列车就是在 20 世纪 50 年代末开工、1964 年开通的。现在所看到服务中的大型设施，如地下铁、大型车站、地下街，多是 20 世纪 60 年代修建的，他们认为基础设施不但要超前，而且标准要高，他们一开始就这么认识，30 年后的今天，实践证明起先的超前与高标是正确的，只有这样才能适应社会经济的高速发展。

3. 重视城市交通设施的规划建设

日本国土小、人口多，并且大部分集中在东京、大阪、名古屋三大都市圈内。这三大都市圈的面积只占全国的 24.7%，而人口却占全国的 59.4%，人口密度大，交通是个大问题。日本政府对于交通设施的建设极为重视，各大城市都是采用多元化的交通工具，铁路、地铁、公共汽车、市区高速路与高架路。城市客运以铁路与地铁为主，铁路与地铁在大都市纵横交错。在交通节点上都是多种多条线路重叠在一起设立车站，乘客换乘极为方便省时。在土地私有制的国度里，开辟一条高速公路或铁路需花很高的土地费用，但是各城市政府还是大刀阔斧地进行交通设施建设。

4. 城市基础设施的资金来源多元化

实施基础设施规划需要大量的资金，日本的来源主要是靠邮政储蓄和退休基金，这两部分资金通过贷款转向基础设施建设。这些都是长期贷款，如1964年开通新干线，直到1992年才还清贷款。名古屋福祉大学一位对中国有研究的教授，在《中国城市规划与建设研讨会》上说，中国经济年增长10%以上，而城市的基础设施也应该有相应的速度进行建设，这样才能保有后劲。日本在高速增长期的基础设施投资，在总投资中高达20%。他建议中国予以借鉴，同时他还建议，资金来源应多元化，除了上述渠道外，其次是进行收费服务，如电力、燃气、水等，其价格应提到相应的水平；第三，土地的增值是必然的，应该把增值部分用于基础设施建设。

5. 重视城市规划设计与城市规划管理

日本的城市规划设计全部由民间机构承担，每年的市情调查也全部委托民间咨询机构承担，政府只负责规划设计的审查与裁定。但这并不是说对规划不进行研究，相反，很多重大问题或重要地段开发，政府内部也进行一定的研究，这样他们才能正确评价咨询机构提出的设计，所以政府内部的规划管理人员的配备是相当多的，如大阪市人口265万人，城市规划部有374人，其中直接从事规划的都市规划课54人，建筑指导课36人。这样的人数比我国目前的配量多得多。日本民间咨询机构对于各种城市资料的收集与保存都非常重视。他们认为，政府官员经常更换，资料积累不起来，而咨询公司就有意识整理与保存资料。

(二)美国交通发展政策综述

美国是市场经济发达的法制化国家，国家交通发展政策主要通过各类与交通相关的法案体现。具体的实施与落实则主要通过两条途径：一条是由各级交通部门主管交通规划编制与交通建设资金的分配；另一条是由各级环境保护部门监督实施的各类交通环境保护政策。长期以来，美国交通发展政策的制定主要围绕两个基本出发点：一是以人为本，体现公平。即在各类交通发展政策的制定中充分强调不论种族、肤色、受教育程度均应享受相对平等的交通出行权，政府交通投资效益应当最大限度地为大多数人平等享受，同时在交通发展的过程中，越来越重视交通安全，重视人性化交通服务，充分考虑残疾人、老年人、儿童的安全和方便出行；二是支持社会的可持续发展，执行严格的环境保护政策。在进行公路等交通基础设施建设时，执行严格的交通环境影响评价，绝不允许通过环境的代价来提供交通出行的便利，对水环境、空气环境、重要的湿地、濒临灭绝物种实行严格保护。与环境相冲突的项目不能获得立法机构的资金批准，将国家交通发展与社会经济发展需要、国家能源政策与环境保护统筹协调规划[11]。

美国交通运输政策在资金分配方面的历史大致可以描述为：从20世纪30年代的以支持就业为主要目的的交通建设，至20世纪50年代至80年代的以支持国防与经济发展为主要目标、以国家州际高速公路为核心的交通基础设施建设进而转向20世纪90年代以支持人的全面发展、社会的可持续发展为目标的综合交通系统建设。美国现行主要交通发展政策主要由三部主要法律、五部相关法律组成。三部主要法律为1990年通过的多模式地面交通运输效率法案(1990 Intermodal Surface Transportation Efficient Act，以下简称“ISTEA，冰茶法案”)、1998年在冰茶法案的基础上制定了美国21世纪交通运输平等法案(Transportation Equity Act for the 21st Century，简称TEA-21，又称“续茶法案”)，以及空气清洁法1990修正案(CAAA，Clean Air Act Amendment)。五部相关法律为：①1969国家环境政策法(National

Environmental Policy Act of 1969)，该法案要求获得联邦资金资助的交通建设项目必须进行环境影响评估；②美国残疾人法案(Americans with Disabilities Act)，该法案规定运输设施和服务必须为残疾人提供服务；③清洁水法案(Clean Water Act)，该法案严格禁止运输设施和服务影响水质量的保护和湿地保护；④濒危物种法案(Endangered Species Act)，该法案从法律上确立运输设施和服务不能影响保护濒临灭绝的物种；⑤1964 年公民权利法案(the Civil Rights Act of 1964)，该法案着力强调公民应平等享受交通投资产生的利益。

其中 1990 年制定的"冰茶法案"是美国交通发展政策发生革命性转变的里程碑，它标志着美国交通运输发展转入以可持续发展为目标的综合运输发展阶段，彻底改变了过去以联邦投资州际高速公路为核心的发展思路，强调交通运输发展资金分配的柔性化(flexibility funding)，强调在合适的时间、合适的地方(国家层面转至地方层面)提供合适的设施类型(从主要是公路扩大到公交铁路、航空等其他设施)，在美国联邦交通运输发展资金的分配上实现了由国家级运输系统向地方运输设施的转变。在这个法案的推动下，交通基础设施由公路建设为主转向公交、铁路等多种运输设施及联运，交通运输系统由基础设施建设为主转向建设、安全与管理并重，交通运输发展的目标由支持国防与社会经济发展转向支持人的发展、高质量的社区生活最终走向社会的全面可持续发展：立法提出建立都市区规划组织(MPO：metropolitan planning organization)进行都市化区域交通运输系统(以客运为主)统筹协调发展，并赋以 MPO 很大的规划制定与实施权利。规定人口大于 50 000 的城市化区域要以 MPO 作为运输系统规划与设计的机构，在区域交通运输发展中扮演重要角色和担当重要责任；强调开展利用高新技术对传统运输系统进行改造，以提高传统交通运输系统的效率，重点支持智能交通系统研究。

1998 年的 TEA-21 是 1990 年冰茶法案交通发展政策的延续和深化。TEA-21 将改善交通安全摆在美国交通运输发展的首要位置，制定了提高安全带与安全气囊的使用率和效果、加强酒后驾车执法、加强货运交通安全管理、应用高新技术改善交通安全等全面改善交通运输安全的综合措施。TEA-21 为重塑美国交通运输系统从法律上安排了大笔的资金预算，计划 6 年提供 2 173 亿美元进行地面交通运输设施投资，其中 286 亿完善国家公路系统，238 亿用于州际公路养护，333 亿用于铁路、公共交通等其他地面运输设施项目，204 亿用于桥梁维护，81.2亿降低交通污染和空气质量改善，420 亿改善公共交通，13 亿开发与实施智能交通系统 ITS。环境保护在 TEA-21 中也得到高度重视，安排 81.2 亿美元来降低交通拥堵进而改善空气质量，并且规定其他地面运输设施建设项目资金中的 10%，约 30 亿美元必须用在交通建设与文化设施、历史遗迹以及与社区景观的协调上。TEA-21 的另一特点就是随着冷战的结束，美国霸主地位的确立以及经济全球化、一体化进程的发展，在 TEA-21 中明确提出需要建立确保美国全球竞争力的交通运输支持保障体系，主要包括提供一个平衡发展、可达性高、一体化以及高效率的运输系统，确保美国的经济增长以及美国企业在全球的竞争力，进一步加强维系国防安全的公路，进一步加强建设国家重要贸易通道。TEA-21 同时也强调交通运输行业作为国民经济中的基础产业其经济规模和就业人口在国民经济中占有重要地位，交通运输发展应尽可能多地为社会创造、提供就业机会。同时续茶法案也强调交通规划的重要性。都市区交通规划组织(MPOS)和州政府必须提供二十年运输发展规划和三年运输改善规划(TIPS)。长期规划和运输改善计划必须受资金约束。TEA-21 要求列出项目的资金来源，进行交通系统整体投资与经济发展水平的比较。TEA-21 强调公众参与的重要性，要求一种主动式的公众参与过程包括：参与完成技术工作、政策信息的及时告示、对关键决策信息的完全可获取、对长期规划与TIPS项目中的前期参与和连续参与的支持。

这两个法案标志着美国的国家交通运输发展认识的革命性转变。持续增长的交通拥挤、交通污染、交通事故，以及能源与土地资源的大量消耗，警示美国在制定交通发展政策时从浓重的“汽车情结”中走出来，深深地认识到只有充分发挥公路铁路、水运、航空与管道等多种运输方式的各自优势，并紧密衔接与配合大力发展公共交通系统，应用高科技提高现有交通运输系统效率，才能解开不断增长的交通运输需求与环境、能源、资源之间的矛盾，使交通运输发展走上可持续发展之路。

始终贯穿在美国交通发展政策中的另外一条主线就是交通运输发展中的环境保护政策。1955年，美国制定空气污染控制法案(1955 Air Pollution Control Act)，将空气污染列入国家重点需要解决的问题并且指出其中交通尾气排放污染是最主要的空气污染源之一，首次在国家级法律中明确指出防治交通污染的重要性。1963年制定清洁空气法案(1963 Clean Air Act)，该法案对交通建设过程中静态污染点的排污标准进行了规定，然后分别在1965年、1966年、1967年和1969年进行了多次修正与完善，并在1970年修正案中提出需要对汽车等移动污染源进行排污控制。而美国清洁空气法案的1990年修正案是美国交通环保政策上里程碑式的法律文件，法案制定了对汽车等交通工具移动污染源的严格控制措施，要求各州制定降低空气污染的规划，设定空气质量改善标准和期限，实行大型排污的许可制度，允许美国环境保护总署对污染罚款，给州、地方政府以及企业设定标准和达到标准的期限，鼓励公众参与环境保护，制定保护空气的奖励措施，要求获得联邦资助的交通项目必须符合空气清洁标准。

(三)美国、英国、德国、日本的基础设施投资模式综述

1. 美国交通基础设施投资模式[12]

美国州际和国防高速公路建设资金的来源，主要是由汽车燃料特别税加重要汽车配件消费税等组成的州际公路信托基金。该基金及其税收是根据美国国会1956年同时通过和生效的联邦资助公路法案和公路税收法案建立的州际高速公路建设的资金供应，采用分期拨付的方式。联邦政府承担州际高速公路建设费的90%，其他10%由各州政府承担。州际和国防公路网自批准建设以来，由于建设费用的不断上升，到1975年已累计支付1 000多亿美元。此外，美国州际和国防高速公路的建设资金，还有一部分来自通行费。

美国是联邦制国家，历史上公路建设的责任在地方政府。各州的公路管理部门及民间车辆制造及使用者组成的“好路运动”协会等方面不懈努力，促使联邦政府逐步认识到有责任资助公路建设。从1916年联邦政府开始对所有州实施资助公路建设的政策到1956年通过专项公路立法建设州际高速公路，期间经历了40年的发展。美国公路建设的各种管理机制和模式要体现在联邦资助公路法之中。

美国除极少数的港口外，原则上联邦政府对港口建设不给补助。联邦政府仅负责港界线以外进港航道的建设和维护。以前这笔费用都纳入联邦政府预算，然后按项目拨给陆军工程兵使用。1985年后美国国会通过了“新资源开发法”，对港口装卸的大部分货物按商品价值的0.04%征港口维护费税，纳入“港口维护委托基金”，由财政部专用于港口航道的维护。港口建设资金由港口自己筹集。由于美国是典型的联邦制国家，各州独立性很强，建港资金的筹集方法多种多样，但主要来自以下几个方面：①课税收入；②发行一般债券；③发行收入债券；④发行统一债券；⑤州、市补助；⑥港口收入。

美国在1978年以前把内河航道作为国家交通基础设施建设的一部分，其建设和维护费用一直由联邦政府承担，且投资不偿还，通过陆军工程兵团进行财政拨款和建设管理。工程项目

通过立法实现，每年河流的治理都有法律为依据。在美国航道大规模整治期间(20 世纪 30～70 年代)，每年投资都超过 2.5 亿美元。20 世纪 70 年代末到 80 年代初，由美国政府投资逾百亿美元，基本建成世界上最发达的内河航道网络以后，才开始使用其他筹资方式，如征收商业运输船舶燃油税、建立内河航道信托投资基金、贷款以及发行债券等，但国家投资仍然是最主要的资金来源。

2. 英国交通基础设施投资模式

英国的交通基础设施投资体制的基本特点是：①以私人资本为私有制基础、以企业为决策主体、以自有资金和直接融资为主要资金来源；②资本市场发达，中介组织健全。英国拥有比较健全的商业银行系统和范围广泛的金融机构，伦敦是世界公认的国际金融中心之一。政府在投融资体制中的作用包括：①通过经济手段进行调控，对国有企业的投资主要通过资助方式进行，集中在基础工业、基础设施领域，英国政府设立专门管理投资机构，行使管理职能；②吸引外资；③支持中小企业的发展；④资助高新技术项目和特殊产业。

英国公路建设投资管理包括如下方面。①早期的收费路在 18 世纪和 19 世纪选择利用市场机制的收费道路托管制度。在收费道路衰落之后，道路资金筹集的责任又落到了地方政府头上。1909 年成立了道路局并建立了由车辆和燃油税收收入构成的专用基金用于道路建设和养护。这种制度到了 1920 年由于专用基金收入大大超过道路实际开支而废止，改由运输部负责，通过一般财政开支支出。②吸引私人投资建设收费设施。1989 年 5 月英国政府出版发表了两个文件"通往繁荣之路"和"新手段建设新道路"，宣布了政府将更为直接地允许私人集资建设和管理道路的政策。因此，英国收费路的特点是以私人集资，或利用私人资助和经营的模式出现的。③利用私人投资的 BOT 模式。利用私人投资的 BOT 模式，实质上往往是私人投资者与政府合作建设收费设施的模式。建设资金的来源，通常包括私人资金(或称股份资金)以及政府贷款。BOT 模式通常要采用招投标方式，英国在 1995～1996 年已利用私人投资 50 亿英镑。④特许公司、立法和合同。特许经营协议在运输部与 DRC 公司之间签订，该协议规定，一旦用通行费偿还了新桥的建设费用、购买现有隧道的租用费、贷款和利息，那么过河设施就要交还给政府。

英国将港口视同一般经营性企业。港口建设完全由企业或个人投资，也可由国外企业投资经营。如泰晤士港即由李嘉诚长江实业公司合资经营，利物浦港为股份制港口。港口在经营上应能自负盈亏，国家对港口无任何补贴和照顾，地方政府也不给予补助。各项资金主要由港口收入中筹集，同时还可以借款。

英国铁路在 1988 年实行事业部制改革之前，投资主要来源于财政拨款和贷款并且逐年减少。1991～2000 年，政府对铁路的投资除 1992 年略有增加外，基本呈下降趋势。1996 年，路网公司 Rail Track 上市，英国铁路开始了正规的市场化运营，政府不再向铁路直接投资。英国铁路 1994 年实施网运分离及私有化改革后，Rail Track 的财务状况明显恶化和基础设施严重失修，最终政府不得不重新对基础设施直接投资，并增大了投资力度。2001～2010 年投资规划中，英国政府用于铁路建设和现代化改造的投资为 160 亿英镑，占政府对铁路总投资的 55.2%。

3. 德国当前交通基础设施政府投资模式

德国投资体制运行的特点是自担风险、有效监督、完善服务。德国政府是城市基础设施建设项目的投资主体。德国把基础设施分为两类：一类是非经营性的或社会效益非常大的项目，如城市道路和地铁等，完全由政府财政预算投入，如果政府财政资金不足，则由政府向银行贷款;另一类是经营性或可收费的项目,政府允许企业介入,政府提供一定的注册资本金。德国州际高速公路全部由联邦政府投资。此外,一般性基础设施项目,联邦政府投资占有很大比重,如慕尼黑市的地铁,联邦政府投资50%,州政府30%,另外20%为集资,而地铁车辆购置由地铁公司出资,但有联邦政府和州政府50%的补贴。

德国是世界上修建高速公路最早的国家。德国高速公路的所有权归联邦政府,由联邦政府统一投资建设,建成后委托各州管理和养护。高速公路建设费用主要来自汽车燃料税,约占该项税收的38%。1992年德国包括汽车网络税在内的道路用户税总收入已经达616亿马克。

德国港口的投资主体是地方政府,国家对港口建设不给补助,但进港航道和河流航道的建设和维护费用由国家全部负担。港区范围内的一切基础设施建设统一由地方政府拨款。港区内陆上多式联运系统的基本框架,如高速公路和铁路接港口码头的支线,码头前沿港池等均由地方政府统一规划、投资、建设。另外,港区内供电、供水、供气和通信设施等基础设施也由地方州政府统一规划、投资。

4.日本交通基础设施投融资模式[13]

20世纪80年代以前,日本政府在交通基础设施建设中起主导作用,建设资金也主要靠政府的财政资金。其投融资模式可概括如下。

(1)通过中央财政预算中的公共事业经费对基础设施进行投资建设。

(2)成立政府出资的特殊公司,专门进行各个领域基础设施的建设和经营。在日本这类公司被称作“公团”,当时有“公团”13个,如日本铁道建设公团、日本道路公团、新东京国际空港公团、首都高速道路公团等。这些“公团”有些由中央政府全额出资,有些由中央和地方政府共同出资组建。政府每种经济行为都有法可依,“公团”也是如此,每一个公团都有一部规定它的法律。

(3)日本的复式财政预算制度也为政府介入基础设施的建设提供了制度上的保障。上述“公团”的收支被编制在国家财政总账之外的几十个特别账户——特别会计中,资金来源则主要来自“资金运用部特别会计”中的资金。

20世纪80年代以后,日本政府开始重视利用民间资金进行基础设施建设。其制定的在基础设施建设中利用资金的几项制度可概述如下。

1986年日本制定了《关于活用民间事业者的能力来促进特定设施建设的临时措施法》(简称“民活法”),规定凡被列入该法律特定设施范围的民间工程,可分别享受国税和地方税收上的优惠并在资金来源上得到保证。该法律是日本首部在基础设施建设中在税收和提供资金方面优惠民间企业的法律。

为促进地方城市的基础设施建设,1987年日本制定了《关于推进民间都市开发的特别措施法》(简称“民都法”)。根据该法,成立了“民间都市开发机构”,该机构的最大特点在于参与对竣工后的道路、公园、广场、上下水道、垃圾处理设施、停车场等的管理。具体做法是,对那些缺乏经验、规模小而且难以单独完成工程项目的企业,提供工程费30%~40%的金额;购买竣工后建筑物的相应建筑面积,以此作为“共同事业者”参与工程竣工后的管理。这一方式不仅减轻了民间企业投资基础设施时的风险,还形成了在推进基础设施建设上“官民一体”的制度。

1988年,为促进民间资金对地方的基础设施投资,日本还制定了《地域综合整备资金贷款法》(俗称“故乡财团法”),设立了专门负责这一制度的机构——故乡财团。财团的工作是对地方上有创造性的工程项目提供有关无息贷款的调查,联系无息贷款和银团贷款。这里的无息贷款制度如下:首先由地方政府定出无息贷款的贷款对象,然后委托该团作进一步分析与调查。如果贷款对象符合贷款条件，则由地方政府提供无息贷款。贷款财源通过发行地方债筹集，地方政府用地方交付税的收入来负担地方债券的利息。这一制度实际是地方政府发行债券借债，再无息转贷给民间企业，利息部分用中央政府交付地方使用的交付税收入冲抵。

上述三个日本法律侧重点各不相同，其中"民活法"由通产省主持制定，"民都法"由建设省主持制定，"故乡财团法"由自治省主持制定。

基础设施由于工程长、投资大、工期内利息负担重，因此在基础设施工程中，利用长期低息资金乃至无需归还的非债务性资金来分散工程参加各方的风险是非常重要的。

(1)非债务性资金的筹集

①通过官民合资的方式组建股份公司，以此来吸引民间资金。组建公司时，除入股资本外，还根据不同需要设计一些无需归还的资金项目，如保证金，会员权证金等。资本及这部分资金的增加，一可减少借款，也就是减轻利息负担，二可使经营实体稳定。在日本，以这一方式成立的公司称作"第三阵营公司"，以区别纯国有公司和纯私有公司。这些公司一般从事有收益来源的公共性事业。这些公司的组建方法是政府和民间企业共同出人、出资、出技术。

②国有企业的民营化。由于在亚洲国家股票市场上市的原国营企业的利润较高，因此投资者反应较好，民营化计划实施得比较顺利。日本政府还将民营化与筹集基础设施建设资金结合起来。

③加快安排基础设施建设和经营领域里部分绩优的公司股票上市，这样可使部分社会闲散资金迅速转化为建设资金。由于这类公司的收益状况一般不会很好，因此股票上市时一般先在柜台交易市场上市，柜台交易市场上市标准低于交易所上市标准。日本柜台交易市场的上市标准注重公司的销售额、利润、红利，美国的柜台交易报价系统(NASDAQ)上市标准注重的是总资产、股东数、公司在同行中的地位、公司是否在证券及交易所委员会(SEC)里注册等。从易于上市的角度来看，美国的标准较松，因此，日本近年来也向美国靠拢，降低上市标准。

④组建会员制的公司。这一形式适合于观光、娱乐性设施的资集。日本的会员制分预托金会员制和共有会员制，前者会员仅享有免费或以优惠价利用设施的权利，后者会员还享有共同拥有土地的权利。

(2)债务性资金的筹集

①扩大发行公司债券的规模。日本在发行公司债券时控制较严，但对因重要工程而发行的债券，则制定特别法扩大发行规模。

②发行地方债券。日本对地方债券的发行和发行目的一直控制得较严，但近年出现松动，特别是对公共性较强的地方工程，对由地方政府与民间企业合资组建的公司，政府均允许通过发行地方债券筹集资金。

三、我国的政策发展历史与现状(以交通基础设施为例)

近年来，我国非常重视政府公共政策理论研究，我国政府也非常重视交通基础设施政策的制定与实施。中国社会科学院每年要发布"中国公共政策分析"的专著，都有很深入的探讨和论述。国务院与各级政府在每年的政府工作报告中，对交通基础设施的公共政策实施情况也有很全面的总结和部署。

公共政策选择是要解决政府干预与市场机制之间的协调问题的。从职能上，交通基础设施是要求政府有效供给的，当政府有效供给不足之时，如何运用市场机制来补充，这是公共政策要解决的问题。

(一)“十一五”时期交通运输服务发展要点

统筹规划、合理布局交通基础设施，做好各种交通方式的相互衔接，发挥组合效率和整体优势，建设便捷、通畅、高效、安全的综合交通体系。

加快发展铁路运输。重点建设客运专线、城际轨道交通、煤运通道，初步形成快速客运和煤炭运输网络。扩展西部地区路网，强化中部地区路网，完善东部地区路网。加强集装箱运输系统和主要客货运输枢纽建设。建设铁路新线 1.7 万 km，其中客运专线 7 000km。

进一步完善公路网络。重点建设国家高速公路网，基本形成国家高速公路骨架。继续完善国道、省道干线公路网络。打通省际通道，发挥路网整体效率。公路总里程(不含村道)达到 230 万 km，其中高速公路 6.5 万 km。

积极发展水路运输。完善沿海沿江港口布局，重点建设集装箱、煤炭、进口油气和铁矿石中转运输系统，扩大港口吞吐能力。改善出海口航道，提高内河通航条件，建设长江黄金水道和长江三角洲、珠江三角洲高等级航道网。推进江海联运。

优化民用机场布局。扩充大型机场，完善中型机场，增加小型机场，提高中西部地区和东北地区机场密度。完善航线网络。建设现代化空中交通管理系统。

优化运输资源配置。强化枢纽衔接和集疏运配套，促进运输业一体化。开发应用高速重载、大型专业化运载、新一代航行系统等高新技术，推广集装箱多式联运和快递服务。应用信息技术提升运输管理水平，推广智能交通运输系统。发展货运代理、客货营销等运输中介服务。建设上海、天津、大连等国际航运中心。

(二)推动交通基础设施建设的财政政策

二十多年来，国家始终把交通基础设施建设置于一个重要地位[14]。首先，中央政府制定实施了一系列有效政策。税收、财政政策上，以交通部门为主体，先是征收车购费后改为征收现行的车购税，征收港口建设费，集中资金投入全国公路建设、内河航道建设，主要投入到国道主干线、高速公路、大江大河主航道的建设上。资本金政策、收费政策和货币政策上，国务院要求按照一定的资本金和负债的比例，筹集公路建设资金，“可以依法向国内外金融机构或外国政府贷款”并允许收费还贷。对此，国际国内各类金融机构给予了较优惠的贷款条件，如对公路建设提供 70%左右的银行借贷资金。财政政策和利用外资政策上，可以安排各级人民政府的财政拨款投入，作为政府主导的资本金，引导、鼓励国内外经济组织对公路建设进行投资。开发、经营公路的公司可以依照法律、行政法规的规定发行股票、公司债券筹集资金。

各省级政府是推进交通建设规划的中坚力量，也实施了一系列有效政策。比较典型的政策有如下方面：一是加强政府性基金的收费管理，其中，包括强化养路费、客货附加费的征收，通过增收获得政府资本金的增量；二是加大政府资本金投入力度，随着税收、收费增加，增大政府资本金的投入；三是积极招商引资，广泛吸引国内外投资者投资建设或者合作经营交通基础设施；四是积极创造条件申请发行公司债券、申请上市发行股票；五是积极组建大型投资融资企业集团，集中信用优势，与国内银行签订融资协议，大规模地从金融机构获取长期建设贷款和流动资金贷款；六是积极向社会投资者广泛进行项目业主招标，允许其他法人、民营企业资本金进入交通基础设施的投资领域。此外，还从国土资源管理等其他部门给予了支持政策。具体可分为以下几个部分。

(1)政府的资本金政策

由于交通基础设施的社会公益性，政府主导配置与引入市场机制相结合，就成为政府有效供给的途径。为此，在国务院的关于固定资产投资项目试行资本金制度的规定中，交通运输行业也可以实施资本金制度，并且规定“资本金比例为35%及以上”，金融机构可以据此承诺贷款，“根据投资项目建设进度和资本金到位情况分年发放贷款”。这是政府关于有效供给交通基础设施的一项重要政策。

(2)政府的财政扶持政策

财政政策既是政府的宏观经济调控重要工具，又是政府最为核心的公共经济政策。财政政策主要有微观、中观和宏观三个层次的内容，即对企业、个体经济的政策，对产业结构调节的政策和对国民经济整体运行的政策。对交通基础设施的财政政策，既有宏观、中观财政政策，又有微观财政政策。从宏观上，2004年，国家“要坚持扩大内需的方针，继续实施积极的财政政策和稳健的货币政策”，“为了建立正常的政府投资机制和稳定的资金来源，在逐年减少国债发行规模的同时，要逐年适当增加中央预算内经常性建设投资”。从中观上，“今年国债投资要向农村、社会事业、西部开发、东北地区等老工业基地、生态建设和环境保护倾斜，保证续建国债项目建设”，“加快重大交通运输干线与枢纽工程建设”(温家宝总理2004年政府工作报告)。从微观上，主要体现在各省级政府对交通基础设施建设经营的各项财政扶持政策上，如前所述。

从功能上，财政政策具有自动稳定和相机抉择的相互作用的机制。自动稳定机制即是财政制度内部自身具有一种促使经济稳定发展的功能，主要是通过税收、转移支付等进行调节。相机抉择机制即是人的主观努力促使经济稳定发展的功能，主要是人为地对总供给与总需求的平衡进行调节，并具有扩张性和紧缩性两种类型。这两种机制互相配合、互相协调、共同作用，以保障经济能够平稳、持续增长。对于交通基础设施这样的经济发展的“瓶颈”产业，既应当有税收、转移支付等财政政策扶持，又应当有扩张性财政政策扶持，对整个经济发展是有百利而无一害的。在当前经济形势下，我国确实出现了某些行业投资过大、经济过热的趋向，但交通基础设施建设是属于投资不足的行业。这就要求实施宏观调控政策时区别对待、分类指导，不搞“急刹车”，也不搞“一刀切”。按照原财政部长金人庆的说法：“中国将采取中性的财政政策，有保有控，确保中国经济持续稳步健康发展”。

(3)政府的收费政策

这里的交通基础设施是指以收费还贷为特征的公路交通基础设施。20世纪80～90年代我国兴起的公路新建、改建热潮，《公路法》及其相应的法规所起作用是功不可没的。对于这一段历史，我们简单回顾一下。

在《公路法》制定之前，1987年，国务院出台《公路管理条例》，规定公路建设资金可以用国家投资、中外合资、社会集资、贷款等方式来筹集，“对利用集资、贷款修建的高速公路、一级公路、二级公路和大型的公路桥梁、隧道、轮渡码头，可以向过往车辆收取通行费，用于偿还集资和贷款”。此后，交通部、财政部、国家物价局先后制定了贷款修建高等级公路和大型公路桥梁、隧道收取车辆通行费的规定，允许收费还贷。

1997年，第八届全国人大常委会通过了《中华人民共和国公路法》，1999年，第九届全国人大常委会通过了《关于修改〈中华人民共和国公路法〉的决定》。按照《中华人民共和国 公路法》，“国家允许依法设立收费公路”，“符合国务院交通主管部门规定的技术等级和规模的”公路，可以依法收取车辆通行费。对此，交通部制定了《公路经营权有偿转让管理办法》，此后，国务院及其相关部门在费改税、治理“三乱”文件中，也做出了一些收费的规定。

在2003年11月，国务院法制办公室、交通部公布了新的《收费公路管理条例(草案)》，向社会公众广泛征求意见。《收费公路管理条例》又在2003年8月18日国务院第61次常务会议上通过，并予公布后自2004年11月1日起施行。在此条例中，依照《中华人民共和国公路法》对收费公路管理做出了新的、更为规范、具体的管理要求。一如将收费公路划分为“政府还贷公路”和“经营性公路”。“建设和管理政府还贷公路，应当按照政事分开的原则，依法设立专门的不以营利为目的的法人组织。省、自治区、直辖市人民政府交通主管部门对本行政区域内的政府还贷公路，可以实行统一管理、统一贷款、统一还款”。二如收费公路的收费期限，由省级政府审查批准。三如对收费公路应当符合的技术等级和规模作了新规定；车辆通行费收费标准或者收费标准的调整方案，审批机关应当自审查批准之日起10日内向交通部、发改委备案；其中属于政府还贷公路的，还应当向财政部备案。

（三）针对西部大开发的区域交通基础设施政策

2004年3月，国务院颁布了《国务院关于进一步推进西部大开发的若干意见》，实际上是出台了一系列促进西部交通基础设施进一步实施开发的公共政策。归纳一下，主要有以下方面。

除了在基础设施规划投资上要求继续加快基础设施重点工程建设外，主要在筹资融资上，提出了本着“建立长期稳定的西部开发资金渠道，是持续推进西部大开发的重要保障”的指导思想，提出了“拓宽资金渠道，为西部大开发提供资金保障”的总方针。一是要继续保持用长期建设国债等中央建设性资金支持西部开发的投资力度；二是要采取多种方式鼓励和引导社会资金和境外资金参与基础设施建设，进一步放宽非公有制经济投资准入领域，鼓励社会资本参与基础设施和生态环境建设、优势产业发展；三是要建立以企业为主体的对外招商引资新机制，提高招商引资实效，依托优势产业、重点工程、重点地带，吸引外来投资；四是要积极支持西部地区符合条件的企业优先发行企业债券，支持西部地区符合条件的企业发行股票，修改、完善并适时出台产业投资基金管理暂行办法，优先在西部地区组织试点，支持西部地区以股权投资方式吸引内外资；最后还要依托交通网络发展中心城市，形成发达的经济带，即“对西部地区经济技术开发区、国家级高新技术产业开发区的园区内基础设施建设贷款，继续提供财政贴息支持”。

对《国务院关于进一步推进西部大开发的若干意见》的促进西部交通基础设施进一步实施开发的各项政策，交通部予以了高度重视，前交通部部长张春贤公开明确表态，西部交通发展是促进西部地区全面、协调、可持续发展的重要基础和保障，加快交通建设是西部开发的基础性和先导性工程，是当前乃至今后一段时期的“第一要务”，交通部将在资金和政策上予以全力支持，确保西部地区交通建设取得突破性进展。

对于我国交通基础设施政策解读可以分为三个层次：首先是建设综合交通运输系统，这实质上是土木规划的思想，“十一五”规划已经针对交通运输领域提出了这一宏伟目标，是大力发展我国交通基础设施，推动土木规划进程的政策指标；其次是围绕资金来源的公共政策，这些政策有力地保障了交通基础设施的建设，保证了我国能够实现真正意义上的“土木规划”，即规划直到项目建成才能结束，没有资金来源的规划仅仅是方案，而不是规划；最后是规划的区域政策，保证了我国交通基础设施整体水平的提高，兼顾区域平衡。交通运输与人们的生产生活息息相关，既有对社会经济发展的支撑和服务作用，又有对边远和落后地区的人们脱贫致富的基础作用，既是经济发展的基础产业，又是人们日常生活的基本要求。在这个意义上，区域政策有利于促进社会公平，有利于促进安定团结。

第三节　关于我国规划环境与规划政策的建议

我国经济正处于持续快速增长阶段，促使我国支持人和物移动的交通需求持续高速增长，带来了我国交通运输事业的良好发展机遇。经济发达国家花几百年时间、通过逐级升级换代完成的交通综合运输体系构筑过程，在我国正在短时间内超常规建设，多种运输方式同步高速发展。然而，超常规的发展也带来超常规的挑战，供给难以跟上需求发展速度导致的交通拥堵，机动车大量使用带来的交通安全、环境污染与能源消耗问题，不同运输方式没有协调同步，高速发展引发交通系统整体运行效率低下等种种交通问题，成为影响我国社会经济发展进程和可持续发展的重大战略问题。在这种现实情况下，贯彻土木规划“系统工程”的思想，走科学高效的土木规划道路，成为当务之急，对于我国土木规划的规划环境与规划政策，分别作如下建议。

一、关于规划环境的建议

（一）基础设施的规划体制改革是中国土木规划的必由之路

体制改革的重点是使交通基础设施置于统一管理之下，结束部门之间的内耗，建立从政策研究、制定到政策实施，从规划、建设到交通管理，从技术规范和标准的制定到专业技术人员的培训的统一管理体制，使交通基础设施的综合协调成为现实，为建设综合交通运输系统提供条件。

国家应对交通基础设施建立交通委员会，主管交通基础设施的技术政策和规划政策的研究与制定、技术规范和标准的制定和修订，负责相关技术的研究和应用推广，主管城市交通规划、建设的审定和交通管理政策、法规的制定，协调各相关部门（如铁道部、住房和城乡建设部、交通运输部）主管交通基础设施置重大项目的审批，主管国税用于城市交通部分资金的分配，以及与市际公路交通、铁路、航运及其他相关行业的协调，使国家和城市在交通基础设施建设方面的决策一体化。目前国家发展与改革委员会在做类似的工作，可以考虑通过立法加强这一政府机构在土木规划进程中的地位与权利，推动我国土木规划发展。

这样的体制建立起来以后，我国的交通基础设施将与四个方面紧密联系：一是上述协调机构，负责制定规划；二是各建设公司，负责实现包括国家资本与社会资本规划；三是各类型基础设施的相关部门（如铁道部、交通运输部、住房和城乡建设部），负责管理相应的基础设施；四是基础设施的使用者，可以是各大运输公司、集团，也包括人民群众。

（二）完善土木规划相关法律法规

要实现体制改革，必须走法制化道路，而不能靠公共政策、政府文件。建议酝酿“土木规划法”，保障上述体制改革的顺利进行。科学的法律法规既是政府行政的重要依据，也是吸引私人投资者参与公共事业的基本保证。法律法规的作用主要在于控制垄断，保证服务的质量、安全，环境保护以及建立服务责任。其制定需要注意以下两个方面：一是法律法规的制定应针对社会公共基础设施的基本情况，规定政府机构中相关部门的设置与责任划分，包括确认问题、发现事实、制定规则并强制实施；二是在法律法规的制定过程中，要注意规章的灵活性与稳定性之间的平衡，我国交通基础设施领域的体制改革，需要相当长的一段时间，法律出台仅仅是必要条件。应注意与我国实际情况相适应，与先前出台的法律法规相衔接。

在出台国家级法律之前，各地方应遵循中央政策，制定符合地区情况的地区性法规，一方面保障该地区土木规划有法可依，一方面为将来国家法律出台以后做好过渡准备。土木规划工程量大，投资多，动用到的社会资源也较一般工程多，绝不能放任其自由发展，必须通过法规给予强有力的干预和引导。

（三）建立政府主导的多样化投融资体制

改革基础设施领域中单一的投融资体制，建立政府主导的多样化投融资体制，变单纯地依赖政府的基础设施投资为依靠市场配置基础设施发展资源，是中国基础设施管理体制改革的第一步。政府主导的多样化投融资体制，体现了政府与市场在基础设施领域中的新型关系。政府主导指的是以规划、政策、公共投资作为基本手段，通过市场机制的中介作用，引导和整合社会资源投入基础设施。多样化指的是以市场为基础，开辟多种多样的投融资渠道。在投资方面，大幅度放宽市场准入限制，吸纳国营、民营、外资等各种投资主体进入基础领域。普遍实行特许经营权投标制度和经营许可制度。通过制度创新，将放宽准入限制与规范化管理结合起来，促进公平竞争。在融资方面，充分发挥资本市场的作用，尽可能地运用各种证券融资形式，在国内外广泛吸收企业、基金会和普通居民的证券投资，开辟多种多样的基础设施融资渠道。

（四）建立独立的监管机构

国际经验表明，监管机构不但应该远离要监管的企业，还要对政治权力保持独立，防止监管机构被政治力量和工业部门或其他利益集团收买。建立独立的监管机构，能够保持监管机构的相对独立性，有利于保障规则实施的公正性。在英、美等发达国家民营化改革中，都建立了相对独立的监管机构，如美国建立了相对独立的行政委员会，英国也建立了相对独立的规制委员会等。这些委员会的成立都由政府任命，一旦任命，原则上在一定期限内不得更换，并拥有很大程度的独立性。这种相对独立的监管机构的建立在英、美等发达国家民营化改革中起到了非常重要的作用。而在我国，基础设施产业现行政府监管体制的本质特征是高度政企合一。因此，改革政府监管体制的关键就是实现政企分离，转变政府职能，将政策和规制的功能与经营分离开来，建立独立的监管机构，并授权其依法对基础设施部门的经济活动进行干预。由于政府监管机构的管理活动效率在很大程度上取决于它所掌握的规制信息的数量和质量，所以对监管机构的设计要保证信息传到监管者手中。并且政策制定者既不能存在偏见，也不能受到外部不均衡压力的影响。具体而言，相对独立的监管机构的建立应注意以下四个方面：一是监管机构应该是专业的、有自主权的公共机构，而不是一般的官僚机构；二是监管部门的人事安排应保持稳定，不受政治安排或某些利益集团左右；三是监管部门有权独立获得信息，包括无法参与决策的人们的意见；四是监管部门要进行信息公开披露。

（五）加强土木规划专业技术人员和相关人员的培训

土木规划学科刚刚在我国起步，很多基础理论还没有完善和发展，应以大专院校为阵地，积极开展土木规划的研究，为政府制定政策、出台法律提供理论依据。同时注意学习发达国家相应发展时期的经验，吸取他们在大规模发展社会公共基础设施时的教训，科学地指导我国的土木规划进程。

（六）建立有效竞争的经营体制

经营体制改革是中国基础设施管理体制改革的决定性环节，它必须从根本上解决政企分开和有效竞争两个层次的问题。政企分开让企业真正成为独立的市场主体，有效竞争也就是打破垄断、有效地发挥市场机制的作用，二者都要求减少政府对基础设施产业的直接干预，均有赖于政府做出合理的制度安排。政企分开的基本途径是对基础设施领域中的国有企业进行公司化改造，建立现代企业制度。有效竞争主要是通过原有垄断企业的分拆与重组，打破垄断、引入竞争机制实现的。

二、关于规划政策的建议

（一）更新“规划”观念，科学规划

应注意到规划只有转化为实实在在的基础设施为社会、为人民群众服务以后才能视为“规划目标”的实现，因此要重新认识“什么是规划”，把观念从原有的“规划就是方案优选”转向系统、全周期的“土木规划”概念。在政策制定过程中应强调遵循科学的程序和反映全面综合的内容。在交通发展政策制定程序上，应遵循问题鉴定（拥堵、污染、事故），目标确定，标准设定，可选政策比较，可选政策分析评价，制定政策，实施监督与评估等一套完整的科学程序。规划政策应对客运交通政策（可达性、可移动性）、货运交通政策（企业竞争力）、多式联运政策、交通安全政策（Safety & Security）、交通环保政策（环境与生态）、交通能源与土地资源政策、交通新技术应用政策（智能交通运输系统、新能源、新交通工具、节地模式新技术）等各个方面进行综合考虑。

（二）建设综合交通运输体系

建设综合交通运输体系，是发挥交通运输组合效率和整体优势的必然要求。长期以来，我国存在各种交通方式各自为政，自成体系，方式之间缺乏协调配合、有机衔接的机制等问题，这既增加了综合交通规划的难度，又浪费了资源、降低了运输效率。另外，各种运输方式内部也存在干线和支线、场站和枢纽以及重点和一般的协调发展问题。为此，我们必须由注重单一的交通运输方式的发展转到注重综合交通的发展，努力建设综合交通运输体系。同时，要注重对各种交通方式进行衔接、优化和协调，切实发挥交通运输的组合效率和整体优势。

在强调发展综合交通运输体系的同时，也要注意到各种运输方式的发展问题。我国交通基础设施的完善还需要相当长的一段时间，包括铁路、公路、水运和民航等交通基础设施，都需要继续建设和完善。就全国而言，无论是货运还是客运，铁路的制约尤为突出，大城市的交通堵塞也较为严重。因此，加快发展铁路和城市轨道交通，是“十一五”的重点任务。但在加快铁路和城市轨道交通的同时，也要进一步完善公路网络，发展航空、水运和管道运输，这是发挥综合交通运输系统组合效率和整体优势的客观要求。公路网中，高速公路的网络建设，按国务院批准的国家高速公路网规划，要等到2020年以后才能完成；国道、省道和农村道路等公路网络的形成，还需要很长时间。因此，在“十一五”时期，要进一步完善公路网络，尽快发挥公路网络效应。航空、内河水运和管道运输也都需要继续发展，使其尽快地形成完善的网络，发挥其独特的运输优势。交通运输基础设施是典型的网络型基础设施，存在明显的网络效应和规模经济。综合交通网络是建立在各种运输方式网络比较完善的基础上，完善各种交通方式的网络，实质上是建设综合交通运输体系的重要内容，是构建综合交通运输体系的前提条件和基础，要努力形成二者的良性互动格局。

（三）规划政策的制定在指导思想上应坚决贯彻以人为本和可持续发展的观念

基础设施人性化的同时，更重要的是考虑交通出行权以及交通投资效益享受权的平等（从设施的可达性到包括所有居民的整体可移动性）；强调集中城市化区域交通基础设施与乡村地

区交通可达的光滑衔接，注重交通安全的同时，更需将规划政策与城市环境保护政策统一，将国家国防安全、国家经济安全与地方经济发展地方居民社区生活协调统一。在目标上应支持社会经济发展与改善居民生活质量并重。支持经济快速增长的同时，更需要注重支持经济的健康持续发展，关注对地方企业竞争力的支持。缩短居民上班时间等提高居民生活质量的目标必须纳入交通基础设施规划政策制定中，同时政策制定必须对社会居民中弱势群体（残疾人、贫困群体、外来民工）的生活给予特别的照顾。

（四）将交通基础设施建设与国土开发捆绑起来进行综合开发

将交通基础设施建设与国土开发捆绑起来，即将道路和铁路的建设及住宅开发、商业设施、体育设施、娱乐设施开发相结合，将开发升值的资金用于道路和铁路的建设，以综合开发的收益弥补交通基础设施建设资金的不足，吸引社会资金特别是民营资本投入到交通基础设施项目中来，以有效扩大项目投资来源。具体操作中，建议政府对一批投资规模大、回收期长的高等级公路、轨道交通基础设施等基建项目，允许将交通线沿线和交通设施周边地区的土地按交通设施建设用地一次性征用，使交通设施建设的投资主体优先获得沿线一部分土地的开发经营权，进行开发与经营。

（五）导入竞争机制，进一步发挥市场功能

首先，加快政府职能的转变，政府从全能型转向“掌舵”的角色，通过制定规则、维护规则而增进市场，而不是置身于市场之外或直接干预市场。并通过建立与市场经济要求相适应的国有资产管理和运营体制，真正实现政企分开。同时还要加快行政审批制度改革，消除已有法律、法规、规章中人为设置的准入障碍，防止“制度性腐败”和权力“寻租”。

其次，进一步完善价格机制，充分发挥价格机制在调节经济运行中的作用，真正让价格反应资源的供求状态，指导投资者的投资方向。应根据竞争性业务和非竞争性业务的不同性质，实行不同的定价方式。对自然垄断性很强的产品和服务价格，在定价成本公开验证，作价原则公开确定，定价程序公开参与的基础上，实行政府定价。对竞争性业务的产品和服务价格，则应尽量由市场供求决定价格。

（六）加快民间资本进入，扩大投资来源

交通基础设施投资额度大，投资来源单一很容易造成投资不足，所以交通基础设施发展需要扩大投资来源。利用资本市场是一种较快的融资途径，但除了股权融资外，融资成本较高，而股权融资需要交通行业能够创造良好的市场环境；地方投资具有公共投资性质，应该积极争取；利用私人投资一定意义上是扩大投资主体，吸引私人部门参与经营，共同促进交通基础设施发展；设立综合运输投资资金，可以在有效平衡各种运输方式发展的同时，增加交通投资以租赁等方式进行技术装备融资，可以灵活利用外部资源，缓解资金短期需求。

（七）对交通基础设施投资进行分类管理

在市场经济体制下，国家与市场应各自承担相应的职能，国家对公共产品具有投入并承担经营责任的职能，商业性经济活动由市场主体来承担。体现在交通基础设施建设上，就是区分各类交通基础设施的公益性和经营性，分别由国家和企业承担相应投资责任，由国家负责长期性、基础性投资，因为基本不存在能为这种投资导向的未来市场，即使存在这样的市场，由于交通基础设施投资所具有的外部效应，市场决定的投资量也远低于最佳点。而经营性的交通基础设施建设，可以让市场充分进入，以扩展投资资金来源。

本讲参考文献

[1] 石京，于润泽. 土木规划的规划环境与规划政策研究[J]. 铁道工程学报，2007，11：102-110.

[2] 于润泽. 土木规划的规划环境与规划政策研究[D]. 北京：清华大学，2007.

[3] 姜杰.《公共经济学》上网教案. http://www. pspa. sdu. edu. cn/ver1/wangluo/ecnomic. doc.

[4] 李茜. 我国交通基础设施的投资格局及政策建议[J]. 综合运输，2005，11：31-34.

[5] 黄菲. 1990 年后上海重大道路交通基础设施项目投融资研究[J]. 城市发展研究，2004，6：64-72.

[6] 刘辉. 我国基础设施市场化中的政府角色定位[D]. 西安：西北大学行政管理系，2005.